高等职业教育"互联网+"新形态一体化教材

飞机原理与构造

主编　王俊高　程楠

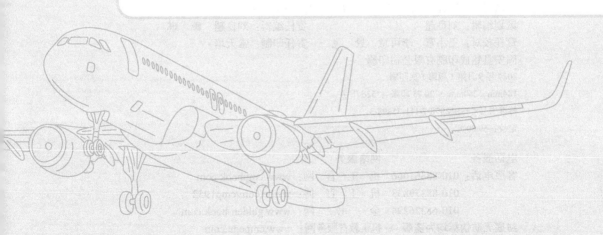

机械工业出版社
CHINA MACHINE PRESS

本书内容包括飞机概论、空气动力学基础、飞行理论、飞机稳定性和操纵、飞机结构、飞机液压系统、飞机起落架装置、飞行控制系统、飞机燃油系统和飞机空调系统，共10章。

本书可作为高等职业院校飞机机电设备维修专业教材，也可作为相关行业技术人员的参考用书。

本书配有电子课件、二维码动画、模拟试卷及答案等教学资源，凡使用本书作为教材的教师可登录机械工业出版社教育服务网 www.cmpedu.com，注册后免费下载。咨询电话：010-88379375。

图书在版编目（CIP）数据

飞机原理与构造 / 王俊高，程楠主编 . — 北京：机械工业出版社，2024.9

高等职业教育"互联网＋"新形态一体化教材

ISBN 978-7-111-75898-3

Ⅰ . ①飞⋯ Ⅱ . ①王⋯②程⋯ Ⅲ . ①飞机 – 高等职业教育 – 教材 Ⅳ . ① V2

中国国家版本馆 CIP 数据核字（2024）第 105367 号

机械工业出版社（北京市百万庄大街 22 号　邮政编码 100037）
策划编辑：刘良超　　　　　　　　　责任编辑：刘良超　戴　琳
责任校对：王小童　李可意　景　飞　　责任印制：常天培
固安县铭成印刷有限公司印刷
2024 年 9 月第 1 版第 1 次印刷
184mm×260mm · 20.75 印张 · 526 千字
标准书号：ISBN 978-7-111-75898-3
定价：59.80 元

电话服务　　　　　　　　网络服务
客服电话：010-88361066　机 工 官 网：www.cmpbook.com
　　　　　010-88379833　机 工 官 博：weibo.com/cmp1952
　　　　　010-68326294　金 书 网：www.golden-book.com
封底无防伪标均为盗版　机工教育服务网：www.cmpedu.com

前　言

　　本书是以现行高等职业学校专业教学标准为依据，结合一线教师多年教学实践经验而编写的，在内容上力求做到通俗易懂，图文并茂，并注重知识的实用性。

　　本书内容包括飞机概论、空气动力学基础、飞行理论、飞机稳定性和操纵、飞机结构、飞机液压系统、飞机起落架装置、飞行控制系统、飞机燃油系统和飞机空调系统，共10章。本书在编写过程中与企业开展积极合作，理论联系实际，引用当前民航航线上服役最多机群型号的实例，兼顾小型、中型、大型飞机的特点，力求反映航空业发展的最新趋势。本书应用了大量的实际案例对飞机原理进行说明，使枯燥的理论更容易被学生理解、消化。

　　党的二十大报告提出，"推进教育数字化，建设全民终身学习的学习型社会、学习型大国。"为响应党的二十大精神，本书制作了动画、视频等数字资源，以二维码形式放置于相应知识点处，学生手机扫码即可观看相应资源，丰富了教学手段，有利于信息化教学。此外，本书采用双色印刷，重点突出，并引入素养拓展内容，以开拓学生视野，激发爱国情怀。

　　本书由西安航空职业技术学院王俊高、程楠担任主编，西安航空职业技术学院谭卫娟、焦旭东、陈金瓶参与了编写。具体编写分工为：第1章、第6章、第7章由王俊高编写；第2章～第4章由谭卫娟、王俊高编写；第5章由程楠编写；第8章由焦旭东编写；第9章、第10章由陈金瓶编写。

　　西安航空职业技术学院张超、王建邦审阅了本书并提出了宝贵意见。本书在编写过程中得到了业内同行的大力支持，编者在此表示衷心感谢。

　　由于编者水平有限，书中错漏之处在所难免，恳请广大读者批评指正。

编　者

二维码索引

目　录

第1章

飞机概论

1.1 飞行器的基本概念

1.1.1 飞行器

在大气层内或大气层外空间（太空）飞行的器械统称为飞行器。飞行器可以分为四类：航空器、航天器、火箭和导弹。

航空器是在大气层内飞行的飞行器，如气球、飞艇、飞机、直升机等。它们依靠空气的静浮力或与空气相对运动的空气动力升空飞行。

航天器是在太空飞行的飞行器，如人造地球卫星、空间站（图1-1）、载人飞船、空间探测器、航天飞机等。它们在运载火箭或其他运载器的推动下获得必要的速度进入太空，然后在引力作用下完成与天体类似的轨道运动。安装在航天器上的发动机可提供轨道修正或姿态改变所需的动力。

火箭（图1-2）是依靠火箭发动机提供动力的飞行器，可以在大气层内飞行，也可以在大气层外飞行。它不依靠空气静浮力，也不靠空气动力，而是靠火箭发动机的推力升空飞行。

图1-1 空间站

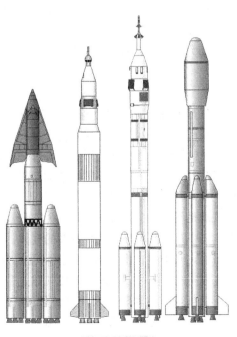

图1-2 火箭

导弹（图 1-3）有主要在大气层外飞行的弹道导弹和装有翼面、在大气层内飞行的地空导弹、巡航导弹等。有翼导弹在飞行原理上，甚至在结构上，与飞机颇为相似。导弹是装有战斗部的可控火箭。通常火箭和导弹都只能使用一次，人们往往把它们归为一类。

图 1-3　导弹

1.1.2　航空器

能在大气层内进行可控飞行的各种飞行器统称为航空器。任何航空器都必须产生一个大于自身重力的向上的升力，才能升入空中。由于飞行原理不同，航空器的外形千姿百态：有的呈圆形，有的呈椭圆形；有的貌似滑翔的大鸟，有的又像悬空的蜻蜓；有的可以冲上云霄，而有的只能贴地飞行。根据产生升力的基本原理的不同，航空器可划分为两大类：空气静力航空器和空气动力航空器。前者依靠空气静浮力升空，又称浮空器；后者依靠空气动力克服自身重力升空。

1. 空气静力飞行器

空气静力飞行器也称为轻于空气的航空器，这种飞行器的平均密度小于空气的密度，因此它就像软木塞漂在水上一样受到空气浮力的作用，飘浮在空气之中。由于空气密度随高度的增加而降低，所以这种航空器在上升时，其升力（浮力）随着高度的增加而减小，达到一定高度时就停止上升，可以停留在空中一定高度。

气球是不带动力系统的空气静力飞行器，上部是一个圆形的气囊，其中充以密度较空气小得多的气体，下部有装载人员和货物的吊篮。其中，自由气球不能控制飞行方向，只能随风飘移，但垂直方向的升降可以操纵。要使气球上升，可以抛去镇重（如沙袋）使气球重量减轻；要使气球下降，可以通过专门的阀门放出一些气体，使浮力减小。在气球内充以氢气或氦气的是冷气球，充以热空气的就是热气球（图 1-4）。

图 1-4　热气球

飞艇（图1-5）又名可操纵气球，它颇像一艘空中飞船，能在很大的高度范围内按照规定的方向飞行。飞艇是一种装有安定面、方向舵和升降舵的流线型气球，并装有发动机，可带动螺旋桨产生拉力。飞艇依其构造的不同，可以分为软式、硬式和半硬式三种。

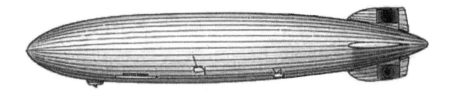

图1-5 飞艇

2. 空气动力飞行器

空气动力飞行器也称为重于空气的飞行器，通过飞行器与空气的相对运动所产生的空气动力，获得支持飞行器重量的升力。根据是否具有产生升力的翼面（机翼或者旋翼），空气动力飞行器分为有翼航空器和无翼航空器。有翼航空器包括固定翼航空器（飞机、滑翔机）、旋翼航空器（直升机、旋翼机、倾转旋翼机）、扑翼飞行器等，分别如图1-6~图1-9所示。

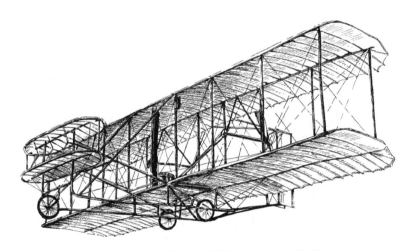

图1-6 世界上第一架动力飞机——飞行者一号

图1-7 飞机

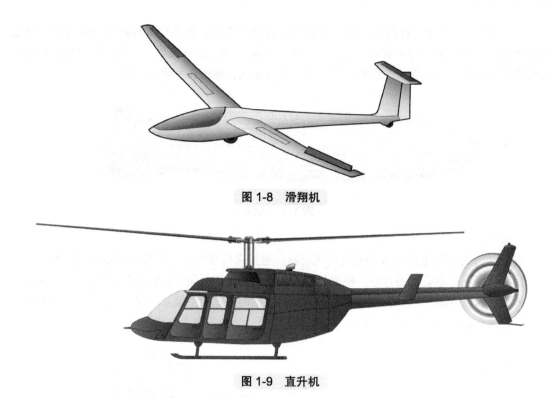

图 1-8　滑翔机

图 1-9　直升机

滑翔机和飞机产生升力的翼面在飞行时相对于机身固定不动，故称为固定翼航空器。滑翔机相当于没有动力的飞机，它依靠机翼的优良性能可以做长距离滑翔，在上升气流中也可以做长时间翱翔。带有发动机的滑翔机称为动力滑翔机，和飞机不同的是，动力滑翔机的发动机只能在起飞时使用，在飞行过程中关闭。

直升机和旋翼机产生升力的翼面在飞行时相对于机身是运动着的。直升机和旋翼机外形相似，但飞行原理不同。直升机的发动机直接带动旋翼旋转产生升力，可以垂直起飞和悬停；旋翼机的发动机不直接带动旋翼，而是靠前进时的相对气流吹动旋翼旋转，就像儿童玩的纸风车一样。旋翼机像飞机一样滑跑起飞，不能垂直起飞和悬停，并且速度较慢，仅用于旅游、救护和体育活动等。

倾转旋翼机是一种兼有直升机与固定翼航空器特征的新概念旋翼飞行器，两个带发动机舱的旋翼位于机身两侧翼尖，起飞和降落采用直升机模式，前飞时旋翼相对于机体倾转，过渡到普通的螺旋桨飞机模式，通过旋翼产生向前的拉力，依靠机翼产生升力。

扑翼飞行器是一种依靠与鸟类翅膀相似的运动翼面产生拉力的飞行器。古代的人类就曾模仿飞鸟的扑翼飞行。意大利画家达·芬奇在他绘画的草图里曾经提出过扑翼飞行器的设计方案。尽管经过了长期努力，但是直到今天，实用的扑翼飞行器还未能获得成功。因为鸟类飞行时的翅膀动作并不是简单地向下扇扑，而是复杂得多。扑翼飞行器提升一定重量所需的动力只有普通固定翼飞机的 1/30，并能实现垂直起飞和降落，因此目前仍在进行着大量的研究。

航空器中应用最广泛的还是飞机和直升机。在军事上，它可用于侦查、轰炸、反潜、空战、运输伤病员、武器和作战物资；在民用上，可完成客运、货运、农业、林业、渔业、气象、探矿、空中测量、空中摄影等方面的任务。此外，航空器还是进行科学研究的一种重要工具。

飞机诞生百年来，性能有了显著提高，已研制出最大飞行速度超过三倍音速、飞行高度达

30km 的军用侦察机，活动范围可达 4000km、载弹量超过 20t 的超音速轰炸机，以及载客量超过 500 人、能进行洲际飞行的旅客机。尤其是最近几年，飞机性能发展多样化，技术含量越来越高，复合材料技术、隐身技术、无人技术等方面都有大幅度提高。

1.2 飞机的主要组成部分和功用

常规飞机主要组成部分有机翼、尾翼、机身、起落架、动力系统、飞行控制系统、航空电子系统及机载设备等。图 1-10 所示为飞机主要组成部分。

1. 机翼

机翼是产生升力的主要部件。进行横向操纵的副翼和用于增加升力的前后缘襟翼等也都安装在机翼上。机翼上还可安装发动机、起落架和燃油箱等。

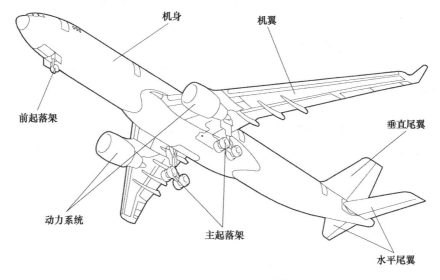

图 1-10　飞机主要组成部分

2. 尾翼

尾翼通常包括水平尾翼和垂直尾翼，其主要功用是保证飞机的平衡、稳定并操纵飞机。有的飞机的尾翼设计成 V 形，它兼有纵向和横向平衡、稳定和操纵的作用，称为 V 形尾翼。一般水平尾翼由水平安定面和升降舵组成，垂直尾翼由垂直安定面和方向舵组成。在超音速飞机上，为了提高飞机操作性能，常将水平尾翼做成一个整体（部分水平安定面和升降舵），它可以整体偏转，称为全动平尾。有的飞机上还将全动平尾设计成可以差动偏转的型式，即平尾的左右两半翼面不仅可以同向偏转，还可以反向偏转，此时可以起到横向操纵作用，这种型式的平尾称为差动平尾。带方向舵的垂直尾翼已能满足超音速飞行时的横向操纵要求，所以较少采用全动垂直尾翼。在有些飞机上，水平尾翼不是安装在飞机尾部，而是前移到机翼的前面，称为前翼或者鸭翼。

3. 机身

机身的主要功能是装载设备、乘员和货物，并且将机翼、尾翼、发动机、起落架等部件连为一个整体。从空气动力学的角度来讲，机身并不是必需的。早期飞机仅有一个连接各部件的构架，这样的机身在初级教练机和超轻型飞机上还可以看到。后来为了减小飞行阻力，机身发展成为流线型外形，并用于容纳货物、人员和设备等体积较大的载重物。然而，有些现代飞机又取消了机身，将设备和成员装载在机翼里，这种布局形式的飞机称作飞翼式飞机，简称飞翼。

4．起落架

起落架是用于飞机的起飞、降落和地面（水面）停放时支承飞机的装置。一般由承力支柱、减振器、可制动的机轮（或滑橇、滚筒）和收放机构等组成。低速飞机常采用不可收放的固定式起落架，目的是减轻重量，有的低速飞机在支柱和机轮上安装整流罩以减小飞行阻力；高速飞机则用可收放式起落架，以减小飞行时的阻力。在陆地上或舰船上起落的飞机用机轮，在冰上或雪地上起落的飞机用滑橇代替机轮，水上飞机则代之以浮筒。

5．动力系统

动力系统包括发动机和一些附属系统，如起动、操纵、固定、燃油、润滑、散热、防火、灭火、进气和排气等系统，它提供推力（或拉力）使飞机克服飞行时受到的阻力。

6．飞行控制系统

飞行控制系统也称为飞行操纵系统，用于操纵和控制飞机。早期的人工机械操纵系统包括中央操纵机构（驾驶杆／盘、脚蹬）、传动机构（拉杆、摇臂或钢索、滑轮等）、助力系统（液压的和电动的）等。现代飞机已经广泛采用电传操纵系统、自动驾驶仪等。

7．机载设备

机载设备包括飞行仪表、通信、导航、环境控制、生命保障、能源供给等设备，以及与飞机用途有关的一些机载设备，如战斗机的武器和火控系统、客机的客舱生活服务设施等。

第2章

空气动力学基础

2

2.1 空气动力学基本概念

2.1.1 相对运动原理

作用在飞机上的空气动力取决于飞机和空气之间的相对运动情况，而与观察、研究时所选用的参考坐标无关。也就是说，飞机以速度 v 在平静的空气中飞行时，作用在飞机上的空气动力与远方空气以速度 v 流过静止不动的飞机时所产生的空气动力完全相同。这就是相对运动原理在空气动力学中的应用。

空气相对飞机的运动称为相对气流，相对气流的方向与飞机运动的方向相反，如图 2-1 所示。只要相对气流速度相同，产生的空气动力也就相等。将飞机的飞行转换为空气的流动，可使空气动力学问题的研究大大简化。风洞试验就是根据相对运动原理建立起来的。

图 2-1 相对运动

2.1.2 连续性假设

大家知道，任何实际气体都是由大量微小的分子构成的，而且每个分子都在不断地做无规则的高速运动。分析物质运动最基本的方法是对每一个分子运用运动定律，分析每一个分子的运动规律，然后用统计学求得大量分子微观量的平均值。这种研究方法通常称为统计学的方法，用它研究空气动力显得太繁琐。

因为空气动力学的任务是研究大气的宏观运动规律，所以在空气动力学领域，一般可以不考虑实际空气微观结构，而用一种简化的模型来代替空气的真实微观结构。1753 年，欧拉提出了一个基本假设，按照这一假设，流体（液体和气体的统称）充满一个体积时是不留任何自由空隙的，其中没有真空的地方，也没有分子间的间隙和分子的运动，即把流体看作是连续的介质。这种假设称为连续性假设或稠密性假设。在大多数情况下，利用这个基本假设所得到的计算结果和试验结果非常符合。

根据连续介质的概念，可以确定一点处的密度定义。在充满气体的空间任取一点 P，ΔV 是包括点 P 的一个体积，如图 2-2a 所示。小体积 ΔV 内气体质量是 ΔM，其比值 $\Delta M/\Delta V$ 称为小体积 ΔV 内气体的平均密度。首先假定 ΔV 比较大，然后围绕点 P 使其逐渐缩小。于是 $\Delta M/\Delta V$ 随 ΔV 的变化的曲线如图 2-2b 所示。起初 $\Delta M/\Delta V$ 随 ΔV 的缩小趋近一个渐近值，这是因为 ΔV 越小，包含在小体积内的气体分子分布就越来越均匀。但是随着 ΔV 进一步缩小到非常小，使小体积 ΔV 只包含少数几个分子时，由于分子进入或跑出该体积，致使平均密度随时间发生忽大忽小的变化，因而 $\Delta M/\Delta V$ 就不可能有确定的数值。可以设想有这样一个最小体积 ΔV_0，刚好使 $\Delta M/\Delta V$ 达到一个稳定值而不发生剧烈变化。可以把最小体积 ΔV_0 内气体的平均密度定义为点 P 处的密度，即

$$\rho = \lim_{\Delta V \to \Delta V_0} \frac{\Delta M}{\Delta V}$$

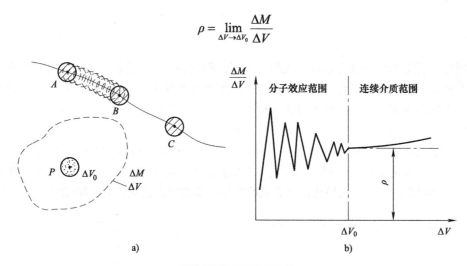

图 2-2　连续性假设

由此可见，连续介质中任何一点的密度就是以这个点为中心的微小体积 ΔV_0 的密度。这个微小体积称为分子微团，它与所研究物体的特征尺寸相比较是微不足道的，可以看成一个介质均匀的空间点，但它与分子的平均自由行程相比却大得多。它包含了足够多的分子，使得气体参数统计平均值有了确切的意义。

关于气体的其他属性，如速度、压力、温度等，按同样的推理可以建立连续介质一点处的速度、压力、温度等概念。

根据连续性假设，可以把气体介质的一切物理属性，如密度、速度、压力等都看作是空间的连续函数，因而在解决空气动力学实际问题时，就可以应用数学分析这一有力工具。连续性假设是建立在气体分子平均自由行程远远小于物体的特征尺寸的基础上的。在某些情况下，如在 120km 的高空，空气分子的平均自由行程和飞行器的特征尺寸在同一数量级，连续性假设就不再成立。例如对于航天飞行器，当它在高空大气层和层外空间中飞行时，空气分子间的平均自由行程很大，这时就不能当作连续介质来处理。

2.1.3　大气的基本物理参数

大气是包围地球并随地球一起运转的空气层，被称为大气层。飞机、直升机等航空器都在大气层中飞行，大气的状况直接影响航空器飞行性能和飞行人员的生理条件。因此，飞机、直

升机等航空器的飞行是与大气层密切相关的。

密度、温度、压力是大气的基本物理参数。

1. 密度

密度是单位体积内物体的质量，其符号用 ρ 表示，其单位是 kg/m^3。若质量为 m 的均匀气体所占据的体积为 V，则其密度为

$$\rho = \frac{m}{V}$$

空气的密度大，说明单位体积内的空气分子多，比较稠密；空气的密度小，说明单位体积内的空气分子少，比较稀薄。由于地心引力的作用，大气的密度随高度的增加而减小，如图 2-3 所示。

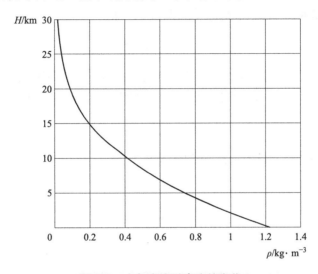

图 2-3　大气密度随高度的变化

2. 温度

温度是表示物体冷热程度的物理量。从微观上看，温度表示物质分子运动的激烈程度。对于气体，温度是大量分子平均移动动能的量度，其关系式为

$$\frac{m\bar{v}^2}{2} = BT$$

分子运动速度大，即分子的平均动能大，则大气的温度高；分子运动速度小，即分子的平均动能小，则大气的温度低。

为了进行温度测量，需要有温度的数值表示法，即建立温度的标尺，温度的标尺称为温标。工程上常用的温标有摄氏温标和华氏温标。摄氏温标将一个标准大气压下（101.325kPa）纯水的冰点定为 0℃，沸点是 100℃。℃是摄氏温度单位的符号。华氏温标将一个标准大气压下纯水的冰点定为 32°F，沸点是 212°F。而 °F 是华氏温度单位的符号。图 2-4 所示为标注了华氏温度和摄氏温度的温度计。华氏温度和摄氏温度之间的换算关系为

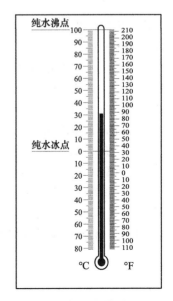

图 2-4　温度计

$$t_F = \frac{9}{5}t_C + 32$$

由于温度计中所选用的测温物质不同，作为温度标志的物质不同，所定的温标除选定为基准点（如纯水的冰点和沸点）的温度外，其他温度往往都有微小的差别。为了避免这些差异，提高温度测量的精确度，国际上规定热力学温标为测量温度最基本的温标。热力学温标又称为绝对温标或开尔文温标，它完全不依赖于任何测量物质的性质，而是根据热力学第二定律所制定。热力学温标用代号 T 表示，单位是开尔文，简称开，单位符号为 K。

热力学温标的基准点采用水的三相点（水的固相、液相、汽相平衡共存的状态点）。把水的三相点温度作为单一的基准点，并规定该点温度为 273.16K。

1960 年国际计量大会对摄氏温标给予新的定义，即

$$t_C = T - 273.15$$

这样重新规定的摄氏温标全名为热力学摄氏温标。摄氏温标和热力学温标的温度间隔完全相同，只是零点的选择不同，0℃相当于热力学温度 273.15K，由此可知，水的三相点温度就是 0.01℃。

3. 压力

物体单位面积上承受的空气的垂直作用力称为压力或压强，用符号 p 表示，单位为 Pa（N/m²）。按定义可得

$$p = \frac{F}{A}$$

式中 A——受力面积；

F——垂直作用于面积 A 上的力。

气体的分子运动论认为，气体的压力是由于大量气体分子与容器壁频繁碰撞的结果，因而当容器内气体没有宏观运动时，若气体本身重量影响可忽略不计，则在容器任何位置的任何方向的气体压力是相同的。

工程上压力的单位还有百帕（hPa）、千帕（kPa）、毫米汞柱（mmHg）、磅力每平方英寸（lbf/in²，本文中简写为 psi）、工程大气压（kgf/cm²）、标准大气压等。

大气压力随高度变化，海拔高度越高，大气压越低，如图 2-5 所示。

一个标准大气压是在海平面温度为 15℃时的大气压力，也可以表示为 760mmHg、1013hPa、14.6959psi、1.03323 工程大气压。

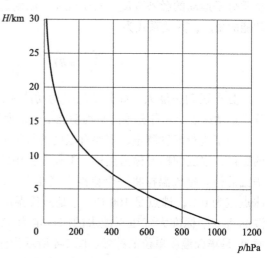

图 2-5　大气压随海拔高度的变化

2.1.4　大气的特性

1. 压缩性

压缩性是指在一定的温度下，流体随着

压力增大而发生的体积缩小的性质。

凡是物质都具有一定程度的压缩性，但不同状态的物质压缩性有着明显的差异。在相同的压力变化（Δp）的作用下，密度的变化量（$\Delta \rho$）越大的物质，压缩性就越大。固体、液体的密度变化量极小，可以看作是不可压缩的。而空气由于分子之间距离较大、分子之间吸引力较小，它的压缩性表现得十分明显。

从气体的压缩特性曲线（图2-6）可以看出，在压缩过程中，气体的压力 p 沿 ab 曲线上升。同时气体的容积不断缩小，密度也不断增大。在压缩初期，气体压力增加一个增量 Δp，活塞的移动量为 Δl_1，在压缩后期，气体压力同样增加一个 Δp，活塞移动量为 Δl_2，很明显 $\Delta l_2 < \Delta l_1$。这是因为 $\Delta p/p$ 随着气体的压力增加越来越小，气体的容积变化就越来越小，说明随着气体压力的增加，气体的压缩性不断减小。

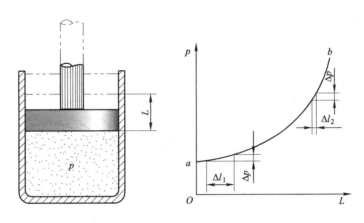

图 2-6　气体的压缩特性

2. 黏性

黏性是流体（液体或气体）特有的性质，表现为抵抗流体变形或阻止流体相邻层相对运动的内摩擦力。气体的黏性非常小，不容易被觉察，但对航空器飞行的影响却不能忽视。

图 2-7 所示是速度为 v_∞ 的气流平行流过物体表面的速度分布情况。表面上的气体流速为零，越靠外速度越大，直到离开表面一段距离，速度才会与来流速度 v_∞ 没有显著的差异。出现这样的气流速度分布，正是由于气体黏性作用的结果。

通常将紧靠物体表面，速度梯度很大的一层薄层流体称为附面层。严格地说，要在离开物体表面无限远处，气流速度才会等于来流速度 v_∞。但实际应用中，将 $v = 0.99v_\infty$ 的地方作为附面层的边界。

流体的内摩擦力根据牛顿内摩擦定律确定，该定律的数学表达式为

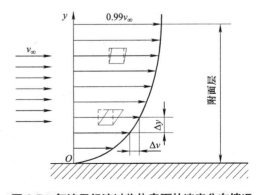

图 2-7　气流平行流过物体表面的速度分布情况

$$F = \mu \frac{\Delta v}{\Delta y} S$$

式中　　F——流体的黏性力；

　　　　$\dfrac{\Delta v}{\Delta y}$——在流层的垂直方向上，每单位长度的速度变化量，称为横向速度梯度；

　　　　S——接触面积；

　　　　μ——反映流体黏性大小的系数。

不同的流体具有不同的黏性系数，同一流体的黏性系数又随温度而变化。气体的黏性随温度的升高而增大，这是因为引起气体黏性的主要原因是分子间的动量交换，当温度升高时，动量交换增加，因而气体黏性也增大。液体的黏性随温度的升高而减小，这是因为引起液体黏性的主要原因是分子间的内聚力，当温度升高时，内聚力减小，因而液体黏性也减小。

2.1.5　音速和马赫数

1. 音速

音速是指微弱扰动波在流体介质中的传播速度，单位是 m/s（米 / 秒）。有的小扰动波的频率在人的耳膜能感觉的范围之内，我们能听到声音，这种小扰动波也称为声波（图 2-8）。飞机飞行时会将碰到的空气微团推开并加以压缩，这种扰动也是一种以空气发生疏密交替变化形式向外传播的小扰动，它的传播速度也是音速。

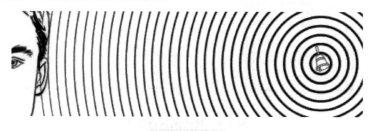

图 2-8　声波

音速的大小与传播介质的压缩性有关。音速与压力、密度变化的关系可以用下列公式表示：

$$a = \sqrt{\frac{\mathrm{d}p}{\mathrm{d}\rho}} = \sqrt{k\frac{p}{\rho}} = \sqrt{kRT}$$

式中　　a——音速；

　　　　$\dfrac{\mathrm{d}p}{\mathrm{d}\rho}$——压缩性的倒数；

　　　　k——空气的绝热指数，$k = 1.4$；

　　　　R——气体常数，$R = 287.06\mathrm{J/kg \cdot K}$；

　　　　T——气体温度。

在标准大气压下，空气温度是 288.2K，算出音速值为 340.3m/s；$H = 11000 \sim 24000\mathrm{m}$ 的同温层高空，空气的温度是 216.7K，算出的音速值为 295.1m/s。

从上式可以看到：在相同的压力变化量的作用下，介质的压缩性越大，密度的变化量越大，音速就越小；反之，介质的压缩性越小，密度的变化量越小，音速就越大。液体几乎是不可压缩的，声波在液体中的传播速度要比在大气中的传播速度大得多。在水中，音速约为 1440m/s。

在空气中，压缩性是与温度相关的，音速与温度的平方根成正比。因此，可以把音速看成是衡量介质压缩性大小的一个指标。

2. 马赫数

在流场中，任一点的气流速度（v）与该点处气体的音速（a）的比值，称为该点处的气流马赫数，以符号 M 表示：

$$M = \frac{v}{a} = \frac{v}{\sqrt{kRT}}$$

或

$$M^2 = \frac{v^2}{a^2} = \frac{v^2}{kRT}$$

马赫数的物理意义就是气体宏观运动的动能与气体内部分子无规则运动动能之比。

由欧拉运动微分方程：

$$-v\mathrm{d}v = \frac{\mathrm{d}p}{\rho} = \frac{\mathrm{d}\rho}{\rho}\frac{\mathrm{d}p}{\mathrm{d}\rho}$$

式中，$\dfrac{\mathrm{d}p}{\mathrm{d}\rho} = a^2$，则有

$$-v^2\frac{\mathrm{d}v}{v} = \frac{\mathrm{d}\rho}{\rho}a^2$$

$$-\frac{v^2}{a^2}\frac{\mathrm{d}v}{v} = \frac{\mathrm{d}\rho}{\rho}$$

$$-M^2\frac{\mathrm{d}v}{v} = \frac{\mathrm{d}\rho}{\rho}$$

式中 $\mathrm{d}v/v$ 和 $\mathrm{d}\rho/\rho$ 分别表示气流速度的相对变化量和气流密度的相对变化量。上式说明在绝热流动中，气流速度的相对变化量所引起的密度相对变化量与 M^2 成正比。当 $M \leqslant 0.3$ 时，比值 $\dfrac{\mathrm{d}\rho}{\rho} \Big/ \dfrac{\mathrm{d}v}{v} \leqslant 0.09$，一般可以不考虑密度的变化量，即认为气流是不可压缩的，从而可以使问题简单化。当 $M > 0.3$ 时，就必须考虑气流的压缩性了。

2.1.6 大气结构和国际标准大气

1. 大气结构

大气层分为五层（图 2-9）：对流层、平流层（同温层）、中间层、电离层（暖层）和散逸层。目前飞机飞行范围仅限于对流层和平流层。

1）对流层：大气中最低的一层，在地球中纬度地区，它的层顶距地面约为 11km。由于地心引力的作用，大气全部质量的 3/4 和全部水蒸气都集中在这一层，所以对流层是天气变化最复杂的一层，有云、雨、雪、雹等现象。在对流层内存在空气的水平流动和垂直流动，形成水平方向和垂直方向的阵风，其压力、密度、温度和音速均随高度的增加而降低。

2）平流层（同温层）：位于对流层之上，层顶离地面约 50km。在平流层的下半部（大约 20km 以下），其温度不随高度变化，常年平均值为 −56.5℃。在平流层上半部，随高度的增加，温度开始上升，平流层顶部温度上升到 0℃ 左右。平流层中的空气稀薄，水蒸气极少，通常没有云、雨、雪、雹等现象，没有空气上下对流引起的垂直方向的风，只有水平方向的风，而且风向稳定。这一层大气能见度好、气流平稳、空气阻力小，对飞行有利。

航空器一般活动在对流层和平流层的下部，即从地面起 18km 高度之内。没有座舱增压装

置的飞机和小型喷气式飞机在6km以下的对流层中飞行。大型和高速喷气式客机装有增压装置，可在 7～13km 的对流层顶部和平流层中飞行，这里几乎没有竖直方向的气流运动，飞机飞得平稳，而且空气稀薄，飞行阻力小，因而飞机能以较高的速度飞行，节约燃料，经济性好。现代民航运输的大部分活动就是在这一层中进行的，超音速飞机和一些高速军用飞机，为了减小阻力，巡航在 13.5～18km 甚至更高的高空。

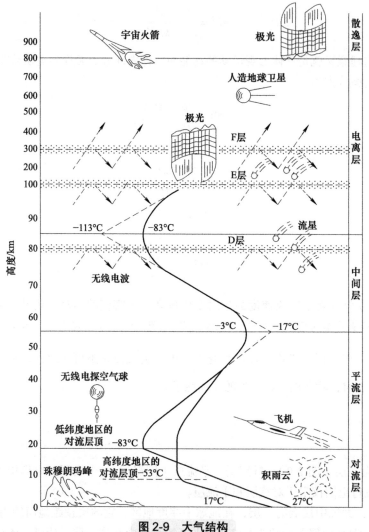

图 2-9　大气结构

　　3）中间层：位于平流层之上，层顶离地面约 80km。这一层中的空气十分稀薄，温度随高度的增加而下降，空气在垂直方向有强烈的运动。

　　4）电离层：位于中间层之上，层顶离地面约 800km。电离层中的空气处于高度的电离状态，氮、氧分子电离成为离子和自由电子，带有很强的导电性，能吸收、反射和折射无线电波。所以这一层对无线电通信很重要。由于空气电离放出的热量，这一层的温度很高并随着高度的增加而上升。所以电离层也称为暖层或热层。这一层的空气密度极小，声波已无法传播。

　　5）散逸层：大气的最外层，从电离层顶部到大气层的最外边缘。由于地心引力很小，大气分子不断向星际空间散逸。

2. 国际标准大气

飞行器在大气层中飞行时，其飞行性能与大气的物理性质密切相关。大气的物理性质（密度、温度、压力等）都会随着地理位置、高度、季节、时间等不同而变化。同一架飞机在不同地点试飞会得出不同的飞行性能；在同一地点不同季节、时间试飞也会得出不同的结果。为了便于计算、整理和比较飞机的试飞结果并给出标准的飞机性能数据，必须有一个标准的大气状态作为基准。

国际标准大气（ISA）是由国际民航组织（ICAO）制定的，它是以北半球中纬度地区大气物理性质的平均值为依据，加以适当的修正而建立的。

国际标准大气包括以下主要内容：

1）大气是静止的、相对湿度为零的、洁净的完全气体。大气的物理参数——密度、温度和压力的关系服从完全气体的状态方程。即

$$p = \rho RT$$

式中 p——大气压力；

ρ——大气密度；

R——气体常数（287.06J/kg·K）；

T——大气温度。

从状态方程可以得出大气密度、温度和压力之间的关系：压力不变时，密度和温度成反比；密度不变时，压力和温度成正比；温度不变时，密度和压力成正比。

2）以海平面作为计算高度的起点，即海平面处 $H = 0$。该处的大气物理参数：$p = 760\text{mmHg}$（1013.25hPa），$T = 15℃$（288.15K），$\rho = 1.225\text{kg/m}^3$，$a = 340.29\text{m/s}$。

3）根据海平面大气物理参数值，计算出各个高度上标准大气的物理参数，见表2-1。从表中可以看出，随着高度的增加，大气的密度和压力都在减小。温度的变化却比较复杂，在11km以下的对流层内，每上升1km，温度下降6.5K（6.5℃）。在平流层的底部（11km < H < 20km），大气的温度为常值216.65K（-56.50℃），在平流层的上部，温度又开始回升。音速随温度的变化而变化：在对流层内，高度上升，温度下降，音速减小；在平流层的底部，温度不变，音速保持常数；在平流层的上部，高度增加，温度上升，音速增大。

表 2-1 国际标准大气

高度 /m	大气温度 /K	大气压力 /hPa	大气密度 /kg·m⁻³	音速 /m·s⁻¹
0	288.150	1013.25	1.2250	340.29
1000	281.651	898.76	1.1117	336.43
2000	275.154	795.01	1.0066	332.53
3000	268.659	701.21	0.9093	328.58
4000	262.166	616.60	0.8194	324.59
5000	255.676	540.48	0.7364	320.55
6000	249.187	472.17	0.6601	316.45
7000	242.700	411.05	0.5900	312.31
8000	236.215	356.51	0.5258	308.11
9000	229.733	308.00	0.4671	303.83
10000	223.252	264.99	0.4135	299.53
11000	216.774	226.99	0.3648	295.15
12000	216.650	193.39	0.3119	295.07

（续）

高度 /m	大气温度 /K	大气压力 /hPa	大气密度 /kg·m⁻³	音速 /m·s⁻¹
13000	216.650	165.79	0.2666	295.07
14000	216.650	141.70	0.2279	295.07
15000	216.650	121.11	0.1948	295.07
16000	216.650	103.52	0.1665	295.07
17000	216.650	88.479	0.1423	295.07
18000	216.650	75.652	0.1217	295.07
19000	216.650	64.674	0.1040	295.07
20000	216.650	55.293	0.0889	295.07
21000	217.581	47.289	0.0757	295.70
22000	218.574	40.475	0.0645	296.38
23000	219.567	34.668	0.0550	297.05
24000	220.560	29.717	0.0469	297.72
25000	221.552	25.492	0.0401	298.39
26000	222.544	21.883	0.0343	299.06
27000	223.536	18.799	0.0293	299.72
28000	224.527	16.161	0.0251	300.39
29000	225.518	13.904	0.0215	301.05
30000	226.509	11.970	0.0184	301.71

2.2　气体流动基本规律

2.2.1　流场

流体运动都是在一定空间内进行的，通常把流体流动所占据的空间称为流场。在流场中的任何一点处，如果流体微团流过时的全部流动参数——速度、压力、温度、密度等不随时间变化，这种流动就称为定常流动。反之，如果流体微团全部流动参数（或其中的一部分流动参数）随时间发生变化，这种流动就称为不定常流动。

1.迹线和流线

在流场中，任何一个流体微团的运动轨迹，称为迹线。

如图 2-10 所示，在风洞试验中，气流流过模型，就可以看到一条条曲线，这些曲线就是一条条流线。所谓流线就是流场中这样一条曲线，在给定的瞬时，位于此线上各点的流体微团的速度方向均与曲线在该点的切线重合。

某一瞬时，流场中所有流线的总体，称为流线族或流线谱。

如图 2-11 所示，在某一瞬时 t，经过点 P 的流线是 L，在不定常流动中，经过点 P 的流体微团的速度随时间发生变化。在另一瞬时 t'，经过点 P 的流线是 L'，所以流线随时间不断改变。

在定常流动中，因为流场中各点处的流体微团的速度不随时间发生变化。所以所有的流线不随时间改变，而具有稳定的形状。

流线的重要性质如下：

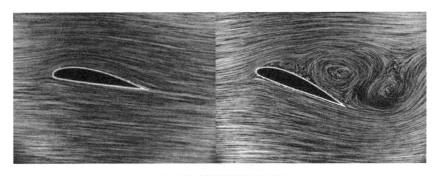

图 2-10 机翼周边的气流

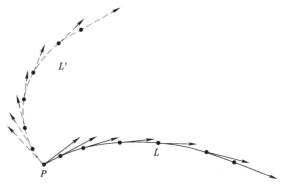

图 2-11 流线

1）在定常流动中，流体微团的迹线与流线重合；在不定常流动中，由于流线的形状不断发生变化，故迹线一般不与流线重合。

2）在一般情况下，流线不会彼此相交。在特殊情况（图 2-12）下，直匀流流过机翼前缘，总有一条流线 L_1 和流线 L_2、L_3 在点 A 相交，此时在点 A 处的流速为零，通常把点 A 称为驻点。

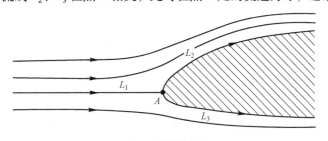

图 2-12 驻点

2. 流管

在流场中取一条不是流线的封闭曲线，通过曲线上各点的流线形成的管形曲面称为流管，如图 2-13 所示。因为流管的侧表面都是由流线组成的，根据流线的定义，流线表面各点的流体微团速度方向永远与表面相切。在定常流动中，流管的形状不随时间改变，因此，在流管以内或以外的流体微团只能始终在流管以内或以外流动，而不能穿越流管。从这个意义上看，对于无黏性流体的定常流动，流管就好像是一个带有固体壁面的管道。

若流管的横截面尺寸无限小，这种流管就称为基元流管。在基元流管的任一横截面上的流动参数都可以认为是一样的。

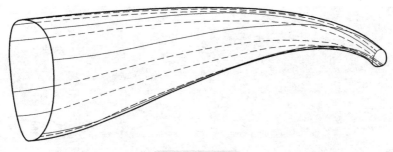

图 2-13　流管

2.2.2　流体运动基本规律

1. 连续方程

连续方程是质量守恒定律在流体运动中的应用。图 2-14 所示是定常流动的气流流过机翼上表面，在非常相近的两条流线之间形成一个基元流管。在流管中，横截面 A_1—A_2 之间的一段流体，经过 dt 以后运动到一个新的位置，即横截面 A_1'—A_2' 之间的空间。

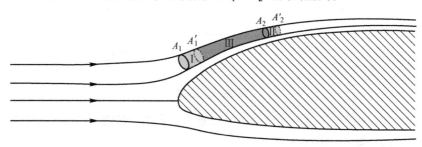

图 2-14　机翼上表面的基元流管

为了分析方便，用Ⅰ、Ⅱ、Ⅲ来表示三个空间区域，原来的气流占据的空间区域是Ⅰ和Ⅲ，经过 dt 以后，该气流占据的空间区域是Ⅱ和Ⅲ，如图 2-14 所示。

根据质量守恒定律，该气流的质量保持不变，又因为连续介质的定常流动，流体中任何一点参数都不随时间改变，故空间区域Ⅲ的流体质量不随时间发生变化。因此，空间区域Ⅰ和Ⅱ内的流体质量相等，即

$$dm_Ⅰ = dm_Ⅱ$$

其中，dm_1 是空间区域Ⅰ内的流体质量，也就是在 dt 时间内流过横截面 A_1 的质量，令 A_1、ρ_1 和 v_1 分别表示横截面的面积、气流的密度及流速，则

$$dm_Ⅰ = \rho_1 A_1 v_1 dt$$

同理

$$dm_Ⅱ = \rho_2 A_2 v_2 dt$$

也就是说

$$\rho_1 A_1 v_1 dt = \rho_2 A_2 v_2 dt$$

或

$$\rho_1 A_1 v_1 = \rho_2 A_2 v_2$$

从上式可以看出单位时间内流入和流出空间区域的流体质量相等。$\rho_1 A_1 v_1$、$\rho_2 A_2 v_2$ 称为质量

流量。在流管内可以任意取横截面，在基元流管内，经过所有横截面的质量流量是相等的。即

$$\rho A v = 常数$$

连续方程是一个流体运动学基本方程式，其中不涉及力的问题，因此，对于无黏性流体和实际的黏性流体来讲都是正确的。

当飞机低速飞行时（$M \le 0.3$），可以把大气看作不可压缩的流体。因$\rho = 常数$，故有

$$A v = 常数$$

或者
$$A_1 v_1 = A_2 v_2$$

由上式可见，对于不可压缩流体的定常流动，流速随截面积的缩小而增大。例如，河流在河道窄的地方流速较快，在河道宽的地方流速较慢，其道理就在于此。

2. 伯努利方程

伯努利方程是能量守恒定律在流体流动中的应用。能量守恒定律是指在一个与外界隔绝的系统中，不论发生什么变化和过程，能量可以由一种形式转变为另一种形式，但能量的总和保持恒定。对于不可压缩的、理想的流体（没有黏性），在一个与外界没有能量交换的系统中定常流动，流体具有的能量可以在压力能和动能之间进行转换，但能量的总和保持不变。伯努利方程只适用于不可压缩的、理想的流体（没有黏性）。因为对于不可压缩的、理想的流体（没有黏性），流动中不会产生热量，流体具有的能量形式只有压力能、动能和重力势能。流体在同一流管中流动，流管高度变化很小，可以认为流体的重力势能不变，这样在流动中只有压力能和动能之间的相互转换。压力能是由于流体有压力而具备的做功能力，单位体积流体所具有的压力能用压力 p 来表示。动能是由于流体有速度而具备的做功能力，单位体积流体所具有的动能用 $\frac{1}{2}\rho v^2$ 来表示。这样，伯努利方程数学表达式可写成

$$p + \frac{1}{2}\rho v^2 = p_0 = 常数$$

式中　　p——静压；

　　$\frac{1}{2}\rho v^2$——动压；

　　p_0——总压，也是气流速度为零时的静压。

不可压缩流体的伯努利方程是流体力学的基本方程之一，它具有极其重要的使用价值，应用广泛，如飞机的空速管用来测量空气的总压和静压，将压力数据传递给大气数据计算机和飞行仪表，如图2-15所示。

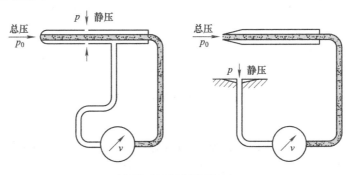

图2-15　空速管原理

2.3.1　机翼翼型

如图 2-16 所示，机翼横截面的形状称为机翼翼型。对平直机翼就是用平行于机身对称面的平面切割机翼所得机翼的切面形状。

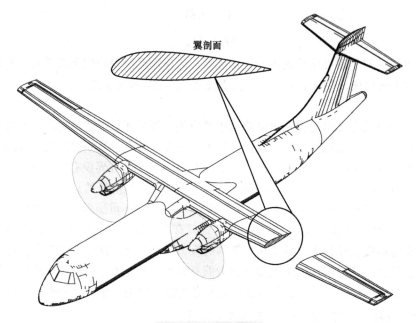

翼剖面

图 2-16　机翼翼型

机翼翼型多种多样，不同的机翼翼型对飞机升力和阻力有不同影响。机翼的几何参数如图 2-17 所示。

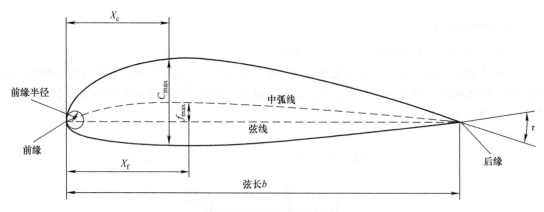

图 2-17　机翼的几何参数

1. 弦线、弦长

翼型最前端的一点称为前缘，最后端的一点称为后缘。连接两点之间的直线称为弦线，也称为翼弦。弦线的长度称为几何弦长，简称弦长，用符号 b 表示。

2. 厚度、相对厚度

弦线的垂直线与翼型上下翼面的交点之间的距离称为翼型的厚度，其最大值即最大厚度用符号 C_{max} 表示。最大厚度与弦长之比 $[\bar{C} = (C_{max}/b) \times 100\%]$ 称为相对厚度。相对厚度的大小表示翼型的厚薄程度，相对厚度大，表示翼型厚，相对厚度小，表示翼型薄。

最大厚度的位置可以用最大厚度距前缘的距离 X_c 和弦长之比来表示，即 $\bar{X}_c = (X_c/b) \times 100\%$。

3. 中弧线、弯度、相对弯度

弦线的垂直线在上下翼面所截线段中点的连线称为中弧线。中弧线到弦线之间的最大距离称为最大弯度，用符号 f_{max} 表示。最大弯度与弦长之比 $[\bar{f} = (f_{max}/b) \times 100\%]$ 称为相对弯度。相对弯度的大小表示翼型的弯曲程度，相对弯度大，表示翼型弯曲程度大，相对弯度小，表示翼型弯曲程度小。弯度或者相对弯度为零的翼型为对称翼型，对称翼型的上、下翼面以弦线对称，中弧线和弦线重合。

最大弯度的位置可以用最大弯度距前缘的距离 X_f 和弦长之比表示，即 $\bar{X}_f = (X_f/b) \times 100\%$。

4. 前缘半径、后缘角

翼型在前缘附近的外形多是圆弧形，圆弧的半径称为翼型前缘半径，用符号 r_p 表示。

翼型上下表面周线在后缘处切线的夹角称为后缘角，用符号 τ 表示。

低速飞机机翼采用的翼型弯度较大，最大弯度位置靠前。随着飞行速度的提高，翼型的相对厚度逐渐减小，最大厚度的位置逐渐向后移。目前民用运输机机翼翼型的相对厚度为 8%~16%，最大厚度的位置为 35%~50%。

2.3.2 机翼平面形状和基本参数

从飞机顶上向下看去，机翼在水平面上的投影形状称为机翼平面形状。常见民用飞机机翼的平面形状如图 2-18 所示。

表示机翼平面形状的参数如下：

1. 机翼面积

机翼在水平面的投影面积称为机翼面积，用符号 S 表示，如图 2-18 所示阴影部分的面积。

2. 梢根比

梢根比是翼梢弦长 b_T 与翼根弦长 b_R 之比，又称为机翼的锥度，用符号 η 表示，即 $\eta = b_T/b_R$，如图 2-19 所示。

3. 翼展展长

左右两翼尖之间的距离称为翼展展长，用符号 L 表示。

4. 展弦比

展弦比是展长与平均弦长之比，用符号 λ 表示。

5. 后掠角

如图 2-19 所示，沿机翼展向等百分比弦线点连线与垂直于机身中心线的直线之间的夹角称为后掠角，用符号 χ 表示。飞机说明书中给出的常有机翼前缘后掠角、机翼 1/4 弦线点连线后掠角等，分别用符号 χ_0、$\chi_{0.25}$ 表示。现代民用运输机机翼的后掠角机翼 1/4 弦线点连线后掠角大约为 30°。

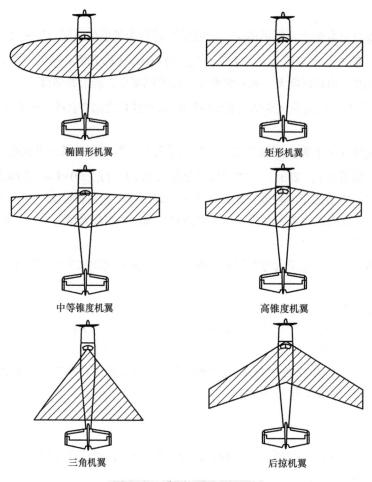

椭圆形机翼　　　　　　　　　　　矩形机翼

中等锥度机翼　　　　　　　　　　高锥度机翼

三角机翼　　　　　　　　　　　　后掠机翼

图 2-18　典型机翼平面形状

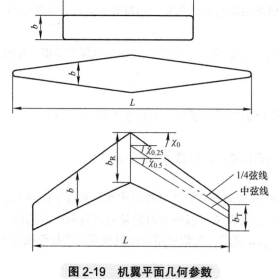

图 2-19　机翼平面几何参数

b—平均弦长　　b_R—翼根弦长　　b_T—翼梢弦长

2.3.3 机翼安装位置

1. 机翼的高度位置

按照机翼相对机身的高度位置，有上单翼、中单翼和下单翼，如图 2-20 所示。

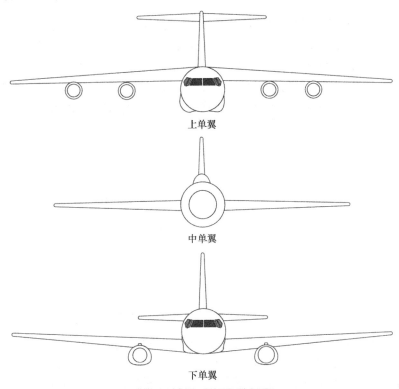

上单翼

中单翼

下单翼

图 2-20 机翼的安装位置

2. 机翼相对机身的角度

1）安装角：机翼弦线与机身中心线之间的夹角。以巡航姿态为主的运输机，考虑到减小阻力，安装角一般取 4° 左右。

2）上反角、下反角：机翼底面同垂直于机身对称面的平面之间的夹角。如果翼尖上翘，就称为上反角；如果翼尖下垂，就称为下反角。

机翼的安装角和上反角都是影响飞机飞行性能的重要结构参数。对现代民用运输机来说，这两个角度在飞机设计制造时确定，飞机投入使用后不能再进行调整。为了保证飞机的适航性，在飞机的使用维护过程中，应保证这两个角度符合要求。

2.3.4 平均空气动力弦

与实际机翼面积相等，气动力矩特性相当的矩形机翼的弦长称为平均空气动力弦，用符号 b_A 来表示，如图 2-21 所示。它是计算空气动力中心（焦点）位置、纵向力矩系数等常用的一种基准弦长。

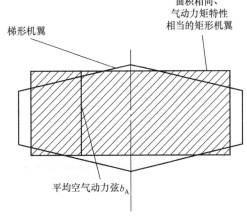

面积相同、
气动力矩特性
相当的矩形机翼

梯形机翼

平均空气动力弦 b_A

图 2-21 平均空气动力弦

2.4 作用在飞机上的空气动力

2.4.1 总空气动力

总空气动力是在飞机飞行时，相对运动气流在飞机气动外形上所产生的气动力的总和，如图 2-22 所示，用 R 表示。总空气动力 R 的作用点称为压力中心。总空气动力在垂直于来流方向的分量，用 L 表示，用来克服飞机重力，使飞机能够在空中实现飞行，称为升力；平行于气流方向的分量，用 D 表示，它的方向与飞机飞行方向相反，称为阻力。阻力是产生升力的代价。为保证飞机正常飞行，还必须有动力装置产生推力，以克服空气动力产生的阻力作用。

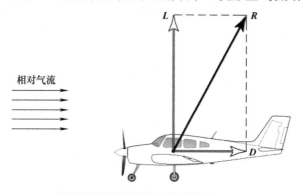

图 2-22 作用在飞机上的空气动力

飞机的升力主要由机翼来产生。气流流过机翼表面时，在机翼上、下表面形成的压差产生了升力。如图 2-23 所示，当气流以一定的迎角流过具有一定翼型的机翼时，在机翼上表面流管变细，流线分布较密，在机翼下表面流管变粗，流线分布较疏。在低速流动中，忽略了空气的压缩性和黏性，根据前面阐述的流体流动的基本规律可以得出：机翼上表面的气流速度要加大，大于前方气流的速度，同时，静压要下降，低于前方气流的静压；相反，机翼下表面的气流速度要减小，小于前方气流的速度，同时，静压要上升，高于前方气流的静压。因此，在机翼表面形成了如图 2-24 所示的压力分布情况。机翼上表面各点的静压小于前方气流的静压，形成负压（$-c_p$），用垂直于机翼表面、箭头向外的矢量表示。机翼下表面各点的静压大于前方气流的静压，形成正压（$+c_p$），用垂直于机翼表面、箭头向内的矢量表示。

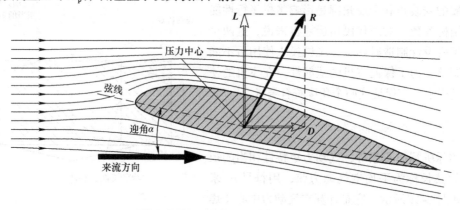

图 2-23 作用在机翼上的空气动力

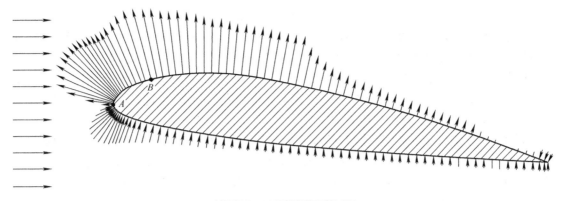

图 2-24 机翼的压力分布

从机翼表面的压力分布图（图2-24）中可以看到：在机翼的前缘有一点（*A*），气流速度减小到零，正压达到最大值，此点称为驻点；机翼上表面有一点（*B*），气流速度最大，负压达到最大值，称为最低压力点。

2.4.2 阻力

因为作用在机翼上的气动力合力的方向基本是垂直于来流向上的，所以，机翼产生的升力远远大于阻力。飞机飞行都是在设法减小飞行阻力，这里重点介绍一下阻力。在低速飞行中，飞机的阻力主要有摩擦阻力、压差阻力、干扰阻力和诱导阻力。其中前三个阻力与飞机的升力无关，主要是由空气的黏性引起的，统称为寄生阻力，也称废阻力。

1. 气流在机体表面的流动状态

（1）低速附面层 由于空气具有黏性，当它流过机体表面时，机体表面对紧贴机体表面的气体微团产生阻滞力，使其流速降为零，这层气体微团又阻滞与它相邻的外层气体微团，使其流速下降。由于空气的黏性产生阻滞力一层一层地向外影响下去，就在机体表面形成了沿机体表面法向方向、流速由零逐渐增加到外界气流流速的薄薄的一层空气层，这就称为附面层，如图 2-25 所示。气体沿机体表面流动的距离越长，机体表面对气体微团的阻滞作用时间越长，并不断地向外影响，逐渐将紧贴附面层的外界气流减速成为附面层内的气流，附面层就越来越厚。

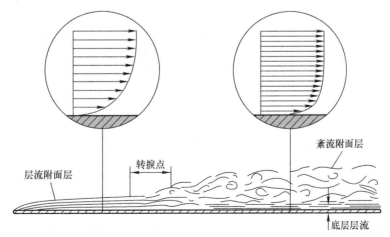

图 2-25 平板附面层

（2）层流附面层和紊流附面层　根据附面层内气体的流动状态，可以将附面层分为层流附面层和紊流附面层。气体流过机体表面时，在前段附面层内，流体微团层次分明地沿机体表面向后流动，上下各层之间的微团相互不混淆，这是层流附面层。而到了后段附面层，气体微团除了向前流动，还上下乱窜、互相掺和，已分不清流动的层次了，这就形成了紊流附面层。附面层由层流状态转变为紊流状态称为转捩，流动状态的转变区域称为转捩段。转捩段是很窄的区域，可近似看成一点，称为"转捩点"。

附面层由层流状态转变为紊流状态的原因是：气流流过机体表面的距离越长，附面层越厚，附面层内的分层流动越不稳定。机体表面过于粗糙、凹凸不平（油污、脏物、突出的铆钉头、蒙皮接缝）等又不断地对附面层施加扰动，使已不稳定的附面层流线上下脉动、扭曲变形，最后导致了附面层的转捩。

紊流附面层的厚度比层流附面层的厚度要大，在紊流附面层内靠外的区域，气流流动杂乱无章，使气流的能量大量损耗；在紊流附面层靠近机体表面的底部区域依然保持层流，称为底部层流。其厚度非常小，贴近机体表面沿法线方向速度梯度比较大。紊流附面层对气流的阻滞作用要比层流附面层大得多。

（3）附面层的分离　从图 2-26 中可以看到，从驻点 A 到最低压力点 B，流管变细，附面层的气流逐渐加速，静压也随之逐渐减小。前面的压力大于后面的压力，形成顺压。顺压迫使气流加速向后流动，并对附面层内气流的流动起推动作用。但从最低压力点 B 到机翼的后缘，流管变粗，附面层的气流逐渐减速，静压也随之逐渐加大，形成了后面压力大于前面压力的逆压。在进入逆压区域后，附面层内气流速度受到逆压和气体黏性的阻滞作用，迅速下降，在点 S 后，在逆压作用下底层气流产生倒流，与顺流的气流相撞，气流被拱起脱离机体表面，并在主流气流的冲击下形成大的旋涡。这种现象称为附面层分离。气流开始脱离机体表面的点称为分离点。附面层分离生成的旋涡不断地被主流气流吹散，新的旋涡又不断地从机体表面生成，这样就在分离点后形成了涡流区。

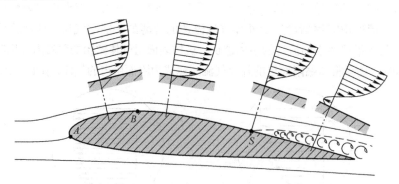

图 2-26　附面层的分离

涡流区域气流无规则地运动，强烈的摩擦消耗气流的动能，导致局部静压减小，形成压差，不确定的压差导致机翼和尾翼的振颤。

2. 摩擦阻力

（1）摩擦阻力的产生　摩擦阻力是由于空气有黏性而产生的阻力，存在于附面层内。由于空气有黏性，当气流流过机体表面时，机体表面对气流产生阻滞力并生成附面层。根据牛顿第三定律：两个物体之间的作用力和反作用力总是大小相等、方向相反，作用在同一条直线上。

机体表面给气体微团向前的阻滞力，使其速度下降，气体微团必定给机体以大小相等、方向相反的作用力，这个力就是摩擦阻力。

在紊流附面层的底层，机体表面对气流的阻滞作用要比层流附面层大得多，所以，紊流附面层会产生比层流附面层大得多的摩擦阻力。

摩擦阻力的大小除了与附面层内气流的流动状态有关，还与机体的气动外形、机体与气流接触面积的大小及机体表面状态有关。合适、高效的气动外形能够有效减小摩擦阻力，机体与气流接触的面积越大，机体表面越粗糙，摩擦阻力就越大。

（2）减小摩擦阻力的措施

1）机翼采用层流翼型。因为紊流附面层的摩擦阻力远远大于层流附面层，所以，要减小摩擦阻力就应设法使附面层保持层流状态。层流翼型是使附面层保持层流状态的一种有效翼型。图 2-27 所示为古典翼型与层流翼型压力分布的比较。层流翼型的特点是前缘半径小，最大厚度靠后（图 2-27b）。气流流过这种翼型时，压力分布比较平坦，最低压力点位置后移，顺压流动区域的扩大有利于在大范围内保持层流附面层，减小附面层增厚的趋势，延缓转捩，在一定的迎角范围内减小摩擦阻力。

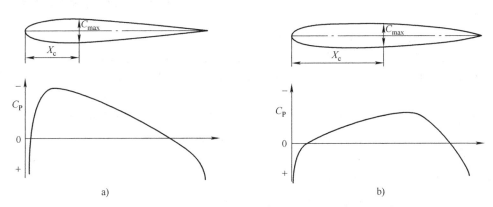

图 2-27 古典翼型与层流翼型压力分布的比较

a）古典翼型 b）层流翼型

2）在机翼表面安装一些气动装置，不断向附面层输入能量；结构上也可以采取对附面层进行吸或吹的措施，加大附面层内气流的流动速度，减小附面层的厚度，使附面层保持层流状态。

3）保持机体表面的光滑清洁。附面层的流动状态与机体表面光洁程度有很大关系。机翼表面对气流的任何一个扰动都会使附面层内的流动状态发生改变，转捩点大大提前。所以，在维护修理飞机的工作中，一定要保持机体表面的光滑整洁，特别是在主要的气动力面，如机翼尾翼的前缘、上表面等，要保证机体表面没有污物，没有划伤、凹陷或凸起，要注意埋头铆钉的铆接质量和蒙皮搭接缝的光滑密封等。

4）要尽量减小机体与气流的接触面积。对飞机进行修理改装时，应注意不要过多增加机体的外露面积，否则会增大阻力，使飞机达不到飞行性能的要求。

3. 压差阻力

（1）压差阻力的产生 压差阻力是气流流过飞机时，机体前后压差形成的阻力。气流流过机翼表面时，在机翼前缘的驻点（图 2-26）处速度降为零，形成最大的正压力点；在最低压力点之后的逆压作用下附面层分离，又在机翼的后缘生成低压的涡流区。这样，机翼前缘区域的压力大于后缘区域的压力，前后压差就形成了压差阻力。

如图 2-28a 所示，把一块圆形的平板垂直地放在气流中。流经它的气流会很快发生分离，分离点后产生大量的涡流，使平板前后形成很大的压差阻力。如果在圆形平板的前面加上一个圆锥体（图 2-28b），它的迎风面积并没有改变，但形状却变了。平板前面的高压区，这时被圆锥体填满了。气流可以平滑地流过，压力不会急剧升高，同时，气流的分离点向后移动，使平板后的涡流区变小。虽然这时平板后面仍有气流分离，低压区仍然存在，但是前后的压差却大为减小。

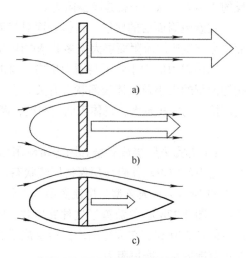

图 2-28　气流流过各种形状的物体时的压差阻力

如果在平板后面再加上一个细长的圆锥体（图 2-28c），把充满旋涡的低压区也填满，气流分离点出现得更晚，使得物体后面只出现很少的旋涡，压差阻力将会进一步减小。

这样前端圆钝、后面尖细，像水滴或雨点的形状，称为流线型物体，简称流线体。在迎风面积相同的条件下，它的压差阻力最小。流线体虽然减小了压差阻力，但由于气流与流线体的接触面增加，摩擦阻力却增大了，但总体上阻力大大减小。

压差阻力不仅与物体的迎风面积、物体的形状有关，还与物体相对气流的位置（迎角的大小）有关。流线型物体的轴线与气流平行时，可以使压差阻力减小。

（2）减小压差阻力的措施

1）尽量减小飞机机体的迎风面积。例如，在保证装载所需容积的情况下，为了减小机身的迎风面积，机身横截面的形状应采用圆形或近似圆形。

2）暴露在空气中的机体各部件外形应采用流线型。

3）飞行时，除了起气动作用的部件，其他机体部件的轴线应尽量与气流方向平行。

4. 干扰阻力

实践表明，飞机的各个部件，如机翼、机身、尾翼等，单独放在气流中所产生的阻力的总和并不等于飞机整体所产生的阻力，而是往往小于把它们组成一个整体时所产生的阻力。所谓干扰阻力就是飞机各部分之间由于气流相互干扰而产生的一种额外阻力。

干扰阻力与各部件组合时的相对位置有关，也和部件结合部位形成的流管形状（图 2-29）有关。

减小干扰阻力的措施如下：

1）适当安排各部件之间的相对位置。对于机翼和机身之间的干扰阻力来说，中单翼干扰阻力最小，下单翼最大，上单翼居中。

2）在部件结合部位安装整流罩，使结合部位较为光滑，减小流管的收缩和扩张。

5. 诱导阻力

诱导阻力是伴随升力而产生的一种阻力。作用在飞机上的气动力是一个向上的力和向后的力的合力，与来流方向垂直向上的力是升力，平行于来流方向的向后的力是阻力，阻力除了寄生阻力（摩擦阻力、压差阻力和干扰阻力），还有诱导阻力。诱导阻力是伴随升力而产生的一种阻力，如果在合适的迎角下，不产生升力，也就没有诱导阻力，只有寄生阻力。只要产生升力就会有诱导阻力，诱导阻力是产生升力而额外付出的代价。

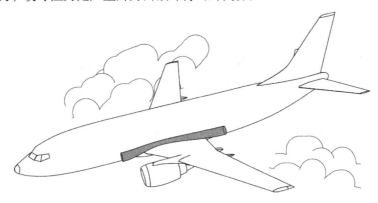

图 2-29　机翼和机身之间的流管

（1）诱导阻力的产生　气流流过机翼，在机翼前缘前附近一定距离内，气流受到机翼干扰会向上流动，形成上洗。气流在机翼表面流动过程中，垂直速度逐渐减小，在翼型气动中心附近垂直速度逐渐变为向下的速度，形成下洗，如图 2-30 所示。

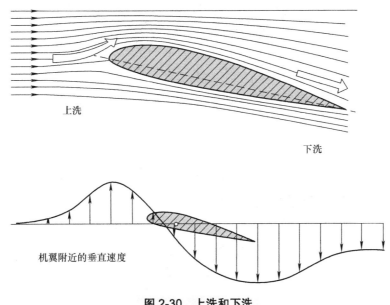

图 2-30　上洗和下洗

如图 2-31 所示，由于下洗的作用，流过机翼的平均气流与来流方向呈一个夹角 α_i，升力与平均气流垂直，升力也向后倾斜，倾斜角与诱导迎角 α_i 相同，这样升力在来流方向上产生一个阻力 D_i，称为诱导阻力，同时垂直于来流方向向上就是有效升力。

（2）翼尖涡流对诱导阻力的影响　由于机翼下表面的压力大于上表面的压力，在飞行中，机翼下翼面的气流会绕过翼尖流向上翼面，影响机翼内侧的气流向外偏转，越靠近机身，这种影响越小。随着气流的流动，在机翼翼尖后面形成两股旋转方向相反的涡流，如图 2-32 和图 2-33 所示。

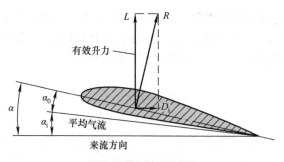

图 2-31 诱导阻力

翼尖涡流引起下洗气流的垂直速度分布（图 2-33），在翼尖外面形成上洗气流，使机翼的上下翼面的压差变小，减小了升力。如果要保持支持飞机重量的升力，需要增大迎角，增加升力，诱导阻力会随着增大。因此，翼尖涡流现象减小了升力，增大了阻力。这种现象对小展弦比的飞机影响更大。

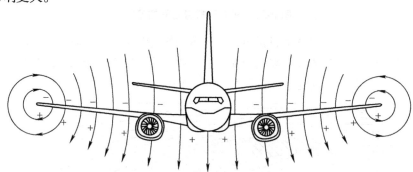

图 2-32 飞机的翼尖涡流（以地面为参照）

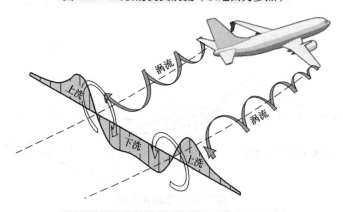

图 2-33 翼尖涡流的尾迹（以地面为参照）

大型飞机的重量大，机翼会产生强大的下洗和翼尖涡流，其影响范围可延伸至飞机后方几千米的地方，在旋涡形成后 6~8min 才消失。由于旋涡区域中空气速度的大小和方向变化剧烈，进入这一区域中的小飞机会发生快速滚转运动而导致飞行事故。特别是在飞机起飞和着陆时，前面一架飞机拖出的翼尖尾涡对后面一架飞机的安全将产生直接影响。

（3）减小诱导阻力的措施

1）采用诱导阻力较小的机翼平面形状。机翼的平面形状对诱导阻力影响很大，通过减小翼尖处升力，可以有效减小诱导阻力。椭圆平面形状的机翼诱导阻力最小，其次是梯形机翼，矩形机翼的诱导阻力最大。另外，机翼的展弦比越大，翼尖涡流的影响越小，诱导阻力越小。

在得到相同升力的情况下，飞机飞行速度越小，所需要的迎角越大，诱导阻力也就越大。所以低速飞机大多采用大展弦比的机翼，高速飞行的战斗机采用小展弦比的机翼。

2）在机翼上安装翼梢小翼或副油箱等外挂物都可以阻止气流由下翼面向上翼面流动，从而减弱翼尖涡流，减小诱导阻力。翼梢小翼在不增大翼展的情况下，起到减小诱导阻力、节省燃油、加大航程的作用。

2.4.3 阻力总结

低速飞行时，飞机的阻力由诱导阻力和寄生阻力（包括摩擦阻力、压差阻力和干扰阻力）组成，如图 2-34 所示。诱导阻力和寄生阻力随着飞行速度和迎角的不同而变化。

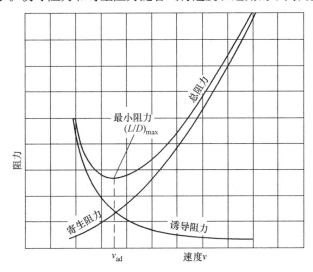

图 2-34 阻力曲线

低速飞行时，为了得到足够的升力，飞机要以较大的迎角飞行。这样，机翼上下表面的压差较大，形成了较强的翼尖涡流，诱导阻力较大。飞行速度较高时，飞机以较小的迎角飞行，机翼上下表面的压差减小，形成了较弱的翼尖涡流，诱导阻力也随之减小。如图 2-34 所示，诱导阻力随着飞行速度的提高而逐渐减小。

寄生阻力是由于空气的黏性而产生的阻力，飞行速度越高，机体表面对气流产生的阻滞力越大，寄生阻力也就越大。所以，寄生阻力随着速度的增加而增大，如图 2-34 所示。

飞行速度较低时，诱导阻力大于寄生阻力，在总阻力中占主导地位；随着飞行速度的提高，诱导阻力逐渐减小而寄生阻力逐渐增大，寄生阻力逐渐占据主导地位。飞机飞行的总阻力等于诱导阻力和寄生阻力之和。随着飞行速度的增加，总阻力是先减小后增大，在一定速度下，存在一个最小总阻力，把最小总阻力对应的飞行速度称为平飞有利速度。

寄生阻力中的摩擦阻力和压差阻力随着速度的变化也在不断变化。低速飞行时，迎角很大，附面层的分离点逐渐前移，涡流区逐渐扩大，压差阻力在寄生阻力中占有主导地位。随着飞行速度的提高，附面层的分离点不断后移，机翼后缘的涡流区很小，压差阻力较小，摩擦阻力不断增大，在寄生阻力中占有主导地位。总之，寄生阻力随着飞行速度的提高而不断增大。

2.5 升力和阻力特性

2.5.1 升力和阻力

1. 升力公式和阻力公式

飞机的升力可以表示为

$$L = C_L \frac{1}{2} \rho v^2 S$$

飞机的阻力可以表示为

$$D = C_D \frac{1}{2} \rho v^2 S$$

式中　　C_L、C_D——升力系数、阻力系数；

　　　　$\frac{1}{2} \rho v^2$——相对气流的动压；

　　　　S——机翼的面积。

2. 影响升力和阻力的因素

（1）空气密度、飞行速度和机翼面积　由升力和阻力公式可知，飞机的升力和阻力都与空气的密度成正比，与飞机飞行速度的平方成正比，与机翼的面积成正比。

海拔高度的增加和气温升高都会使空气密度减小，所以，天气炎热且在海拔较高的机场起飞时，由于空气密度小，要达到起飞所需要的升力，就必须加大飞机起飞的离地速度，而空气密度小，又使发动机的性能降低，飞机加速困难。这就影响了一些飞机在高温高原机场的使用。

在其他条件不变的情况下，飞机飞行的高度越大，空气的密度越小，飞机的升力就越小。为得到飞行所需要的升力，必须提高飞机的飞行速度。所以只有高速飞机才适合在高空进行巡航飞行。

加大机翼的面积可以增加升力，同时也会增加阻力。早期的飞机飞行速度很低，为了获得飞行所需升力，往往加大机翼的面积，甚至采用双翼机。随着飞机飞行速度的提高，获得飞行所需升力已不成问题，主要的矛盾又转化为如何减小阻力、提高飞行速度。所以，随着飞机飞行速度的提高，飞机机翼的面积逐渐减小。超音速飞机的机翼面积就很小。

（2）升力系数和阻力系数　由升力和阻力公式可知，飞机的升力与升力系数成正比，飞机的阻力与阻力系数成正比。升力系数和阻力系数都是量纲为一的参数，在飞行马赫数小于一定值时，它们只与机翼的形状（机翼翼型、机翼平面形状）和迎角的大小有关，所以，这两个系数综合反映了机翼形状、迎角对飞机升力和阻力的影响。

相对厚度较大、最大厚度位置靠前的翼型可以使流过上翼面的气流迅速加速，压力下降，产生较大的气动吸力，因此可以得到较大的升力系数。加大翼型的弯度，适当地将最大弯度位置前移，同样可以提高最大升力系数。低速飞机机翼多采用这样的翼型。但增加翼型厚度和弯度也会使阻力系数加大，增加飞机的飞行阻力。所以高速飞机都采用相对厚度较小、最大厚度位置靠后的薄翼型，或相对弯度为零的对称薄翼型。

2.5.2 升力系数、阻力系数与迎角的关系

1. 升力系数与迎角的关系

图 2-35 所示为五个标准 NACA 翼型的升力系数与迎角的关系，可以看出，不同的翼型有不同的升力特性。

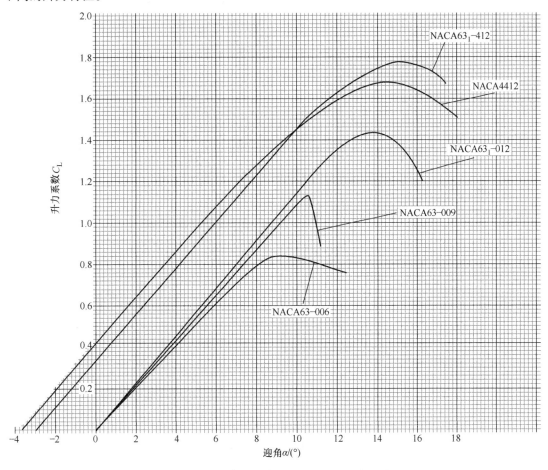

图 2-35 典型翼型的升力系数与迎角的关系

所有翼型升力系数的一个特征是，各条升力曲线的斜率基本相同。在低升力系数下，升力系数与迎角近似呈线性关系。迎角每增加 1°，升力系数增加约 0.1。对于图 2-35 所示的每个翼型，迎角变化 5° 将使升力系数变化大约 0.5。显然，升力曲线斜率在翼型选择中并不重要。

另外一个重要特征是，迎角增大到一定程度时，升力系数不再增大，随着迎角的增大，升力系数却减小。所有翼型在某一迎角时，都有一个最大升力系数。

升力系数为零时的迎角称为零升力迎角，用符号 α_0 表示。从图 2-35 可以看出，NACA63-006、NACA63-009、NACA63$_1$-012 是对称翼型，在迎角为零时，不产生升力，所以零升力迎角为零。NACA4412 翼型截面是一个 12% 相对厚度的翼型，在弦线的 40% 处有 4% 的最大弯度。NACA63$_1$-412 翼型与 NACA63$_1$-012 翼型具有相同的厚度和厚度分布，但增加了 4% 弯度，NACA4412、NACA63$_1$-412 翼型的零升力迎角是一个非常小的负迎角。两种翼型的升力曲线表明，弯度对升力的影响是有利的。

2. 阻力系数与迎角的关系

图 2-36 所示为机翼的阻力特性曲线，从图中可以看出，在低迎角时，阻力系数只有轻微变化。迎角越大，阻力系数越大，迎角的微小变化会导致阻力的显著变化。当失速发生时，阻力会大幅度增大。

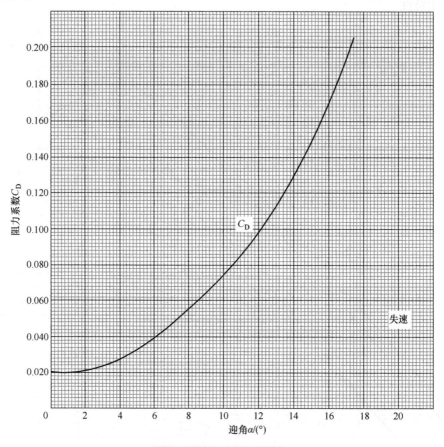

图 2-36　阻力特性曲线

2.5.3　升阻比

影响飞机性能的另一个重要因素是升阻比 L/D。利用飞机可用的升力和阻力数据，可以计算每个特定迎角的 C_L 和 C_D 的比例，由此得出升阻比曲线（图 2-37）。可以看到，升阻比增加到某个最大值，然后在升力系数和迎角较大时减小。注意，最大升阻比 $(L/D)_{max}$ 出现在一个特定的迎角和升力系数下。如果飞机以 $(L/D)_{max}$ 稳定飞行，总阻力最小。任何低于或高于 $(L/D)_{max}$ 的迎角都会降低升阻比，从而增加飞机的阻力。

如图 2-37 所示，飞机在迎角为 6° 时的最大升阻比为 12.5。假设这架飞机以 5670kg 的总重量稳定飞行。如果以对应于 $(L/D)_{max}$ 的空速和迎角飞行，阻力将为 4448.3N。任何更高或更低的空速都将产生大于 4448.3N 的阻力。当然，同一架飞机可以在不同的总重量下运行，在迎角同为 6° 时，可以获得相同的最大升阻比 12.5。然而，总重量发生变化时需要改变空速，以在相同的升力系数和迎角下支撑新重量。

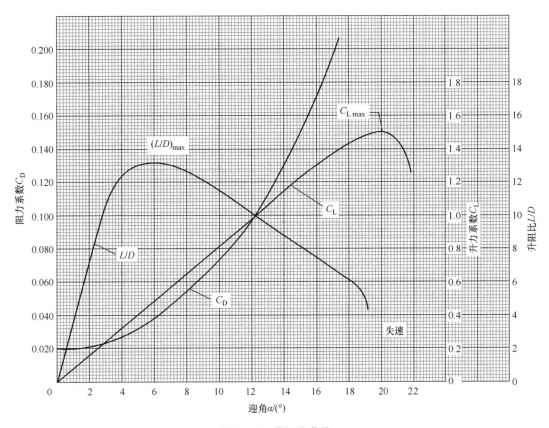

图 2-37 升阻比曲线

2.5.4 飞机大迎角失速

1. 临界迎角

如图 2-38 所示，飞机的升力系数随着飞机迎角增大而增大，当迎角增大到一定值时，升力系数达到最大值（C_{Lmax}），之后升力系数不再增大，并随着迎角的增大而急剧减小，飞机阻力也急剧增大。飞机会出现失控俯冲和颠簸运动，驾驶员感到操纵异常，这就是大迎角失速现象。

对应最大升力系数 C_{Lmax} 的迎角称为临界迎角，也称为失速迎角。

飞机失速主要是由于迎角过大，造成机翼上翼面的附面层大范围分离，形成了大面积的涡流区，上、下翼面的压差合成的气动力对升力贡献很小，却产生了很大的压差阻力。大面积涡流区的出现不但使升力和阻力发生急剧变化，导致飞机的速度减小，高度降低，机头下沉；又因为气流的分离不稳定，周期性地形成分离旋涡，使升力忽大忽小，从而引起机翼、尾翼的振动，飞机的稳定性和操纵性下降，使飞机难以保持正常的飞行。这对飞机的飞行是很危险的。

在任何空速和飞行姿态下，只要迎角超过飞机的临界迎角都可能发生失速。飞机的临界迎角一般为 16° 左右。通常在飞行中不会达到最大升力系数和临界迎角的飞行状态，因为在到达这个状态之前，由于附面层分离区域的扩大，已经出现了振动、稳定性变差等失速现象。为了保证飞行安全，防止飞机失速，规定了一个小于最大升力系数和临界迎角的安全值。在飞行中，一旦达到这两个安全值，就表示飞机将要出现失速，系统会给驾驶员发出告警信号。

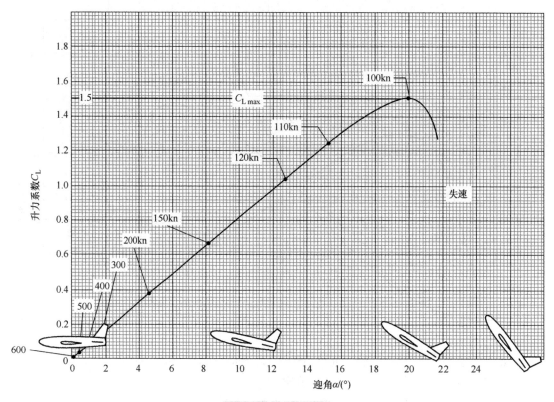

图 2-38　升力特性

注：1kn = 1.852km/h。

2. 飞机的失速速度

飞机在定常水平飞行过程中，其升力等于重力，即

$$L = C_L \frac{1}{2} \rho v^2 S = W$$

在飞机重量不发生变化的情况下，当飞机速度增大时，飞机升力系数就要减小，迎角也随着减小；相反，飞机速度越小，飞机迎角就要越大，才能提供足够的升力保证水平飞行。当飞机速度降到某一速度时，升力系数达到最大升力系数 C_{Lmax}，飞机出现失速现象。这个达到临界迎角的速度称为失速速度，用符号 v_s 表示，有

$$v_s = \sqrt{\frac{2W}{C_{Lmax} \rho S}}$$

从失速速度的计算公式可以看出：飞机的失速速度是飞机正常飞行的最小速度，若飞机重量增加，则飞机的失速速度也会增大。

2.6 增升装置

2.6.1 增升原理

在机翼上安装增升装置的目的是在较低速度下，得到较大的升力，降低飞机起飞着陆速度，改善飞机起飞着陆性能，提高飞机起飞着陆的安全性。

随着现代运输机逐渐大型化、高速化，这些大型飞机的起飞离地和着陆触地速度会越来越高。其原因有两个：一个原因是大型飞机起飞着陆重量大，使飞机安全离地和平稳着陆要求的升力大，这也就要求飞机在起飞离地或着陆触地时保持更高的飞行速度，以达到升力的要求；另一个原因是高速飞机机翼的低速飞行性能并不好（如薄翼型、后掠机翼等），要使低速飞行性能不好的机翼在低速下达到一定的升力，必然会要求更高的飞行速度。所以增升装置对于提高现代运输机起飞着陆的安全性来说就更为重要。

根据升力计算公式，增加升力可以从提高升力系数和增大机翼面积着手。目前，在大型高速民用运输机上，增升装置的增升原理主要有以下三条：

1）改变机翼剖面形状，加大机翼弯度。加大机翼弯度可以使上翼面气流的流速加快，增大上翼面的负压值，从而提高升力系数。但加大机翼弯度也会增加压差阻力，并减小临界迎角值。

2）增大机翼面积。升力与机翼的面积成正比，机翼的面积越大，升力就越大。

3）控制机翼上的附面层，推迟气流分离。控制附面层就是利用气动力表面的一些气动装置不断将动能输入附面层内，或吸取、吹除附面层。这些方法都可以加速附面层内气流的流动，减小附面层的厚度，推迟附面层分离。这种增升原理的主要作用是提高临界迎角值，防止飞机在大迎角的情况下失速，其次还可以提高升力系数。

2.6.2 后缘襟翼

后缘襟翼有简单襟翼、开裂襟翼、开缝襟翼、富勒襟翼等多种形式，如图 2-39 所示。

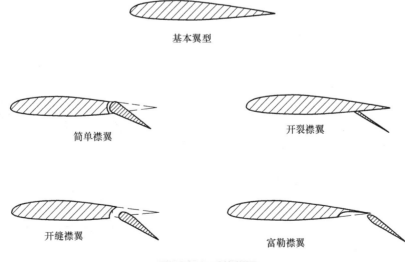

图 2-39 后缘襟翼

1. 简单襟翼

简单襟翼是装置在机翼后缘可绕转轴转动的小翼面，不使用时，闭合成为机翼后缘的一部分，使用时绕轴向下偏转。它的增升原理是改变机翼剖面形状，增大机翼弯度，使上翼面气流加速，下翼面气流减速，增大上下翼面压差，从而增大升力。

2. 开裂襟翼

开裂襟翼是装置在机翼后缘下表面一块可绕轴转动的板件，不使用时收回，紧贴合在机翼下表面，成为机翼后缘下表面的一部分，使用时绕轴向下打开。它的增升原理是增加机翼弯度，另外，打开时，在襟翼板和机翼后缘上表面之间形成一个低压区，吸引上表面气流更快流动，因而增加上下翼面压差，从而增大升力。

3. 开缝襟翼

开缝襟翼是在简单襟翼基础上做了改进得到的。它将转轴由襟翼前缘正中移到襟翼前缘下表面，使用时，襟翼绕转轴向下打开，不仅增大了机翼弯度，而且在襟翼前缘与机翼后部之间形成收敛式的缝隙，使下翼面高压气流通过收敛式的缝隙加速吹向上翼面，往上翼面附面层中输送动能，防止气流分离，大大提高了襟翼的增升效果。因为它使用了增大机翼弯度和控制附面层两种增升原理，增升效果更好。

4. 富勒襟翼

富勒襟翼工作时，襟翼一边向后退，一边向下偏转；后退偏转的同时，又在襟翼前缘与机翼后部之间形成收敛式缝隙，使下翼面高压气流加速吹向上翼面，加快上翼面附面层流动，防止气流分离。因为这种襟翼采用了增大机翼弯度、增加机翼面积和控制附面层三种增升原理，增升效果特别好。一些高性能飞机，机翼剖面相对厚度较小，多采用这种增升装置。

图 2-40 所示为各类增升装置的升力和阻力比较。各类型后缘襟翼增升效果明显，富勒襟翼的增升效果最好。但后缘襟翼在提高机翼升力系数的同时，使机翼的阻力系数也增加了。当襟翼放下角度较小时，阻力增加的百分比比升力增加的要低，这种情况适用于要求升力增大而阻力尽量小的起飞状态。当襟翼放下角度较大时，与升力增加的百分比相比，阻力增加的百分比更高，这种情况适用于升力和阻力都要求较大的着陆状态。因此，虽然在起飞和着陆时都使用

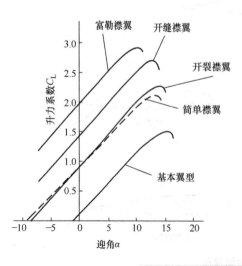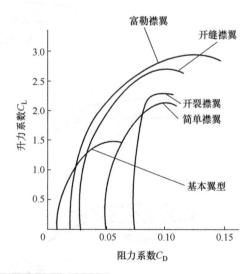

图 2-40 各类增升装置的升力和阻力比较

后缘襟翼，但使用的方法却不同：起飞时，使用后缘襟翼放下的角度较小，约为20°；而着陆时，使用后缘襟翼放下的角度较大，约为40°。

另外，从图2-40还可以看到，使用后缘襟翼提高升力系数的同时，临界迎角却减小了。这样，在迎角较大的起飞着陆时，使用后缘襟翼容易造成飞机失速，所以现代大型运输机的后缘襟翼都是与前缘襟翼、前缘缝翼等增升装置一起配合使用的。

2.6.3　前缘襟翼和前缘缝翼

1. 前缘襟翼

前缘襟翼用在相对厚度小、前缘薄、难以布置增升机构的飞机机翼上。前缘襟翼提供的增量比前缘缝翼提供的要小。

图2-41所示为前缘襟翼的一种结构方案，它通过安装在机翼前大梁或前墙的下缘条上的铰链偏转。当前缘襟翼相对于其轴转动时，其上缘沿固定在机翼上的专用型材滑动，防止形成缝隙。

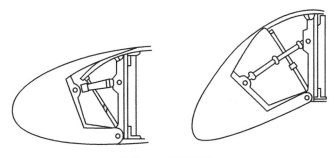

图2-41　前缘襟翼

克鲁格襟翼安装在机翼前缘根部，如图2-42所示。它与后掠翼上的前缘缝翼配合使用以防止飞机失速。克鲁格襟翼只能保证在小于某一迎角时机翼绕流不分离，超过该迎角后，气流开始急剧分离。因此，当后掠翼翼尖气流尚无分离而其翼根部气流提前分离时会产生使迎角减小的低头力矩，就可提高飞行安全。

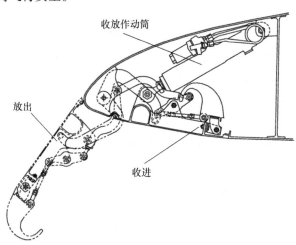

图2-42　克鲁格襟翼

2. 前缘缝翼

如图 2-43 所示,前缘缝翼是安装在基本机翼前缘的一段或几段狭长小翼。随着迎角的增大,机翼上表面的分离区逐渐向前移动,当达到临界迎角时,升力系数急剧下降,机翼失速。当前缘缝翼打开时,它与基本机翼前缘表面形成一道缝隙,下翼面压力较高的气流通过这道缝隙加速流向上翼面,增大了上翼面附面层中气流的速度,降低了压力,消除了这里的分离旋涡,从而延缓了气流的分离,避免了大迎角下的失速,提高了最大升力系数。前缘缝翼的作用相当于附面层控制,在提高最大升力系数的同时也使临界迎角增大。这种装置在大迎角下才使用。

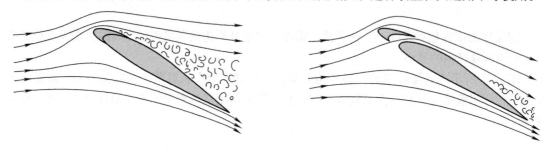

图 2-43　前缘缝翼对气流的影响

2.6.4　控制附面层的增升装置

控制附面层的目的是防止或推迟附面层分离。附面层分离会使飞行阻力增加,升力下降,附面层分离区域的继续扩大最终会导致飞机的失速。

1. 附面层吹除装置

如图 2-44 所示,附面层吹除装置将高压气体从机翼上表面吹出,并向附面层内输入动能,加快附面层内流体的流速,推迟附面层分离。

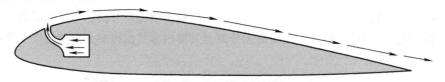

图 2-44　附面层吹除装置

附面层吹除装置可以安装在靠近机翼前缘,高压空气从前缘附近吹出,使机翼上表面的附面层气流加速;也可以安装在机翼的后缘襟翼的前面,高压空气从机翼后缘吹出,沿襟翼的上表面流过,推迟襟翼附面层分离,起到增升的作用。这就形成了吹气襟翼。

2. 附面层吸取装置

如图 2-45 所示,附面层吸取装置是利用吸气泵,通过机翼上表面的缝隙吸取附面层,减小附面层的厚度,加快附面层内流体的流速。

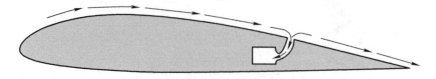

图 2-45　附面层吸取装置

3. 涡流发生器

涡流发生器可以将外界气流的能量不断输入附面层，加快附面层内气流的流动速度，推迟气流分离。在低速飞机上使用涡流发生器可以提高临界迎角值，增大升力系数；在高速飞机上使用可以推迟激波分离。

一些飞机常在操纵舵面的前面安排涡流发生器，如图 2-46 所示。它的作用是提高舵面在大偏转角和高速下的操纵效率。

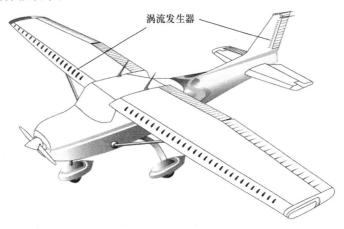

图 2-46　涡流发生器

第3章
飞行理论

3.1 飞机运动基础

3.1.1 机体坐标系和自由度

飞机机体以及飞机上所装载的所有设备、燃油、货物、乘员等所受重力之和称为飞机的重力，用符号 W 表示。飞机重力的作用点称为飞机的重心。因为，飞机机体结构和机上装载基本左右对称，所以，飞机重心在机体对称面内。飞机重心的位置常以重心在平均空气动力弦上投影至前缘距离 X_W 和平均空气动力弦长 b_A 之比的百分数来表示，$\bar{X}_W = (X_W / b_A) \times 100\%$。

确定飞机在空中运动特性的基本方法是把飞机看作一个刚体（不考虑机体的弹性变形），全部质量都集中在飞机重心上，用飞机重心的运动轨迹代替整架飞机的运动轨迹。这样，飞机的任何一种运动都可以分解成全机随着重心的移动和绕重心的转动。

机体坐标系 $O(X_t, Y_t, Z_t)$ 与机体固定，是随机体一起运动的坐标系。它的原点位于机体的重心，OX_t 称为纵轴，平行于机身轴线，指向机头；OY_t 称为立轴（竖轴），在飞机对称面内，垂直于 OX_t 轴，指向上方；OZ_t 称为横轴，垂直于飞机对称面，指向右翼，如图 3-1 所示。

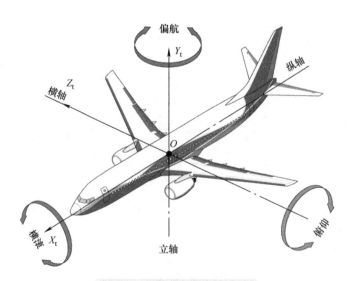

图 3-1　机体坐标系与自由度

飞机移动的自由度有三个，分别是沿 X_t 轴、Y_t 轴和 Z_t 轴的平移；机体绕重心转动的自由度也有三个，分别是绕 X_t 轴的横滚、绕 Y_t 轴的偏航和绕 Z_t 轴的俯仰运动。

3.1.2　地面坐标系和姿态角

如图 3-2 所示，地面坐标系 $A(X_d, Y_d, Z_d)$ 是固定在地球表面的一种坐标系。它的原点 A 位于地面任意选定的某一固定点，AY_d 轴铅垂向上，AX_d、AZ_d 轴在水平面内并互相垂直，AX_d 轴指向地面内某一选定的方向。

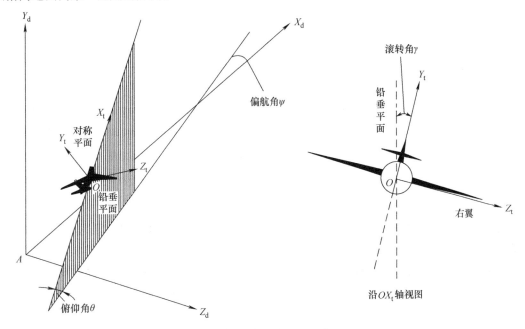

图 3-2　地面坐标系和姿态角

飞机在空间的姿态可用机体坐标系与地面坐标系之间的方向关系来确定，并用姿态角表示出来。描述飞机在空中姿态的姿态角如下：

（1）俯仰角　俯仰角是机体坐标系纵轴 OX_t 与水平面 AX_dZ_d 之间的夹角，用符号 θ 表示，当机头上仰时，θ 角为正。

（2）偏航角　偏航角是机体坐标系纵轴 OX_t 在水平面 AX_dZ_d 上的投影与地面坐标系 AX_d 轴之间的夹角，用符号 Ψ 表示，当飞机向左偏航时，Ψ 角为正。

（3）滚转角　滚转角是飞机对称面 OX_tY_t 与包含 OX_t 轴的铅垂面之间的夹角，用符号 γ 表示，当飞机向右滚转时，γ 角为正。

（4）迎角和侧滑角　迎角和侧滑角是机体相对于来流方向而言的，也是飞机姿态的重要参数。

如图 3-3 所示，迎角是空速向量在飞机对称面 OX_tY_t 上的投影与机体坐标系纵轴 OX_t 之间的夹角，用符号 α 表示，投影线在 OX_t 轴下方时，α 角为正。

侧滑角是空速向量与飞机对称面 OX_tY_t 之间的夹角，用符号 β 表示，空速向量偏向右侧时，β 角为正。

飞行中，空速向量一般都在飞机对称面内，侧滑角 $\beta = 0$。但由于外界扰动或水平转弯操纵不当会产生侧滑。在有些情况下，采用适当的侧滑角有利于飞行，如侧风着陆、不对称动力飞行等。

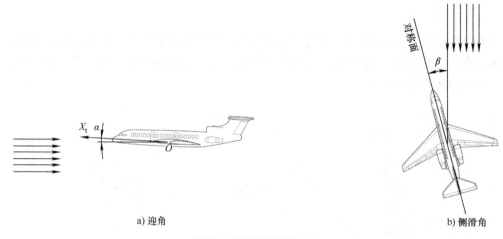

a) 迎角   b) 侧滑角

图 3-3　迎角和侧滑角

3.1.3　定常飞行时的载荷平衡

飞行中，作用在飞机上的外载荷有飞机重力 W、空气动力（升力 L、阻力 D、侧向力 Z）和发动机推力 T。

根据牛顿运动定律，飞机做定常飞行时的平衡条件是，在三个坐标上，合力为零，合力矩为零，如图 3-4 所示。即有

$$\begin{cases} \Sigma X = 0 \\ \Sigma Y = 0 \\ \Sigma Z = 0 \end{cases} \qquad \begin{cases} \Sigma M_X = 0 \\ \Sigma M_Y = 0 \\ \Sigma M_Z = 0 \end{cases}$$

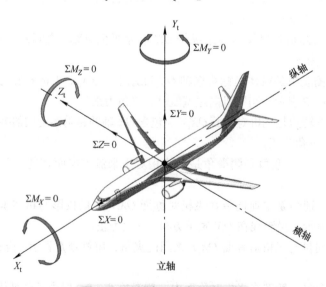

图 3-4　飞机在三个方向的平衡

定常直线飞行（匀速直线飞行，包括水平直线飞行、等速爬升、等速下滑）是飞机最常见、最重要的飞行状态。作用在飞机上的外载荷，即飞机重力 W、升力 L、阻力 D 和发动机推

力 T 是一个平衡力系,满足六个平衡方程。由于作用在飞机上的载荷左右对称,六个平衡方程中的 $\Sigma Z = 0$、$\Sigma M_X = 0$ 和 $\Sigma M_Y = 0$ 自然满足。

飞机以一定俯仰角 θ 做定常飞行时(图3-5)的平衡方程为

$$\begin{cases} L = W\cos\theta \\ T = W\sin\theta + D \\ M_1 = M_2 \end{cases}$$

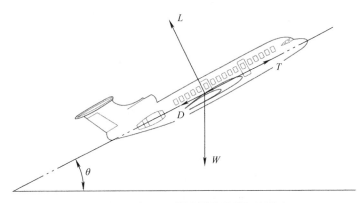

图 3-5　飞机在一定俯仰角的受力平衡

当 $\theta = 0°$ 时,为水平定常飞行,则有

$$\begin{cases} L = W \\ T = D \\ M_1 = M_2 \end{cases}$$

水平定常飞行时,推力等于阻力,升力等于重力,抬头力矩等于低头力矩。

3.2　飞机飞行基本性能

3.2.1　所需推力和所需功率

1. 所需推力

飞行性能的所有主要项目都涉及飞机的稳态飞行条件和平衡。为了使飞机保持稳定水平飞行,必须通过与飞机重力相等的升力和与飞机阻力相等的推力来获得平衡。因此,水平飞行中为克服飞行阻力所需的发动机推力就称为平飞所需推力,用符号 T_r 表示。

飞机的总阻力是寄生阻力和诱导阻力的总和。图3-6所示是某飞机在一定高度上稳定水平飞行中的诱导阻力、寄生阻力和总阻力随速度的变化。寄生阻力随飞行速度的增加而增大,诱导阻力随飞行速度的增加却不断减小。平飞所需推力(总阻力)在低速时,随着速度的增加而减小,在高速时,随着速度的增加而增大。在某一速度 v_{ad} 时,所需推力最小。把最小所需推力对应的速度称为平飞有利速度。

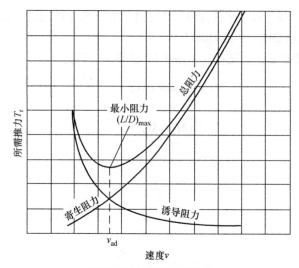

图 3-6 平飞所需推力

2. 所需功率

飞行所需的功率取决于所需的推力和飞行速度。在一定高度上，推力克服阻力使飞机向前飞行时就对飞机做功。推力在单位时间内所做的功就是平飞所需功率，用 P_r 表示。

$$P_r = T_r v$$

平飞所需功率随飞行速度的变化如图 3-7 所示。在图中可以看出，最小所需功率对应的速度通常小于最小所需推力对应的速度。

3.2.2 水平飞行性能

1. 最大平飞速度

最大平飞速度是指在给定飞行高度上，发动机满油门状态，飞机做水平直线飞行所能获得的最高稳定平飞速度。

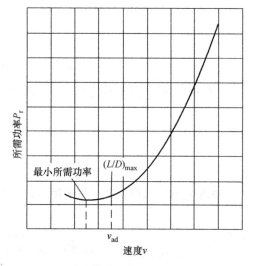

图 3-7 平飞所需功率

当飞机处于稳定水平飞行时，必须以平衡状态为准，这是通过调整飞机的升力使其等于重力，并将动力装置的推力设置为等于飞机的阻力来实现的。

图 3-8 所示为在高度、重量和配置不变的情况下，所需功率和所需推力随速度的变化情况。如果飞机以 B 点相对应的速度飞行，可以获得的所需功率或所需推力实现平衡。发动机的可用推力（或可用功率）大于所需推力（所需功率），飞机推力和功率具有加速的必要条件，可以加大推力使飞机速度提高至 A 点对应速度，达到平衡所需推力或所需功率，当然，也需要改变迎角，以保持与飞机重力相等的恒定升力。同样，通过减小推力在 C 点达到平衡。

当所需功率或所需推力等于动力装置可用推力或可用功率时，将获得飞机的最大平飞速度。通常，喷气式飞机需要考虑所需推力，螺旋桨飞机需要考虑所需功率。

最大平飞速度受到飞行高度和飞机重量的影响。在不同的飞行高度中，飞机平飞所需推力不同，发动机可用推力也不同。所以，飞机的最大平飞速度也就不同，随着高度的增加，最大平飞速度逐渐减小。当飞机重量增大，飞机需要更大的升力，在相同的飞行速度下，需要更大的迎角，阻力（所需推力）也会增大，最大平飞速度随着飞机重量的增加而减小。

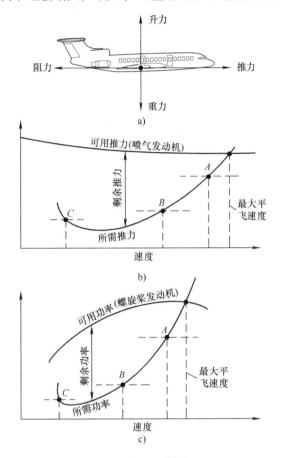

图 3-8　平飞性能

2. 最小平飞速度

最小平飞速度是飞机维持水平飞行的最低稳定速度。为了得到平飞所需要的升力，在升力系数最大时，飞机的平飞速度可以达到最小。所以，最小平飞速度受到最大升力系数的限制。升力系数最大时，飞机的迎角达到临界迎角，飞机的飞行速度是失速速度。为了飞行安全，飞机不可能在临界迎角下飞行，所以，最小平飞速度要比失速速度大一些。

最小平飞速度不但受到最大升力系数的限制，也与发动机的动力和飞机重量有关。当飞行高度逐渐增加时，以接近临界迎角飞行，增大的阻力可能超过发动机的可用推力，而使最小平飞速度增加。这时，飞机的最小平飞速度就受到发动机可用推力或可用功率的限制。飞机重量越大，最小平飞速度也会越大。

3.2.3　爬升性能

1. 爬升角的确定（图 3-9）

根据定常直线飞行平衡公式，有

$$T_a = T_r + W \sin \theta$$

得

$$\sin \theta = \frac{T_a - T_r}{W} = \frac{\Delta T}{W}$$

式中　　T_a——可用推力；

　　　　T_r——平飞所需推力；

　　　　ΔT——剩余推力，$\Delta T = T_a - T_r$。

由上式可得航迹角 θ 为

$$\theta = \arcsin \frac{\Delta T}{W}$$

最大航迹角 θ_{max} 为

$$\theta_{max} = \arcsin \frac{\Delta T_{max}}{W}$$

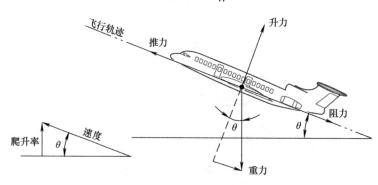

图 3-9　爬升角及爬升率

飞机以 θ_{max} 上升时航迹最陡，剩余推力最大，此时，飞机飞行速度称为陡升速度，用符号 v_x 表示，如图 3-10 所示。

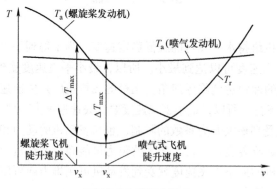

图 3-10　陡升速度

2. 爬升率的确定（图 3-9）

飞机的爬升率（上升率）是飞行速度在铅垂方向的分量，用符号 v_c 表示，规定向上为正。由图 3-9 可知

$$v_{c} = v\sin\theta = \frac{\Delta Tv}{W} = \frac{\Delta P}{W}$$

式中　ΔP——剩余功率，$\Delta P = P_{a} - P_{r}$。

最大爬升率 v_{cmax} 为

$$v_{cmax} = \frac{\Delta P_{max}}{W}$$

飞机以 v_{cmax} 上升到一定高度，使用的时间最短，与 v_{cmax} 对应的飞机飞行速度称为快升速度，用符号 v_{y} 表示，如图 3-11 所示。一般来讲，快升速度大于陡升速度，即 $v_{y} > v_{x}$。

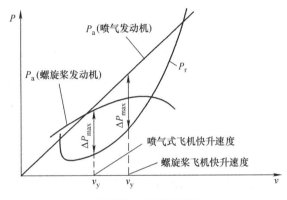

图 3-11　快升速度

3. 升限

升限通常是指静升限，也称为理论升限，是飞机能保持等速直线水平飞行的最大高度，也就是最大爬升率为零的高度。

飞机在上升过程中，随着飞行高度的增加，推力曲线图上的可用推力曲线逐渐下移，而平飞所需推力曲线逐渐右移并越来越平缓，使剩余推力逐渐减小，最大爬升率逐渐降低。当飞机上升到某一高度时，可用推力曲线与平飞所需推力曲线恰好切于某一点。此时飞机只能以该切点对应的唯一速度平飞，飞行速度大于或小于该速度飞行，都会因为 $P_{a} < P_{r}$ 而不能保持等速直线水平飞行。这个极限高度就是静升限。

由于上述原因，飞机在静升限高度飞行，受到任何干扰或操纵不慎，都可能掉高度。实际使用中，为了使飞机具有一定推力储备和良好的操纵性，将最大爬升率 v_{cmax} 达到某一很小的值时，相对应的高度为最大高度，称为实用升限。静升限也称为理论升限。

3.2.4　等速下滑

等速下滑是指飞机在零推力状态下，沿直线等速下降的运动。此时，作用在飞机上的外载荷也是平衡力系。由图 3-12 可以得出

$$\begin{cases} \sum X = W\sin\theta - D = 0 \\ \sum Y = L - W\cos\theta = 0 \end{cases}$$

式中　θ——飞机下降时飞行方向与水平方向之间的夹角，称为下滑角。

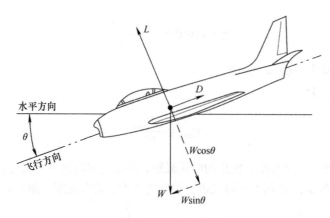

图 3-12　等速下滑

由上式可以推导出 $\tan\theta = D/L = 1/K$，其中 K 是升阻比。升阻比越大，下降时的下滑角就越小，在下降高度一定时，下降的距离就越长。由此可以看出，在零推力状态下，下滑角和下滑距离与飞机重力无关。

3.2.5　飞机定常飞行的高度 - 速度范围

从最小平飞速度到最大平飞速度称为飞机的平飞速度范围。飞机的平飞速度范围越大，说明飞机的平飞性能越好。飞机的最小平飞速度和最大平飞速度随着飞行的高度变化而变化，飞机的平飞速度范围也随着飞行的高度变化而变化，如图 3-13 所示。

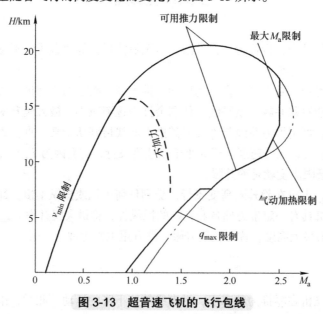

图 3-13　超音速飞机的飞行包线

超音速飞机的平飞速度范围除受可用推力和可用功率的限制外，还受到以下限制：

1）结构强度 / 最大速压限制。为了保证飞机结构强度，在巡航高度上的最大平飞速度才有意义。用这个最大平飞速度确定的动压 $q_{max} = \dfrac{1}{2}\rho v_{max}^2$ 是对飞机结构进行强度计算的基本条件之一。在飞行高度大于巡航高度，空气密度减小，以最大平飞速度飞行时，动压不会超过 q_{max}。

而在巡航高度以下，飞机动压高于 q_{max}。飞机的飞行速度不允许达到发动机可用推力下的最大平飞速度。

2）气动加热限制。对于超音速飞机，飞机的飞行 M_a 越大，飞机表面由于超音速激波的气动加热而温度越高。对铝合金结构的飞机而言，必须考虑气动加热的影响。

3）操纵稳定性限制（最大 M_a 限制）。飞机由于气动布局的原因，当飞行 M_a 达到一定值时，会出现操纵稳定性严重恶化的现象，所以也要对飞行的最大 M_a 加以限制。

图 3-13 中左边的边界线是最小平飞速度线，由于最大升力系数和发动机可用推力的限制，边界线上各点所表示的飞行速度大于相应高度的失速速度。

3.3　飞机起飞和着陆性能

3.3.1　飞机的起飞性能

1. 飞机的起飞过程

飞机的起飞过程是指飞机从起飞线开始滑跑，加速到抬起前轮，继续加速到飞机离地，最后爬升越过安全高度为止所经历的整个过程。这个过程一般可分为地面滑跑加速、拉起（离地）和空中加速爬升三个阶段，如图 3-14 所示。

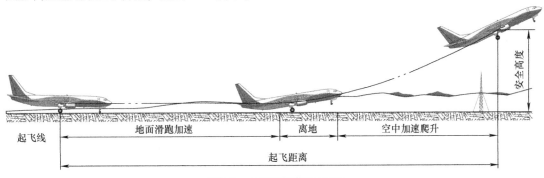

图 3-14　飞机的起飞过程

起飞距离是指从开始滑跑到飞机越过安全高度所经过的水平距离。起飞距离是反映飞机起飞性能的一个重要指标。起飞距离的长短，直接关系到需用机场跑道的长短和机场范围的大小。起飞距离过长，而机场跑道长度不足或机场范围太小，飞机就不能起飞，勉强起飞则容易引起飞行事故。

在飞机起飞过程中，离地速度是决定起飞距离的重要因素，离地速度越大，需要越长的滑跑加速距离才能获得足够的离地速度；离地速度越小，就可以大大缩短起飞距离。在重量相同时，一架起飞速度为 75 节（1 节 = 1.852km/h）的飞机的滑跑加速距离是起飞速度为 37 节的飞机的 4 倍。

根据飞机特性，离地速度为失速速度或最小控制速度的 1.05~1.25 倍。为确保足够安全裕度、满意的控制和初始爬升率，有

$$v_{离} = \sqrt{\frac{2W}{C_{L离}\rho S}}$$

2. 影响起飞距离的因素

影响起飞距离的因素很多也很复杂，总结起来有以下因素：

1）飞机起飞重量、发动机的推力、增升装置的使用以及爬升阶段的爬升角。

2）机场海拔高度。

3）大气条件，如温度、湿度、风向等。

4）机场跑道状况和坡度。

3.3.2 飞机的着陆性能

1. 飞机的着陆过程

飞机从一个安全高度下滑时，发动机处于慢车工作状态，襟翼放下到最大幅度，起落架放下锁好，飞机接近于等速直线下滑。当离地不高时，驾驶员将飞机拉平，然后保持在离地 1m 左右进行平飞减速，随着飞行速度的减小，驾驶员应不断拉杆使迎角增大，并让飞机主轮缓慢接地，此时对应的速度就是着陆接地速度。飞机接地后，驾驶员继续保持两点滑跑姿态，以充分利用空气阻力减速，当降到一定速度时，驾驶员推杆使前轮着地进行三点滑跑，并使用机轮制动等使飞机减速，直到飞机完全停止，着陆阶段宣告结束。飞机的着陆过程通常分为下滑、拉平、平飞减速、飘落和地面滑跑减速五个阶段。飞机着陆距离，也就是整个着陆过程中飞机运动所经过的水平距离，如图 3-15 所示。

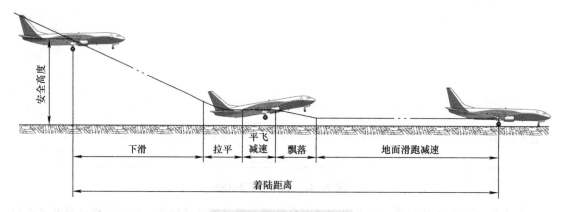

图 3-15 飞机的着陆过程

接地速度是指飞机在着陆过程中接地瞬间的速度。接地速度越小越好，因为接地速度越小，飞机着陆越安全，着陆滑跑的距离也越短。根据 CCAR-25 部规定：在着陆的整个过程中，飞机升力不超过飞机重力。在接地瞬间可取 $L_{着陆} = W$。由此条件可以得出接地速度的计算公式：

$$v_{接} = k\sqrt{\frac{2W}{C_{L接}\rho S}}$$

其中 k 是考虑到飞机要向前飘落一段才接地，接地速度有所减小而选取的一个略小于 1 的修正系数。飞机的接地速度要比升力平衡重力所需速度略小一些。

2. 缩短着陆距离的措施

与起飞距离一样，着陆距离越短，需用跑道的长度越短，飞机着陆越安全。现代飞机经常采用以下措施缩短着陆距离：

1）增升装置。在机翼装置各种型式的襟翼，在起飞和着陆时放下以增加升力，使 $C_{L\,离}$、$C_{L\,接}$ 增大以改善起飞、着陆性能。这是最常用的设计措施。

2）增阻装置及制动。飞机在着陆滑跑时，制动是最常用的滑跑减速措施。还可以使用发动机反推力装置、减速板、减速伞等装置，增大飞机滑跑阻力，缩短滑跑距离。

3.4　飞机的机动性

飞机的机动性是指飞机在飞行过程中改变飞行速度、高度及飞行方向的能力。飞机能在越短的时间间隔内，根据飞行员的意愿和操纵，迅速改变飞行速度、高度和方向，飞机的机动性越好。在争夺空战优势时，飞机的机动性起着相当重要的作用，所以飞机机动性是飞机战术性能指标之一。

3.4.1　水平转弯

水平转弯是指飞机在一定高度水平面内做匀速圆周运动，飞机速度大小不发生变化，飞机的飞行方向发生连续变化。正常水平转弯是一种无侧滑的、匀速的圆周运动，飞机飞行高度也不发生变化。

如图 3-16 所示，水平转弯的向心力方向水平指向圆周运动的圆心。其大小为

$$F_n = ma_n = (w/g)\frac{v^2}{R}$$

式中　m——飞机的质量；

　　　　a_n——向心加速度，$a_n = \dfrac{v^2}{R}$。

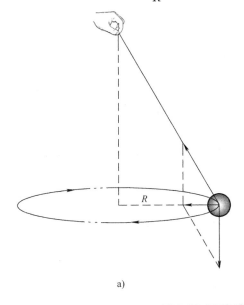

a)

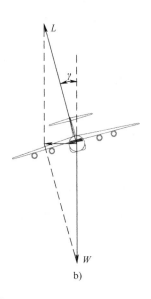

b)

图 3-16　飞机水平转弯时的受力

飞机正常水平转弯时，作用在飞机上的外载荷可用公式表示为

$$T = D$$

$$L\cos\gamma = W$$

$$L\sin\gamma = (W/g)\frac{v^2}{R}$$

式中　　T——发动机推力；

　　　　D——飞机的阻力；

　　　　L——飞机的升力；

　　　　γ——飞机的滚转角。

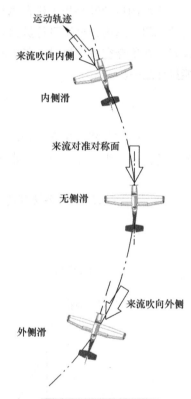

由上述公式可以看出，在操纵飞机进行水平转弯时，首先要操纵副翼，使飞机倾斜产生滚转，升力才能在水平方向产生分量，为飞机转弯提供向心力。在保持飞行速度不变的情况下，还应向后扳驾驶杆，使飞机抬头，增大迎角，增加升力，使升力在垂直方向分量与飞机的重力平衡，防止飞机在水平转弯时掉高度。另外，迎角的增大，不但使升力增加，也会使阻力加大，为了保持飞行速度大小不变，还应加大发动机推力，使推力等于阻力。

如图 3-17 所示，操纵飞机水平转弯时还要蹬舵，使机头对准来流，防止产生侧滑。飞机沿机体坐标轴 Z_t 轴方向的移动称为侧滑。产生侧滑时，来流从飞机的侧面吹来，飞机对称面与相对来流方向不一致。飞机对称面与相对来流之间的夹角称为侧滑角，用符号 β 表示（图 3-3）。气流从转弯飞机的内侧吹来称为内侧滑，从外侧吹来称为外侧滑。

飞机转弯时，如果副翼和方向舵操纵配合不好，就会使飞机在转弯中产生侧滑。所以，为使飞机进行不带侧滑的正常水平转弯，需要对副翼、升降舵和方向舵进行协调操纵。另外，还要配合发动机的油门操纵，以保持合适的推力。

图 3-17　侧滑示意图

3.4.2　飞机的俯冲、筋斗和跃升

飞机在铅垂面内的典型机动动作有平飞加速和减速、俯冲、筋斗和跃升，如图 3-18 所示。

1. 平飞加速 / 减速

平飞加速 / 减速性能反映飞机改变速度的能力，平飞时增大或减小一定速度所需的时间越短，则平飞加速 / 减速性能越好。设 a 为飞机平飞加速度，则 $a = \dfrac{\mathrm{d}v}{\mathrm{d}t}$。平飞加速（减速）时有

$$\begin{cases} L = W \\ \dfrac{W}{g}a = T - D \end{cases}$$

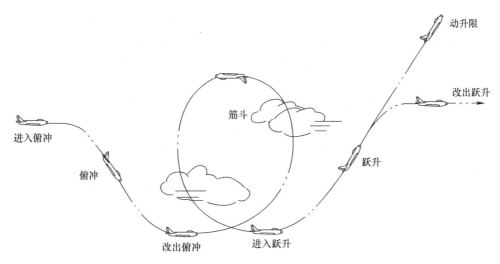

图 3-18 俯冲、筋斗和跃升

由此可得

$$a = \frac{\mathrm{d}v}{\mathrm{d}t} = \frac{T-D}{W}g = \frac{\Delta T}{W}g$$

因此，推力越大，飞机重量越轻，加速度就越大。可以看出，飞机要平飞加速，驾驶员应尽量加大油门，使 $\Delta T > 0$，同时操纵驾驶杆，使飞机迎角减小，维持 $L = W$。

2. 跃升性能和动升限

跃升是将飞机动能转变成势能，迅速取得高度优势的一种机动飞行。跃升性能的好坏由跃升增加的高度 ΔH（图 3-18）及所需的时间来衡量。

设飞机在 H_1 高度以速度 v_1 平飞，驾驶员拉杆后，飞机进入跃升，然后推杆改出，到 H_2 高度以速度 v_2 平飞。假如在跃升过程中 $\Delta T = T - D \approx 0$，所以 ΔT 在跃升过程中做功为零。升力 L 始终与航迹垂直，也不做功。因此跃升过程中只有重力 W 做功。如果进入跃升及改出跃升的飞机动能与势能之和分别为 E_1 和 E_2，则

$$E_1 = WH_1 + \frac{Wv_1^2}{2g} = \left(H_1 + \frac{v_1^2}{2g}\right)W$$

$$E_2 = WH_2 + \frac{Wv_2^2}{2g} = \left(H_2 + \frac{v_2^2}{2g}\right)W$$

根据能量守恒定律有 $E_1 = E_2$。所以

$$\Delta H = H_2 - H_1 = \frac{1}{2g}(v_1^2 - v_2^2)$$

由此可知，进入跃升的速度越大，改出跃升高度上的速度越小，则跃升的高度增量就越大。但受到平飞最大速度和最小速度的限制，飞机跃升所能达到最大高度为

$$H_{2max} = H_1 + \frac{v_{1max}^2}{2g} - \frac{v_{2min}^2}{2g}$$

在理论升限上，飞机不能加速，只能保持定直平飞。但对于超音速飞机而言，在最大升限上飞机速度远远大于最小速度，因此可以通过跃升增加高度，通过跃升达到的最大高度为动升限。在动升限处，飞机推力小于阻力，不能保持定直飞行，但可以获得高度优势。

3. 俯冲性能

俯冲是飞机用势能换取动能，迅速降低高度并增加速度的非定常运动。

俯冲按航迹可分为三段：进入俯冲段、直线俯冲段和改出俯冲段。

根据最大速度限制，直线俯冲段并不是可以一直加速，而是有一个最大速度限制，即俯冲极限速度。

飞机在进入俯冲段和改出俯冲段时都有高度损失，改出时受到最大过载的限制，高度损失更大。

3.4.3　过载和过载包线

1.过载

飞机所受除重力之外的外力总和（矢量和）与飞机的重力之比，称作过载系数，简称过载，用符号 n 表示。

如图 3-19 所示，过载系数是一个矢量，其方向与除重力之外的外力的合力方向一致，其大小代表该合力与飞机重力之比，即飞机重力的倍数。因此有

$$n = n_X \boldsymbol{i} + n_Y \boldsymbol{j} + n_Z \boldsymbol{k}$$

式中　$\boldsymbol{i}$、$\boldsymbol{j}$、$\boldsymbol{k}$——沿飞机机体坐标轴方向的单位矢量；

n_X、n_Y、n_Z——沿三个坐标轴方向的过载系数，n_X、n_Y、n_Z 都是代数值，与坐标轴正方向一致时为正，反之为负。它的大小表示该方向外载荷（飞机重力除外）是飞机重力的几倍，它的正负表示外载荷的方向。

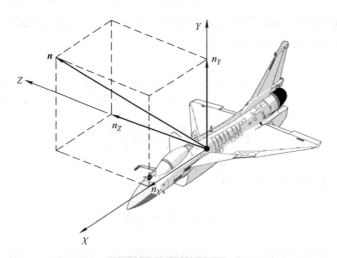

图 3-19　飞机的过载

由于 Y 轴方向是飞机结构高度最小的方向，所以除一些特殊情况外，一般只考虑 n_Y 而不考虑 n_X、n_Z（它们的值一般很小）。

$$n_Y = \frac{L}{W}$$

飞机做定直水平飞行时，$n_Y = 1$。飞机做水平等速直线倒飞时，$n_Y = -1$。飞机水平转弯时，$n_Y = L/W = 1/\cos\gamma$，当转弯半径越小时，滚转角越大，所需升力就越大。例如，飞机水平转弯的滚转角 γ 为 30° 时，$n_Y = 1.15$，升力为飞机重力的 1.15 倍；滚转角 γ 为 60° 时，$n_Y = 2$，升力为飞机重力的 2 倍。在实际飞行中，由于飞机结构强度、发动机推力和飞机临界迎角的限制，飞机能够产生的升力是有限制的，所以，飞机转弯时，最大滚转角也是有限制的。

2. 过载包线

飞机机动飞行受到飞机的气动升力和结构强度的限制。这一限制通常用速度-过载包线（即 v-n 图）给出。典型的 v-n 图如图 3-20 所示。这种图通常对应于某一特定重量和构型，并假定对称受载（当滚转等情况下存在不对称载荷时，结构强度边界将缩小）。当横轴用当量空速时该图适用于所有高度。

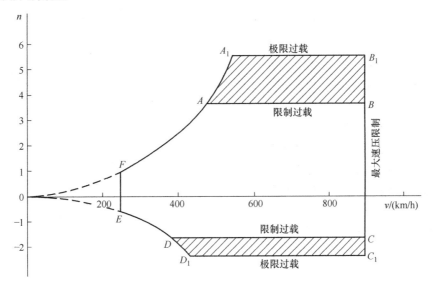

图 3-20　速度-过载包线（v-n 图）

图 3-20 中的 DE、EF 和 FA 线是飞机的升力边界，由最大升力系数确定。F 点对应 $n = 1$ 时的失速速度。AB 和 CD 是飞机的结构强度边界，即限制过载线，在机动飞行中可以利用但不可超越，如果超越，可能导致永久性结构变形。图中的 A_1B_1 和 C_1D_1 线是极限过载线，如果超越，可能导致结构失效。极限过载通常是限制过载的 1.5 倍。A 点对应的速度称为机动速度或拐角速度，是全行程使用操纵面而不致引起结构超载的最大速度，在机动性能中具有重要的意义。图中的 BC 线是最大速压限制线，如果超越，可能导致结构失效或气动不稳定。

第4章

飞机稳定性和操纵

4.1 基本概念

4.1.1 静稳定性

系统的静稳定性是指系统在受到扰动后，偏离原来的平衡状态，在扰动消失后，具有恢复到原来平衡状态的趋势。图 4-1a 所示槽中的球说明了静稳定性的条件。如果球在槽底部受到扰动而偏离平衡位置，则球具有恢复到原平衡位置的趋势。球可能会在平衡点左右滚动，但在平衡点两侧时都会产生返回的趋势。图 4-1b 所示山丘上的球说明了静不稳定的状况。球在受到扰动而偏离平衡位置，微小的位移会导致更大的位移，小球就更加偏离原平衡位置。图 4-1c 所示球在平坦、水平的表面上说明了中性静稳定性的条件。球在任何位移点都会获得新的平衡，既没有稳定的趋势，也没有不稳定的趋势。

在静稳定性中，仅考虑返回到平衡状态的趋势，不考虑由此产生的运动。

4.1.2 动稳定性

静稳定性是物体受到扰动后是否具有恢复平衡的趋势。动稳定性是研究外界扰动消失后，物体回到原平衡位置的运动过程：扰动运动是收敛的，物体最终回到原始平衡位置，物体平衡状态就具有动稳定性。

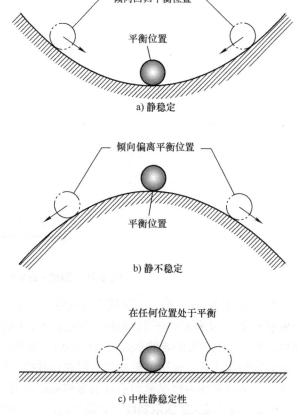

a) 静稳定

b) 静不稳定

c) 中性静稳定性

图 4-1 静稳定性的概念

图 4-2a、b、c 所示描述了无循环运动时可能的时间历程。图 4-2a 所示为单调收敛模式，扰动消失后，具有恢复到平衡位置的趋势，说明具有静稳定性，随着时间的推移，位移不断减小，最后恢复到平衡位置，也具有动稳定性。图 4-2b 所示为振幅随时间非周期性增加的单调发

散模式。扰动消失后，位移不断扩大，远离平衡位置，是典型静不稳定性和动不稳定性的证据。图 4-2c 所示为纯中性稳定性模式。如果原始扰动产生了此后保持不变的位移，则缺乏运动趋势和恒定振幅，表明具有中性静稳定性和中性动稳定性。

图 4-2d、e、f 所示描述了循环运动时可能的时间历程。每种模式的一个共同特征是，通过返回平衡状态的趋势，在循环运动中证明了正静态稳定性。然而，动态行为可以是稳定的、中性的或不稳定的。图 4-2d 所示为振幅随时间减小的振荡收敛模式。振幅随时间的减小表明存在运动阻力，能量正在消散。能量的耗散或阻尼是提供动稳定性所必需的。如果系统中没有阻尼，则如图 4-2f 所示，振荡将继续，振幅不会随时间减小。虽然这种振荡表明静稳定性，但存在中性动稳定性。正阻尼是连续振荡消除干扰所必需的。例如，没有阻尼减振器（或阻尼器）的汽车缺乏足够的动稳定性，持续振动既不令人感到舒适，也不利于安全运行。在同样意义上，飞机必须具有足够的阻尼，以迅速消耗影响飞机运行的任何振荡运动。当无法获得自然气动阻尼时，也可以通过操纵系统提供阻尼，以保持必要的动稳定性。

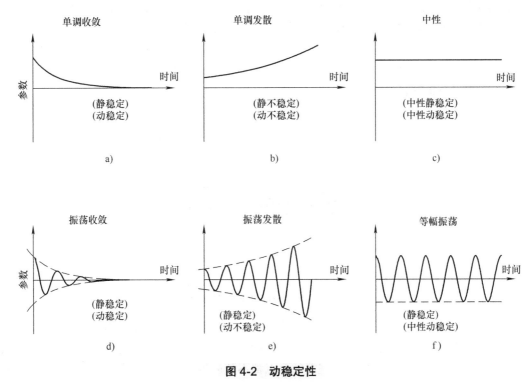

图 4-2　动稳定性

图 4-2e 所示为振荡发散的模式。因为它趋向于返回平衡位置，系统是具有静稳定性的。然而，随后每一次恢复平衡的速度持续增加，使得振幅随着时间继续增大。因此，存在动不稳定性。

在任何系统中，静稳定性的存在不一定保证动稳定性的存在，而动稳定性的存在意味着静稳定性的存在。任何飞机必须具有静稳定性和动稳定性。不稳定或中性稳定的飞机是不适合飞行的，它需要驾驶员不断地注意，不断地操纵飞机，以使它维持原有的飞行姿态，这会使驾驶员十分紧张，飞行也极其危险。所以，执行飞行任务的飞机必须具有一定的稳定性，这点对飞行安全来说是至关重要的。

4.2.1 飞机纵向静稳定性

飞行中，若飞机受到微小扰动而偏离其纵向平衡时的迎角，在扰动消失后，飞机不经驾驶员操纵就具有自动地恢复到原来平衡状态的趋势，则称飞机具有纵向静稳定性。

飞机是否有静稳定性，取决于飞机平衡状态破坏后，飞机上产生的起稳定作用的力矩与起不稳定作用的力矩相互作用的结果。如果前者大于后者，飞机是稳定的，反之，便是不稳定的。因此要分析飞机纵向稳定性，就必须分析飞机各个部件由于扰动而使迎角改变后引起的俯仰力矩变化情况。

当迎角改变时，机翼升力也会改变，但理论和试验都指出，尽管升力大小随迎角变化，而升力增量的作用点却始终保持不变，这个升力增量的作用点就是机翼的焦点。同样，机身、尾翼等引起的升力增量也作用在机身和尾翼的焦点上，如图 4-3 所示。从该图可看出，由于机翼、机身的焦点在飞机重心的前面，因而升力增量对重心形成一个使机头更加上仰的不稳定力矩，但水平尾翼焦点远在重心之后，因此尾翼上的升力增量对重心形成的是使机头下俯的稳定力矩，若后者大于前者，飞机是静稳定的；反之，则是静不稳定的。从这里看出，水平尾翼的重要作用之一在于保证飞机具有纵向静稳定性。

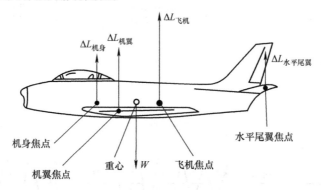

图 4-3　飞机各部件的附加升力

当迎角变化时，飞机各个部件的升力大小都要改变，但是其作用点却不变化。飞机各个部件升力增量的合力作用点，称为飞机焦点。换句话说，飞机焦点就是迎角变化而引起的整个飞机升力增量的作用点。机翼、机身、尾翼的焦点都不随迎角改变，所以飞机的焦点也不随迎角而改变。

飞机重心和飞机焦点之间的相互位置决定了飞机是否具有纵向静稳定性。如图 4-4 所示，若飞机重心位于其焦点之前，则在飞机受到外界扰动后，如迎角增加了 $\Delta\alpha$，在飞机焦点上就会产生一个向上的升力增量 $\Delta L_{飞机}$，它对飞机重心形成使机头下俯的稳定力矩，使飞机具有逐渐消除而自动恢复到原来平衡迎角的趋势，即飞机是静稳定的。反之，若飞机重心位于其焦点之后，升力增量对重心所形成的是上仰不稳定力矩，使飞机迎角越来越大而没有恢复到原来平衡迎角的趋势，因此飞机是静不稳定的。由此可以得出一个重要结论：若飞机重心位于飞机焦点之前，飞机具有纵向静稳定性；若飞机重心位于飞机焦点之后，则飞机便失去纵向静稳定性。

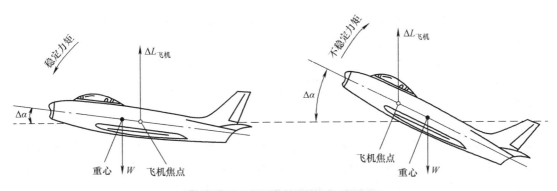

图4-4 重心位置与静稳定性的关系

稳定的飞机　　　　　　　　　　不稳定的飞机

4.2.2 飞机纵向动稳定性

飞机的纵向动稳定性研究的是飞机受到扰动后，恢复原飞行姿态的运动过程。这个运动过程是由飞机的静稳定力矩、俯仰力矩相互作用的结果来确定的。

1. 俯仰力矩

具有足够的纵向静稳定力矩只能使飞机具有自动返回原飞行姿态的运动趋势，并不能保证飞机最终能恢复到原有的飞行姿态。要做到这一点，还必须使飞机在恢复原有飞行姿态的俯仰摆动中受到足够的俯仰力矩，使飞机的俯仰摆动逐渐减弱直至停止。

如图4-5所示，当飞机在俯仰摆动中抬头时，重心前各处的迎角减小，产生的升力增量向下作用，重心后各处的迎角增大，产生的升力增量向上作用，这样分布的升力增量形成阻止飞机抬头转动的俯仰力矩。水平尾翼距离飞机重心最远，气动力面积大，线速度最大，所以，俯仰力矩主要由水平尾翼产生。

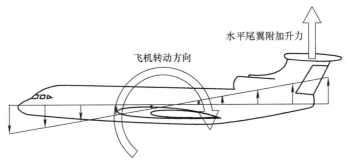

图4-5 俯仰力矩的产生

2. 纵向扰动运动的模态及其特征

定常直线飞行的飞机，受到扰动后，在回到原平衡姿态过程中产生的扰动运动可以简化看成是由两种典型周期性运动模态叠加而成的：一种是周期很短、衰减很快的短周期运动模态，另一种是周期长、衰减很慢的长周期运动模态。

（1）短周期运动模态　这种运动模态主要发生在干扰消失后的最初阶段。飞机的扰动运动主要是飞机绕重心的摆动过程，表现为迎角和俯仰角速度周期性迅速变化，而飞行速度则基本上保持不变。

扰动消失的最初阶段，飞机上产生的静稳定力矩迫使飞机返回原飞行姿态，从而使飞机产生较大的绕横轴转动的角加速度，使飞机的迎角和俯仰角速度迅速变化。到达原平衡姿态时，由于运动惯性，飞机会继续转动并超过原平衡位置，又会产生方向相反的静稳定力矩，迫使飞机再回到原飞行姿态，从而使飞机产生相反方向的转动角加速度，使飞机的迎角和俯仰角速度又向相反的方向迅速变化。于是，就形成了迎角和俯仰角速度周期性迅速变化的短周期运动模态。

在俯仰摆动过程中，飞机上的气动力产生与飞机转动角速度方向相反的较大的俯仰力矩，使飞机的俯仰摆动很快衰减下来。一般情况下，飞机的这种短期振荡运动在开始的几秒内就基本结束了。飞机上的纵向力矩也基本恢复到原来的平衡状态。短周期运动模态的过程如图 4-6 所示。

图 4-6　短周期运动模态的过程

短周期

（2）长周期运动模态　这种运动模态主要发生在扰动运动的后一阶段。飞机的扰动运动主要是飞机重心运动的振荡过程，表现为飞行速度和俯仰角周期性的缓慢变化，飞机的迎角基本恢复到原来的迎角并保持不变。

在短周期振荡运动基本结束时，纵向力矩基本恢复平衡，飞机基本不再绕横轴转动，但由于飞行速度增量的作用，作用在飞机上的外力仍处于不平衡状态，飞机的航迹是弯曲的。重力、升力、阻力和发动机推力的相互作用，使飞机的高度增加，速度和升力随之减小，航迹逐渐转为向下弯曲；随后，飞机的高度减小，速度和升力随之增加，航迹又逐渐转为向上弯曲。如此反复进行，就形成了飞机重心上下缓慢振荡。

振荡过程如图 4-7 所示。这一振荡过程衰减很慢，形成长周期运动模态。

图 4-7　长周期运动模态的过程

长周期

在飞行过程中，驾驶员对这两种运动模态的感觉和要求是不同的。对于短周期运动模态，运动参数迎角、俯仰角速度变化快，驾驶员往往来不及反应并予以制止，因而会影响到飞行安全、乘员的舒适和操纵反应特性等，所以对这种模态提出的要求较高。为了保证飞行的安全，CCAR-25 部规定：在主操纵处于松浮状态或固定状态时，在相应于飞机形态的失速速度与最大允许速度之间产生的任何短周期振荡，必须受到重阻尼。对于长周期运动模态，因为它振荡周期长，运动参数速度、俯仰角变化缓慢，驾驶员有足够的时间进行纠正，所以对这种模态特性的要求就比前者要低。

4.2.3　飞机纵向操纵

飞机的纵向操纵是由驾驶员通过驾驶杆、传动系统等改变升降舵的偏转角来实现的。驾驶员通过操纵机构改变升降舵的偏转角度，对飞机重心产生的俯仰力矩称为纵向操纵力矩。

如图 4-8 所示，当驾驶员向后拉杆，升降舵面向上偏转，平尾上产生的附加升力向下，对重心产生的附加纵向力矩迫使飞机抬头，增大迎角，减小飞行速度；当驾驶员向前推杆，升降舵面向下偏转，平尾上产生的附加升力向上，对重心产生的附加纵向力矩迫使飞机低头，减小迎角，增大飞行速度。

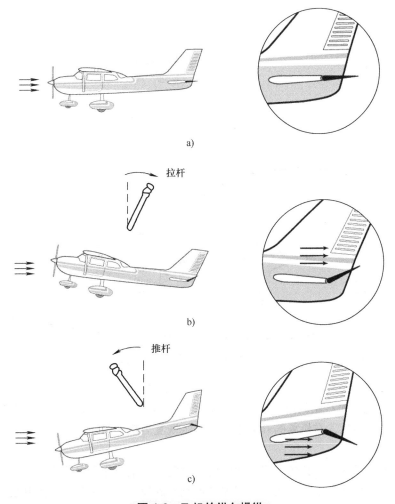

图 4-8　飞机的纵向操纵

4.3.1 飞机的侧向静稳定性

在飞行中，飞机受到微小扰动使侧向平衡状态遭到破坏，在扰动消失瞬间，飞机不经驾驶员操纵就具有恢复到原来侧向平衡状态的趋势，则称飞机具有侧向静稳定性；反之，就不具有侧向静稳定性。保证飞机侧向静稳定性的因素主要是机翼的上反角、后掠角和垂直尾翼。

1. 机翼上反角的作用

当飞机受到微小扰动而向左倾斜时，总升力也随着倾斜而产生向左的倾斜，使飞机向左侧滑而形成侧滑角 β。如图 4-9 所示，分速度 $v\cos\beta$ 对左右机翼的作用相同，而分速度 $v\sin\beta$ 又可分解成平行于机翼弦面和垂直于弦面的两个分速度 $v\sin\beta\cos\psi$ 和 $v\sin\beta\sin\psi$。前者平行于弦面流动对机翼的升力无影响，而后者在左机翼叠加一个向上的分速度使迎角增大，在右机翼上叠加了一个向下的分速度而使迎角减小，在左机翼上产生一个升力增量，在右机翼上产生了一个负的升力增量，升力减小，产生了恢复力矩。机翼的上反角对飞机提供了侧向静稳定性。

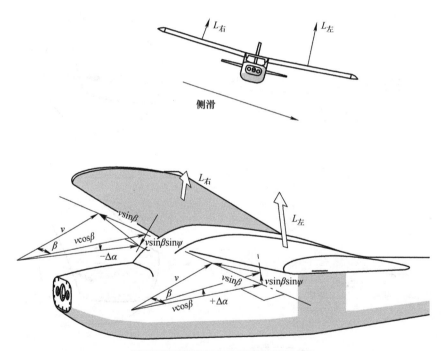

图 4-9 机翼上反角与侧向静稳定

2. 机翼后掠角的作用

当飞机由于扰动向右倾斜而引起右侧滑时（图 4-10），气流对右机翼有效分速度就比左机翼分速度大得多。显然，右机翼的升力也大，产生恢复力矩，因此，机翼的后掠角给飞机提供了侧向静稳定性。

除了机翼的上反角、后掠角对飞机的侧向静稳定性起重要作用，垂直尾翼对飞机的侧向静稳定性也有影响，机体纵轴上方的垂直尾翼增加侧向静稳定性。另外，机翼和机身的相对位置也对侧向静稳定性有影响，上单翼起侧向静稳定作用，下单翼起侧向静不稳定作用。

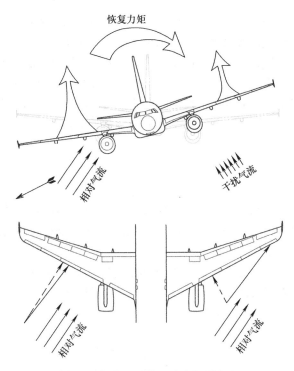

图 4-10 机翼后掠角与侧向静稳定

4.3.2 飞机的航向静稳定性

在飞行中，飞机受到微小扰动而使飞机航向平衡遭到破坏，在扰动消失后，飞机不经过驾驶员操纵就具有恢复到原平衡状态的趋势，则称飞机具有航向静稳定性。

飞机的航向静稳定性主要是由垂直尾翼保证的。如图 4-11 所示，当飞机受到扰动使机头向右偏转，产生了侧滑角 β 时，来流在垂直尾翼上的气动力使飞机机尾向右偏转，使机头对准来流，消除侧滑角，反之亦然。垂直尾翼为飞机提供的航向静稳定性总是让飞机机头对准来流，消除侧滑角。所以，垂直尾翼所起的作用是风向标的作用。

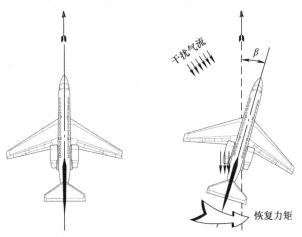

图 4-11 垂直尾翼与航向静稳定性

机翼的后掠角对飞机的航向静稳定性也有一定的作用。从图 4-11 可以看到，当有侧滑角 β 存在时，由于机翼有后掠角，气流流过左侧机翼、垂直机翼前缘而产生气动力的气流分速度大于右侧机翼的分速度。这样，不但左侧机翼上的升力大于右侧机翼的升力，同时左侧机翼上的阻力也大于右侧机翼的阻力。两侧不平衡的阻力会使机头对准来流，消除侧滑角。另外，机身的侧向迎风面积也对飞机的航向静稳定性有一定的影响，重心之前的机身侧向力使飞机机头向右（使机头更加偏离原来平衡位置），重心之后的机身侧向力使飞机具有恢复力矩。

4.3.3 飞机的横侧向动稳定性

1. 阻尼力矩

气动阻尼力矩是指在扰动运动过程中出现滚转运动和偏航运动时，作用在飞机上的气动力产生的阻止飞机滚转和偏航运动的阻尼力矩。气动阻尼力矩是动稳定性的必要条件。

当飞机绕纵轴转动，各部件上的气动力分布发生变化，从而产生了阻尼力矩。例如，当飞机绕纵轴向右滚转时，首先，左翼向上运动，使流过左翼气流迎角减小，产生向下的附加升力，右翼向下运动，使流过右翼气流迎角增大，产生向上的附加升力。左右机翼升力不平衡，产生了阻止飞机向右滚转的阻尼力矩，反之亦然，如图 4-12 所示。

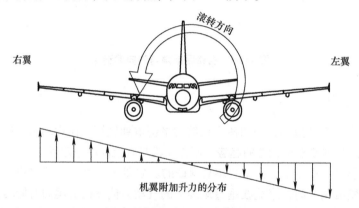

图 4-12　滚转阻尼力矩的产生

同样，当飞机滚转时，在水平尾翼和垂直尾翼上也会产生附加升力，这些附加升力对飞机的滚转都是起到阻尼作用的。

与滚转阻尼力矩产生的原理一样，当飞机绕立轴转动时，各部件上的气动力分布也会发生变化，从而产生阻尼力矩。例如，当飞机绕立轴向左偏转，首先，垂直尾翼相对气流向右运动，使流过垂直尾翼的气流产生向右偏的迎角，垂直尾翼两侧面气动力不平衡，产生指向左侧的气动力，此气动力对飞机重心产生的力矩阻止飞机绕立轴向左偏转，形成了偏航阻尼力矩，反之亦然。其次，当飞机绕立轴向左偏转时，左机翼向后运动，相对气流速度减小，阻力减小，右机翼向前运动，相对气流速度增加，阻力增大，两侧机翼阻力不平衡，产生阻止飞机向左转动的阻尼力矩。

从以上分析可以看到，当飞机在扰动运动中出现滚转、偏航运动时，机翼、垂直尾翼部件上的气动力变化就会产生与滚转、偏航运动方向相反、起阻尼作用的力矩，这就是气动阻尼力矩。由滚转运动引起的气动阻尼力矩中，机翼起主要作用；由偏航运动引起的气动阻尼力矩中，垂直尾翼起主要作用。

2. 交叉力矩

交叉力矩是指由滚转运动引起的偏航力矩和由偏航运动引起的滚转力矩。

例如，当飞机绕纵轴向右横滚时，首先，左机翼迎角减小，阻力减小，右机翼迎角增大，阻力增大，两侧机翼不平衡的阻力产生使机头向右偏转的偏航力矩。其次，当飞机向右滚转时，垂直尾翼也会向右下方运动，使流过垂直尾翼的气流产生向右偏的迎角，垂直尾翼两侧面气动力不平衡，产生指向左侧的气动力，此气动力也产生使机头向右偏转的偏航力矩。这就是由滚转运动引起的偏航力矩，称为交叉偏航力矩。

当飞机绕立轴向左偏航时，首先，垂直尾翼相对气流向右运动，使流过垂直尾翼的气流产生向右偏的迎角，垂直尾翼两侧面气动力不平衡，产生指向左侧的气动力，由于气动力作用点沿立轴与飞机纵轴有一定的距离，故产生使飞机绕纵轴向左横滚的滚转力矩。其次，当飞机向左偏航时，左机翼气流相对速度减小，升力减小；右机翼气流相对速度加大，升力增大，两侧机翼不平衡的升力也产生使飞机绕纵轴向左横滚的滚转力矩。这就是由偏航运动引起的滚转力矩，称为交叉滚转力矩。

扰动消失后，飞机在恢复原飞行姿态而产生的扰动运动中受到静稳定力矩、气动阻尼力矩和交叉力矩的共同作用，扰动运动的情况就和影响这些力矩的各种因素有关。

飞机的侧向稳定性和航向稳定性紧密联系并相互影响，因此合起来称为飞机的横侧向稳定性。二者必须适当地配合，过分稳定和过分不稳定都对飞行不利。如果二者配合得不好，航向稳定远远地超过侧向稳定，或者相反，都会使得横侧向稳定不好，甚至使飞机陷入不稳定的飞行状态。

4.3.4　侧向、航向静稳定性的比值对动稳定性的影响

1）航向静稳定性过大而侧向静稳定性过小将引起螺旋不稳定运动。当飞机受到扰动向左倾斜随之向左侧滑时，由于过大的航向静稳定性产生的航向恢复力矩过大，将使飞机迅速向左偏航，因而左翼的升力小于右翼的升力，产生使飞机向左滚转的交叉力矩。而侧向静稳定性产生滚转恢复力矩，当交叉滚转力矩大于滚转恢复力矩时，飞机进一步向左倾斜，更大的倾斜引起更大的侧滑，飞机滚转角逐渐增大，升力的垂直分量将小于飞机重力，飞机的高度逐渐下降，形成螺旋不稳定运动，如图4-13所示。

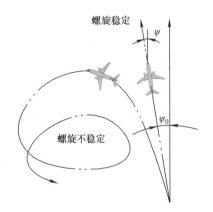

螺旋运动发展较慢，周期长，对于具有轻微螺旋不稳定的飞行，驾驶员有充裕的时间加以纠正，一般不会对飞行安全造成重大危害。

2）侧向静稳定性大而航向静稳定性过小将引起振荡不稳定运动。当侧向静稳定性过大时，飞机受到扰动，产生滚转和侧滑，过大的侧向静稳定性会使滚转很快得到修正，

图4-13　飞机的螺旋运动

机翼复平，而航向静稳定性却来不及修正侧滑，使机头对准来流。也就是说，机翼已复平时，飞机仍绕立轴转动继续在消除侧滑角。飞机复平后，较大的滚转运动速度使飞机向相反一侧滚转，造成向相反一侧的侧滑，接着侧向静稳定性又使飞机在来不及修正侧滑时向另一侧滚转复平。如此反复，使飞机进入一面滚转，一面左右偏航，同时带有侧滑不稳定运动，这种不稳定

运动又称为荷兰滚。所以，侧向静稳定性与航向静稳定性相比较大时，飞机易产生荷兰滚不稳定，如图 4-14 所示。

当发生荷兰滚不稳定时，由于振荡频率较高、周期较短，飞机会以逐渐增大的振幅迅速左右摇晃。驾驶员对这种高频率振荡很难加以控制，所以荷兰滚不稳定会影响飞行安全和飞行任务的完成。CCAR-25 部规定：任何横向 - 航向组合振荡（荷兰滚），在操纵松浮的情况下，都必须受到正阻尼。

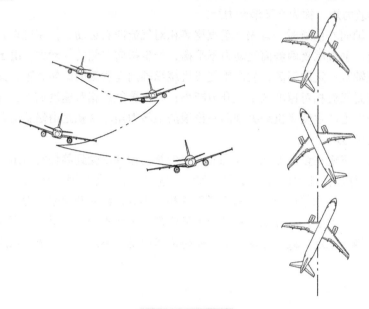

图 4-14　荷兰滚

4.4　飞机横侧向操纵

4.4.1　飞机的侧向操纵

1. 偏转副翼对飞机进行侧向操纵

侧向操纵主要是通过副翼偏转来实现的。驾驶员向左压杆（或向左转驾驶盘），左机翼上的副翼向上偏转，升力减小，右机翼上的副翼向下偏转，升力增大。两机翼上的不对称升力产生的力矩使飞机向左滚转。如果向右压杆，产生的运动与上述情况正好相反。飞机的侧向操纵原理如图 4-15 所示。

2. 偏转副翼引起的有害偏航

偏转副翼不仅产生滚转力矩，也会产生偏航力矩，偏航力矩值虽然比较小，但对飞机的操纵不利，称为有害偏航。

产生有害偏航的主要原因是副翼上、下偏转时，不但机翼的升力发生变化，左右不对称，机翼的阻力也发生变化，左右不对称的阻力产生了偏航力矩。例如，驾驶员向左压杆，左侧副翼向上偏转，左侧机翼的升力减小，同时阻力也就减小了，右侧副翼向下偏转，右侧机翼的升力增大，阻力也就增大了。这样右机翼的阻力大于左机翼阻力，于是形成了使飞机绕立轴向右偏转的偏航力矩。飞机水平向左转弯时，驾驶员向左压杆，使飞机向右滚转，但由于滚转产生的偏航力矩却向右偏航，这对飞机转弯是不利的，是有害偏航。

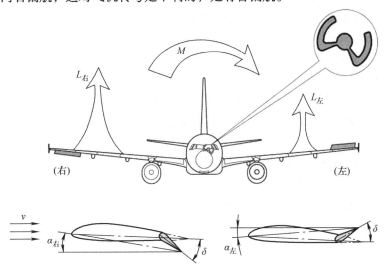

图 4-15 侧向操纵原理

为了克服有害偏航，可采用差动副翼。差动副翼是指对于驾驶杆的同一行程，副翼上偏角度大于下偏角度的副翼。这种副翼是通过在副翼上偏一侧机翼上产生较大的阻力，去平衡另一侧机翼上过大的阻力，来减小和消除有害偏航。

3. 副翼操纵的失效和反逆

飞行中，由于机翼弹性变形（扭转变形）的影响，副翼完全丧失作用或产生相反作用的现象，称为副翼的失效或反逆。

由于实际的机翼是弹性体，副翼一般又安装在扭转刚度较低的机翼翼梢部位，当副翼下偏时，在向上的附加气动力作用下，机翼产生扭转，使机翼有效迎角减小，产生了向下的附加气动升力。同样，在副翼上偏一侧，使机翼抬头扭转。由于机翼的扭转变形产生力矩，与飞机滚转操纵力矩方向相反，降低了副翼的操纵效率，如图 4-16 所示。

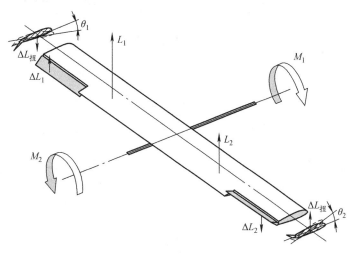

图 4-16 副翼反逆的产生

随着飞行速度的提高，操纵力矩和扭转反力矩都在增大，但由于扭转反力矩不但随着飞行速度提高而增大，附加升力的增大也会使它增大，所以它比操纵力矩增大得更快。当飞行速度较小时，副翼的操纵效率虽有所降低，但仍能对飞机进行正常的侧向操纵。当飞行速度达到某一值时，操纵力矩等于扭转反力矩，再操纵副翼就不会产生滚转力矩了，这种现象称为副翼失效。这个飞行速度称为副翼反逆临界速度，如图 4-17 所示。当飞行速度超过副翼反逆临界速度，再向左压驾驶杆（或转驾驶盘）时，飞机反而会向右滚转，向右压驾驶杆（或转驾驶盘）时，飞机反而会向左滚转，这种情况就是副翼反逆。

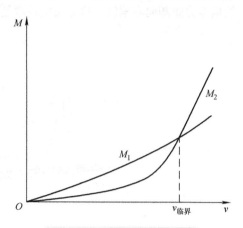

图 4-17　副翼反逆临界速度

为了提高副翼的操纵效率，防止副翼反逆，保证飞行安全，必须使飞机飞行速度小于副翼反逆临界速度。通常要求飞机的最大允许速度比副翼反逆临界速度低 100km/h。

1）提高机翼的抗扭刚度。机翼的抗扭刚度越大，机翼产生的扭转角越小，反力矩就越小，副翼反逆临界速度也就越高。在飞机使用维修中，则应注意不能使机翼受到损伤，以免降低机翼的抗扭刚度。例如，机翼蒙皮上的疲劳裂纹、蒙皮腐蚀损伤、碰撞造成的外形凹陷等，都应在维修中及时发现，并进行排除和修理。

2）采用混合副翼的型式。在每侧机翼的后缘安排两组副翼（图 4-18）：一组靠近机翼翼梢部位，称为外侧副翼；一组靠近机翼翼根部位，称为内侧副翼。两组副翼合称为混合副翼。低速飞

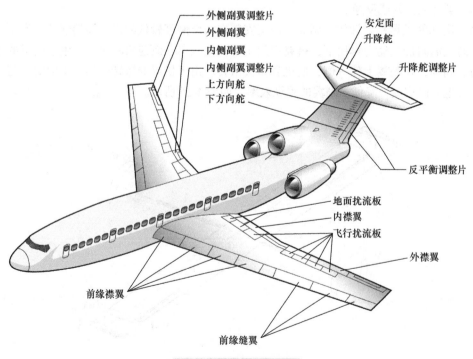

图 4-18　B727 操纵面

行时，可用两组副翼（或外侧副翼）对飞机进行侧向操纵，提高副翼的操纵效率；高速飞行时，只用内侧副翼对飞机进行侧向操纵。因为，内侧副翼靠近机翼翼根，机翼抗扭刚度大，不会产生副翼失效或反逆，保证飞行安全。因此，内侧副翼也称为全速副翼，外侧副翼也称为低速副翼。

4.4.2　飞机的航向操纵

1. 偏转方向舵对飞机进行航向操纵

航向操纵主要是通过偏转方向舵实现的。如图4-19所示，飞机处于航向平衡状态做无侧滑的直线飞行，驾驶员蹬左舵，方向舵向左偏转，在垂直尾翼产生向右的侧向力，该力对飞机重心形成使机头向左转的航向操纵力矩，使飞机产生右侧滑。由于侧滑角的出现，在垂直尾翼、机翼、机身等部件引起向右偏转的静稳定力矩，当其与航向操纵力矩相等时，机头不再偏转，侧滑角不再增大，飞机机头不断向左转动。等驾驶员恢复左舵后，方向舵不再偏转，飞机沿着新航向做直线飞行。反之亦然。

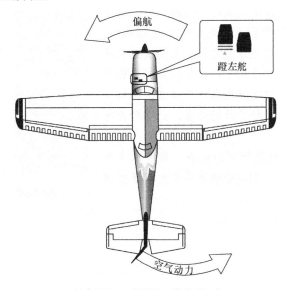

图 4-19　飞机航向操纵原理

2. 蹬舵反倾斜现象

通常希望单独蹬舵时，飞机能够向所需方向倾斜。例如，蹬左舵，飞机机头向左偏转，飞机应同时向左倾斜（向左横滚）；蹬右舵，飞机机头向右偏转，飞机应同时向右倾斜（向右横滚）。但方向舵偏转时，同时产生的滚转力矩却恰恰与所希望飞机滚转的方向相反。以蹬左舵为例，当飞机机头向左偏转，形成右侧滑，由于飞机的侧向静稳定性，产生横滚力矩，使飞机向左横滚，这和我们希望蹬左舵飞机向左倾斜的要求是一致的。但另一方面，蹬左舵时，垂直尾翼上产生的侧向力对重心产生的横滚力矩，却使飞机向右倾斜，如果侧向力对重心产生的横滚力矩大于侧向静稳定性产生的横滚力矩，就会出现蹬左舵飞机向右倾斜，蹬右舵飞机又向左倾斜的现象，这种现象称为蹬舵反倾斜现象。

飞机侧向操纵和航向操纵密切联系，相互影响。在飞机转弯时，不但要操纵方向舵，改变飞机方向，还要操纵副翼使飞机向转弯的一侧倾斜，同时飞机迎角和发动机的推力也要配合操纵，才能把转弯的动作做好。

静不稳定的飞机设计

飞机气动布局直接影响飞机的气动焦点，气动焦点位于飞机的重心之后，距离飞机重心越远，飞机纵向静稳定性越大；反之，气动焦点距离重心越近，飞机的纵向静稳定性就越小。如果飞机的气动焦点位于飞机的重心之前，飞机就不具有纵向静稳定性，称为纵向静不稳定飞机。运输类飞机一般要求具有静稳定性，以保持飞机纵向稳定性和良好的操纵性。而战斗机的气动焦点位于离飞机重心很近的地方，或者位于重心之前，以获得良好的机动性能。目前，世界上新型战斗机都采取静不稳定的气动布局。

我国自主设计研发的"歼十"型战斗机（图4-20）采用电传飞控。电传飞控是把飞行员的操作转化为电信号，经过飞行计算机处理后，发给舵面进行动作，操作的速度、精度要比机械传动更好，飞机反应更灵敏。更重要的是，飞控计算机可以收集机身传感器传来的数据，自动对飞机的飞行姿态进行修正，保持飞机的稳定，大大减少了飞行员的操作量，让飞行员可以专心作战。

"歼十"型战斗机的设计理念使我国战斗机实现了跨越发展，为"歼20"型战斗机的研发打下了坚实的基础。

图4-20 "歼十"型战斗机

第5章

飞机结构

飞机结构是飞机各受力部件和支承构件的总称，它像人的躯体一样把飞机上的有效载荷、控制系统和动力装置等连接成一个整体，形成良好的气动力外形，保护其内的人员和所安装的设备。飞机机体包括机翼、机身、尾翼等。

5.1 飞机结构的基本概念

5.1.1 飞机外载荷

飞机在飞行或起飞、着陆、地面运动时，其他物体对飞机的作用力和力矩称为飞机外载荷，如飞机重力、气动载荷、发动机推力、地面作用力等。飞机外载荷是对飞机结构进行受力分析的重要依据，对使用中飞机所承受外载荷的种种限制，表征了飞机结构的承载能力。

1. 飞机外载荷分类

（1）按其作用形式分类

1）集中载荷：载荷集中作用在结构上的某一部位，如通过接头作用在机翼结构上的发动机载荷、起落架载荷等。

2）分布载荷：载荷分布作用在结构的某一区域内如作用在机体表面的气动载荷等。

（2）按其作用性质分类

1）静载荷：载荷逐渐加到飞机结构上，或者载荷加到结构上以后，它的大小和方向不变或变化很小，如飞机停放时起落架承受的载荷。

2）动载荷：载荷突然加到飞机结构上，或者载荷加到结构上以后，它的大小或方向有着明显变化，如飞机着陆时起落架受到的地面撞击力、飞机飞行中突风造成机翼受到变化的升力等。

（3）按飞机所处状态分类

1）飞行载荷：飞行时，作用在飞机上的外载荷。

2）地面载荷：起飞、着陆、地面运动时，作用在飞机上的外载荷。

2. 飞行中飞机的外载荷及过载

飞行中，作用在飞机上的载荷主要有飞机重力、升力、阻力和发动机推力（或拉力）；飞机着陆接地时，飞机除了承受上述载荷，还要承受地面撞击载荷；而飞机在地面停放时，则只有飞机重力和地面的反作用力。在飞机所承受的各种载荷中，以飞机在空中所受到的升力以及着陆过程中所受到的地面撞击力对飞机结构的影响最大。它们是飞机设计过程中需要重点考虑的载荷情况。

飞机在不同情况下所受的载荷是不一样的。平飞时，飞机的升力总是与飞机的重力大小相等。飞机加速时，驾驶员要相应减小飞机的迎角，使升力系数减小；飞机减速时，驾驶员要相应增大飞机的迎角，使升力系数增大。飞机在做曲线飞行时，必须有一个与向心力大小相等、方向相反的惯性力，保证飞机平衡飞行。图 5-1~ 图 5-3 分别显示了飞机在平飞、转弯飞行、俯冲飞行时的几种受载情况。

飞机过载是对飞机承受外载荷严重程度的描述。例如，飞机在做曲线飞行时，作用在飞机上的升力经常不等于飞机的重力。一般把作用于飞机某方向的、除重力之外的外载荷与飞机重力的比值称为在该方向上的飞机重心过载，常用 n 来表示。图 5-4 所示为飞机的坐标轴，是研究飞机时所设定的参照系。

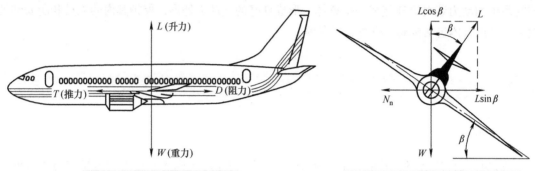

图 5-1 飞机平飞时受载情况 　　　　　　图 5-2 飞机转弯飞行时受载情况

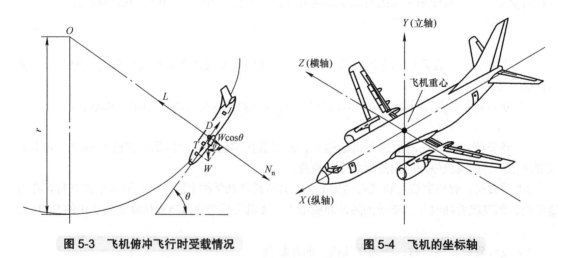

图 5-3 飞机俯冲飞行时受载情况 　　　　　　图 5-4 飞机的坐标轴

飞机在 Y 轴方向的过载等于飞机升力 L 与飞机重量 W 的比值：

$$n_Y = \frac{L}{W}$$

飞机在 X 轴方向的过载等于发动机推力 T 与飞机阻力 D 之差与飞机重量 W 的比值：

$$n_X = \frac{T-D}{W}$$

飞机在 Z 轴方向的过载等于飞机侧向力 N 与飞机重量 W 的比值：

$$n_z = \frac{N}{W}$$

飞机在飞行过程中，其重心处不同时刻的过载大小往往不一样，可能大于 1、小于 1、等于 1、等于 0 甚至是负值。对于 Y 向过载，其大小取决于飞行时升力的大小和方向。平飞时，升力等于飞机的重力，Y 向过载等于 1；曲线飞行时，升力经常不等于飞机的重力。驾驶员柔和推杆使飞机由平飞进入下滑的过程中，升力比飞机重力稍小一些，Y 向过载就小于 1；当飞机平飞时，遇到强大的垂直向下的突风，或在垂直平面内做机动飞行时，驾驶员推杆过猛，升力就会变成负值，Y 向过载也就变为负值；当飞机以无升力迎角垂直俯冲时，Y 向过载等于 0。

同样，在研究飞机各部件的载荷时，也必须知道部件所受的过载。当飞机没有对重心的角加速度时，部件的过载等于飞机的过载；当飞机有对重心的角加速度时，飞机重心以外各部件的过载就等于飞机的过载加上或减去一个附加过载。例如，在飞机没有绕重心的角加速度而接地时，在垂直方向的过载就是作用于起落架的垂直撞击力与飞机重力的比值，如果飞机接地时还有绕重心的角加速度，则还要加上由角加速度引起的附加过载。

5.1.2 飞机结构的适航性要求和结构件分类

1. 飞机结构的适航性要求

在服役过程中，飞机结构要承受各种各样的载荷。为了使飞机能安全地完成飞行任务，在承受和传递载荷的过程中，飞机结构绝不能发生影响飞行性能、飞行安全的损坏和变形。飞机结构必须具有足够的强度、刚度和稳定性，并且要满足疲劳性能和损伤容限要求，这样的飞机结构才是适航的。

（1）结构的强度　结构受力时抵抗破坏的能力称为结构的强度。结构的强度越大，表示它开始破坏时所承受的载荷越大。

CCAR-25 部要求，飞机结构的强度要用限制载荷（服役中预期的最大载荷）和极限载荷（限制载荷乘以规定的安全系数）来确定。必须研究机动包线上足够数量的点，以保证获得飞机结构每一部分的最大载荷，并且保证在每一种最大载荷作用下飞机结构都符合 CCAR-25 部对强度的要求。用真实载荷情况对飞机结构进行静力试验以确定飞机结构强度时，飞机结构必须能够承受极限载荷至少 3s 且不发生破坏。

（2）结构的刚度　结构受力时抵抗变形的能力称为结构的刚度。结构的刚度越大，在一定的载荷作用下产生的变形量越小。

飞机结构在各种载荷作用下产生的变形对飞机的飞行性能和飞行安全有着至关重要的影响。变形过大会改变飞机的气动外形，使飞机的气动性能下降，还可能引起机体颤振、操纵面反效、操纵系统卡滞等现象，给飞行安全带来隐患。

CCAR-25 部规定，飞机结构必须能够承受限制载荷而无有害的永久变形，在直到限制载荷的任何载荷作用下，变形不得妨害安全飞行。

（3）结构的稳定性　结构在载荷作用下保持原平衡状态的能力称为结构的稳定性。如果在载荷作用下，尽管此载荷在结构中引起的应力远小于破坏应力，结构已不能保持原平衡姿态与载荷抗衡，就认为结构失去了稳定性，简称为失稳。

飞机结构中的细长杆件（起落架撑杆、襟翼滑轨撑杆等）和薄壁杆件（桁条、梁缘条等）

受压时，当压应力大于受压失稳临界应力时，杆件就会发生受压失稳现象，如图 5-5 所示。杆件受压失稳有两种破坏形式：一种是杆件轴线变弯，杆件不能保持直杆形状与载荷平衡，这种失稳称为总体失稳；另一种是杆件轴线保持直线，组成杆件的薄壁产生了局部皱褶，这种失稳称为局部失稳。无论发生了哪种形式的失稳，杆件都不能继续承载。

机体蒙皮或大梁腹板承受剪切载荷时，剪应力大于临界应力也会使蒙皮或大梁腹板发生剪切失稳，产生方向与框架成大约 45° 的皱褶，如图 5-6 所示。由蒙皮和桁条组成的壁板受压时，压应力大于临界应力也会造成壁板受压失稳，使壁板沿与载荷垂直方向形成皱褶而损坏。

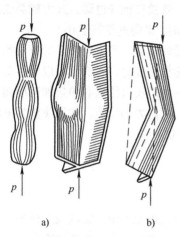

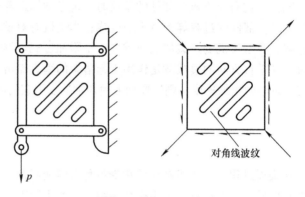

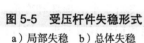

图 5-5 受压杆件失稳形式
a）局部失稳 b）总体失稳

图 5-6 蒙皮剪切失稳

结构一旦失去稳定性，承受的载荷就不能再增加，此时结构的刚度降低，结构在载荷作用下变形加大，所以主要受力结构是不允许出现失稳现象的。

（4）结构的疲劳性能 结构在疲劳载荷作用下抵抗破坏的能力称为结构的疲劳性能。飞机结构在使用过程中承受的载荷不仅有静载荷，还有随时间变化的疲劳载荷。长期疲劳载荷的作用会使结构受到疲劳损伤，产生疲劳裂纹，最后导致裂纹的失稳扩展和结构灾难性破坏。另外，飞机在使用过程中还会受到环境腐蚀和一些意外损伤，这些都会给飞机的安全带来隐患。

2. 损伤容限和疲劳性能的评定

CCAR-25 部规定，必须表明飞机结构符合"结构的损伤容限和疲劳评定的要求"。该规定要求飞机在整个使用寿命期间应避免由于疲劳、腐蚀或意外损伤引起的灾难性破坏。

（1）损伤容限评定和离散源评定 对可能引起灾难性破坏的每一部分结构（机翼、尾翼、操纵面及其系统、机身、发动机架、起落架以及上述各部分有关的主要连接）必须进行损伤容限（破损安全）评定和离散源评定。损伤容限（破损安全）评定包括确定因疲劳、腐蚀或意外损伤引起的预期的损伤部位和形式，以及结构受到损伤后剩余强度的评定。离散源评定是要求结构在受到意外损伤时，必须能够安全完成该次飞行。所谓离散源就是在飞行中会对飞机结构造成较大损伤的意外事件，如比较大的鸟撞击、风扇叶片非包容性的撞击、发动机非包容性破坏等。当飞机结构受到这些意外事件中任何一种造成的损伤后，必须能够承受飞行中预期出现的静载荷，保证飞机安全完成该次飞行任务。

（2）安全寿命评定 对于损伤容限不适用的某些特定结构必须进行安全寿命（疲劳）评

定。必须用试验依据表明这些进行安全寿命评定的结构在安全寿命内，承受预期的疲劳载荷作用而不会产生宏观和细观的裂纹，并且对试验结果必须采用合适的安全寿命分散系数进行处理。

（3）声疲劳强度评定　对于涡轮喷气飞机，可能引起灾难性破坏的部分还要进行声疲劳强度评定。声疲劳强度评定要求表明：受到声波振荡影响的飞机结构的任何部分不会产生声疲劳裂纹，或产生声疲劳裂纹的部件在规定载荷作用下，疲劳裂纹不会引起灾难性破坏。

飞机结构是否符合适航性要求不仅和飞机的设计制造有关，也和飞机的使用维护有关。一架符合适航性要求的飞机投入使用后，飞机的使用维护条件就对飞机结构的适航性起到了决定性的作用。按照 CCAR-25 部结构的损伤容限和疲劳评定规定，必须制订预防灾难性破坏的检查工作或其他步骤，并将其载入持续适航文件中。在飞机的使用维护过程中，应严格遵循生产厂家提供的各种技术资料和要求，避免由于对飞机操纵不当使飞机结构受到意外的损伤，避免在维护中造成机械损伤（碰伤、擦伤、划伤），避免使用环境造成的腐蚀等，以保证飞机结构的持续适航性。

3. 飞机结构件的分类

根据结构件失效后对飞机安全性造成的后果，结构件可划分为重要结构项目（Structural Significant Item，SSI）和一般结构项目（或其他结构项目）。

重要结构项目是指承受飞行、地面、增压或操纵载荷的任何部件或组件，一旦损坏，会破坏飞机结构的完整性，而且会危及飞机的安全性，如机身蒙皮、机翼翼梁、机翼和机身内的加强隔框、发动机吊架以及飞行操纵面与飞机结构的连接结构等。

一般结构项目是指不包括在重要结构项目内的部件或组件，如机身与机翼连接部位的整流蒙皮等。

5.1.3 飞机机构受力分析的基本概念

1. 载荷作用下的变形

构件在载荷作用下，其尺寸和形状的改变称为变形。变形形式基本有五种，即拉伸、压缩、剪切、扭转和弯曲，如图 5-7 所示。

（1）拉伸/压缩变形　当沿杆件轴线方向施加一对方向相反的力时，杆件将发生拉伸或压缩变形。垂直于杆件轴线的截面沿杆件轴线产生线位移，两相邻截面之间的距离变长，是拉伸变形；两相邻截面之间的距离变短，是压缩变形。

（2）剪切变形　当在两个相距很近的截面内相对作用两个力，这两个力之间相互错动并保持之间的距离不变，就会引起两截面发生平移错动的变形，这就是剪切变形。

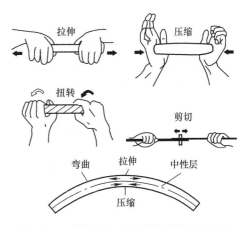

图 5-7　构件所受的五种基本内力和变形

（3）扭转变形　当作用在杆件上的力组成对杆件轴线的力偶时，垂直于杆件轴线的两个截面发生绕轴线的相对转动错动，这就是扭转变形。

（4）弯曲变形　当作用在杆件上的力形成一对弯矩时，平行于杆件轴线的材料纤维部分发生拉伸变形，部分发生压缩变形，结果使杆件轴线的曲率发生变化，这就是弯曲变形。

在实际承受载荷和传递载荷的过程中，结构发生的变形是一些更复杂的变形，这些复杂的变形都是以上几种基本变形的组合结果。

构件在载荷作用下产生的变形又分为弹性变形和塑性变形。在卸掉载荷后，随之消失的变形称为弹性变形；在卸掉载荷后，不能消失的变形称为塑性变形或残余变形。

2. 内力

当构件在载荷作用下发生变形时，构件材料分子之间会产生反抗变形、力图使其恢复原形的力，这就是内力。内力与引起内力的外载荷大小相等、方向相反（和内力相对应，载荷也称为外力）。对应变形的五种形式，内力的基本形式有拉力、压力、剪力、扭矩和弯矩。为了求得构件在外载荷作用下的内力，可以用截面法取出构件的一部分，并通过取出部分的平衡状态求出内力。

3. 应力

在载荷作用下，构件截面单位面积上的内力称为应力。如果内力是均匀分布的，则应力等于截面上的内力除以截面面积。应力的基本形式有正应力和剪应力，正应力是拉应力和压应力的统称。正应力是垂直于所取截面的应力，即应力矢量沿截面的法向方向，用符号 σ 表示；剪应力是平行于所取截面的应力，即应力矢量沿截面的切向方向，用符号 τ 表示，如图 5-8 所示。

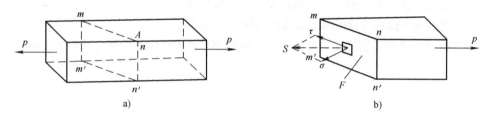

图 5-8 应力的概念

4. 剪力和弯矩

在载荷作用下，构件发生剪切变形时，构件截面上产生的反抗剪切变形的内力称为剪力，用字母 Q 来表示，如图 5-9a 所示；在载荷作用下，构件发生弯曲变形时，构件截面上产生的反抗弯曲变形的内力矩称为弯矩，用字母 M 来表示，如图 5-9b 所示。

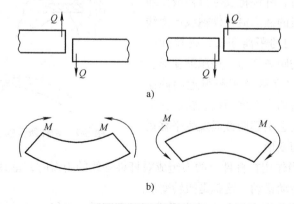

图 5-9 剪力和弯矩

5. 扭矩

当构件在载荷作用下发生扭转变形时，构件中产生的反抗扭转变形的内力矩称为扭矩，用字母 T 来表示。从图 5-10 可以看到，当圆轴发生扭转变形时，由于轴各截面之间的相对转动，使相邻截面之间错动而产生剪切变形，轴的横截面上产生剪应力。由扭转引起的剪应力称为扭转剪应力。

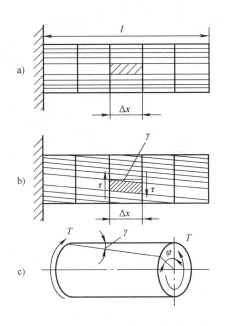

图 5-10 扭转变形产生的剪切变形和剪应力

5.2 机身结构

机身是飞机结构的主要部件，为乘客、货物和其他设备提供装载的空间。机身由若干个部分组成。飞行中，机身的阻力占整个飞机阻力的较大部分，因此，要求机身具有良好的流线型、光滑的表面、合理的截面形状以及尽可能小的横截面积。

5.2.1 机身的功用、基本要求和外形参数

1. 机身的功用

飞机机身用于装载乘员、设备和有效载荷，机身内还可装载燃油、布置起落架、放置发动机等。机身作为飞机结构的基本部分，通过各种连接接头，把飞机各部件连成一个整体，如图 5-11 所示。

2. 对机身结构的基本要求

机身结构设计的基本要求与飞机结构设计的基本要求相同，即最小重量要求。此外，机身结构设计还应满足如下要求：

1) 合理选择机身的外形，使其在给定的外形尺寸下迎面阻力最小，有效容积最大。

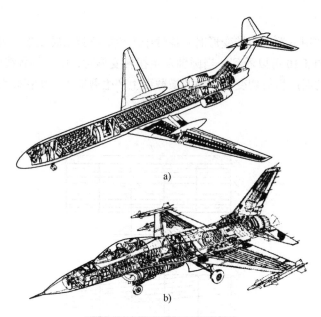

图 5-11　机身的结构和布局

a）客机　b）战斗机

2）在翼身融合的飞机上采用能产生部分升力的升力机身，这样可减小机翼面积，降低机翼结构的重量。

3）合理使用机身的有效容积，装载物的布局要紧凑，尽量在重心附近安置货物，以降低惯性矩并改善飞机的机动特性；将飞行中重量可变化的物体（如燃油、炸弹等）安置在飞机重心附近，缩小重心的变化范围，以保证飞机具有更理想的稳定性和操纵性。

4）机身结构受力形式要和与之相连的部件的结构受力形式相协调。必须保证连接的可靠，将来自机翼、尾翼、起落架、动力装置的载荷传递到机身的承力构件上。能承受有效装载、设备和机身结构的质量力以及作用在机身上的气动载荷和密封舱内的压差载荷。

5）应保证能方便地接近布置在机身内的各种构件，以便进行检查和维护。乘员和乘客能自由进出，空降人员和武器装备能容易跳伞和投放，运输的货物能方便地装卸和系留。在高空飞行时能保证乘客和乘员具有必要的生活条件，要具备一定的舒适标准，并保证能迅速安全地应急撤离，机组人员要有良好的视界。

> 结构设计应保证结构在承受各种规定的载荷状态下具有足够的强度，不产生不能容许的残余变形，具有足够的刚度，或采取其他措施以避免出现不能容许的气动弹性问题与振动问题，具有足够的寿命等。在保证上述条件得到满足的同时，应使结构的重量尽可能轻。这一条要求可以概括为强度（刚度）- 重量要求，也可简称为最小重量要求，或简称为重量要求。

3. 机身的外形参数

机身的外形是指机身的横剖面形状和侧面形状。

（1）机身的横剖面形状　机身的横剖面形状取决于飞机的功用、使用条件和飞机的总体布局。图 5-12a 所示为不同的机身横剖面形状。最常用的机身横剖面是圆形和两个不同直径的圆相交的形状，因为在给定的容积下，圆形机身的表面积较小，因此摩擦阻力也较小。此外，圆形剖面的机身蒙皮在内压作用下，只受拉伸，而不受弯曲。但在圆周相交的部位，由于压差的作用而使其受弯。如果在该处机身的内侧用一块水平加强板，那么机身就不受弯曲了，而由加强板来承受拉伸或压缩。矩形剖面的机身便于装载货物（特别是集装箱包装的货物），通常其上部是椭圆形的，这类剖面形状的机身，气动阻力较大，在高空飞行时，如果在机身内部是正压差，那么就会受弯。椭圆形剖面的阻力较小，也便于充分利用内部空间。当然，图 5-12a 所示的剖面形状不能代表全部的机身剖面，这与机身布局特性相关。图 5-12b 所示为 F-4 飞机的机身横剖面，其非典型剖面是因为在机身中布置了两台发动机和两个进气道，机身头部的剖面形状保证了飞行员有良好的视野。

（2）机身的侧面形状　机身的侧面形状与飞机用途、最小阻力要求、乘员、设备和有效装载的具体布置，以及机翼平面形状、尾翼、动力装置的形状和位置等有关。前机身和后机身是均匀收敛的，轴对称形式的机身符合最小阻力的要求。当装卸门安排在后机身时，为了减小阻力，应尽量将装卸门同后机身的外形相融合，尽管在这种情况下，与 β 角大的斜切装卸口相比，其装卸口开口还是较大，如 C-130E 飞机（图 5-12c）。装卸口处的开口加长时，需要额外增加较大的重量来对开口进行补偿。长而细的前机身能减小阻力，还可以放置部分设备，如雷达天线和机载雷达，而不会影响座舱视野。

机翼后掠使后机身延长，同时也使前机身缩短。此时后机身上的弯矩增大，因此机身重量也随之增加。延长前机身时要求考虑前起落架的布置条件，以保证起落架具有必要的轮距，还要考虑把发动机移到后机身。在选择机身形状时，在任何情况下首先要考虑满足与飞机基本用途相关的各项要求。

（3）机身参数　飞机机身的基本几何参数有长度 l_f、直径 d_f、前机身长度 l_{ff}、后机身长度 l_{af}（图 5-12d）。机身参数还包括最大横截面面积、机身长细比以及前、后机身长细比。

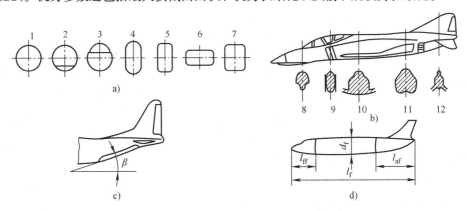

图 5-12　机身的横剖面形状和参数

对于许多类型的飞机，机身直径和最大横截面面积可以根据某些尺寸确定，如歼击机一般取决于机身内单台（双台）发动机尺寸和乘员座舱尺寸，轰炸机取决于炸弹舱尺寸，运输机取决于装载货物的最大外形尺寸，旅客机取决于单排乘员数量。

在机身直径给定的情况下，机身长度与机身长细比是单值关系。机身长细比对机身特性的影响是矛盾的。例如，增大机身长细比的同时增大机身长度，会导致机身上的弯矩增大，机身结构需要更强，会使结构重量增大，但增大机身长细比，机身阻力会下降。统计数据表明：对亚音速飞机，长细比为 6~9；对跨音速飞机，长细比为 8~13；对超音速飞机，长细比为 10~23。

5.2.2 机身结构型式及主要构件

1. 机身结构型式

（1）构架式机身　图 5-13 所示为构架式机身。在早期的低速飞机上，机身的承力结构都设计成四缘条的立体构架形式。为了减小飞机的阻力，在承力构架外面固定着整形用的隔框、桁条和布质蒙皮（或木制蒙皮）。这些构件只承受局部空气动力，不参与整个结构的受力。机身的剪力、弯矩和扭矩全部由构架承受。其中，弯矩引起的轴向力由构架的四根缘条承受；垂直方向的剪力由构架两侧的支柱和斜支柱（或各对张线）承受；水平方向的剪力由上下平面内的支柱、斜支柱（或张线）承受；机身的扭矩则由四个平面构架组成的立体结构承受。可见，构架式机身的抗扭刚度较小，空气动力性能不好，其内部容积也不易得到充分利用。所以，构架式结构通常只用在一些小型低速飞机上。

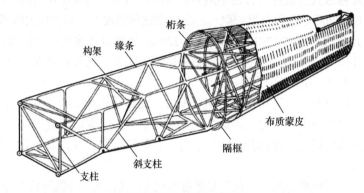

图 5-13　构架式机身

（2）硬壳式机身　图 5-14 所示为硬壳式机身。它的外形由框架、隔框和蒙皮组成，蒙皮承受主要的应力。这种机身结构没有纵向加强件，这就要求蒙皮必须有足够强度，足以维持机身的刚性。由于其质量较大，现代飞机已几乎不采用这种结构。

（3）半硬壳式机身　现代飞机机身结构广泛采用了金属蒙皮，这样不但使机身结构的刚度可以满足飞行速度日益增大的需要，而且蒙皮也可以参与整个结构的受力。将蒙皮与隔框、大梁、桁条牢固地铆接在一起，使之成为一个受力的整体，这就构成了半硬壳式机身。

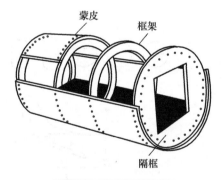

图 5-14　硬壳式机身

在这种结构中，大梁和桁条用来承受弯矩引起的轴向力；蒙皮除了要不同程度地承受轴向力，还要承受全部的剪力和扭矩；隔框不但可以用来保持机身的外形和承受局部空气动力，还可以承受各部件传来的集中载荷，并将这些载荷分散给蒙皮。

半硬壳式机身又分为桁梁式机身和桁条式机身。

图 5-15 所示为桁梁式机身。它由几根较强的大梁、较弱的桁条、较薄的蒙皮和隔框构成。桁梁式机身的大梁强度较高，机身弯曲时弯矩引起的轴向力主要由大梁承受。在机身上开设大的舱口也不会显著地降低整体结构的强度和刚度。但蒙皮和桁条组成的壁板的截面面积较小，受压稳定性较差，只能承受一小部分由弯矩引起的轴向力。

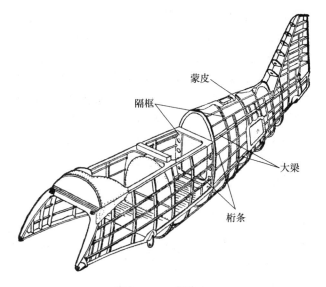

图 5-15 桁梁式机身

而在桁条式机身（图 5-16）上，由于设计了强度较高的桁条和蒙皮，使其受压稳定性较好，弯矩引起的轴向力可以全部由上下蒙皮和桁条组成的壁板来承受。蒙皮的加厚改善了机身的空气动力性能，增大了机身结构的抗扭刚度。所以，与桁梁式机身相比，桁条式机身更适用于较高速飞行的飞机。但是，这种机身由于没有强有力的大梁，如果在开口部位不采用专门构件来加强，就不宜开设大的舱口。由于桁条式机身各构件受力比较均匀，因而必须采取分散传递载荷的方法进行设计，如机身各段之间通过在周缘设置很多接头来实现其连接。

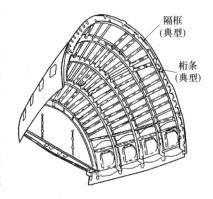

图 5-16 桁条式机身

综上所述，半硬壳式机身的结构特点见表 5-1。为了更好地发挥两种结构的优点，避免其缺点，现代飞机机身大多采用了桁梁式和桁条式组合而成的混合式结构。一般前机身因其开口较多、总体载荷较小而多采用桁梁式结构，而机身中段和后段因其总体载荷较大而采用桁条式结构。

表 5-1 半硬壳式机身的结构特点

半硬壳式	大梁	桁条	蒙皮	隔框
桁梁式	强	弱，少	薄	有
桁条式	无或弱	强	厚	有

2. 机身主要构件

机身主要构件包括蒙皮、桁条、桁梁、龙骨梁和隔框等。

（1）蒙皮　机身蒙皮是用来维持机身外形的，同时与支承它的构件一起承受和传递局部气动载荷和弯矩。

蒙皮可以用板材、带纵向构件的壁板、蜂窝（或其他）夹芯壁板或整体壁板制成。机身蒙皮的厚度随着各部位应力的不同而不同，为 0.025～0.3in（0.7～8mm）。蒙皮应在框架处顺气流方向平搭接，大部分蒙皮被铆接到桁条，小部分铆接到框架。蒙皮的纵向连接一般采用搭接式连接。

　　（2）桁条和桁梁　桁条和桁梁都是机身结构的纵向构件。它们的构造比较简单，一般采用标准的挤压和板弯型材。桁梁还有采用组合式构型的，一般由两个型材组合铆接而成。桁条和桁梁的截面形状与机翼中桁条的截面形状相似，有多种形状，只是桁梁的截面积比桁条的大。

　　桁条在桁条式机身中主要用以承受机身弯曲时产生的轴向力。另外，长桁对蒙皮有支持作用。桁梁的作用与桁条相似，它相比桁条能承受更大的载荷。图 5-17 所示为一些桁梁的截面形状。在大型飞机上，也有采用铆合梁的。

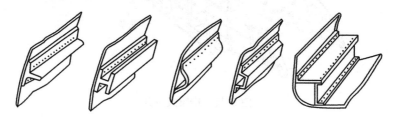

图 5-17　桁梁的截面形状

　　（3）龙骨梁　龙骨梁是机身的一个主要纵向部件，它由上、下两个受压的弦杆和一个带有加强筋的承剪腹板结构件组成。龙骨梁位于中央翼下方、两主轮舱之间的机身中心线上，如图 5-18 所示。龙骨梁对于机身、机翼和起落架都是一个重要的支承部件。由于龙骨梁的存在，轮舱区域不需要蒙皮和桁条系统。机身的侧边开口，便于在机身下部收放主起落架。这个部位垂直方向的剪力由龙骨梁承受，它把飞机底部的增压地板和桁条连接起来。侧边支承的主起落架载荷由该部位的机身锻造地板梁传给硬壳式机身。

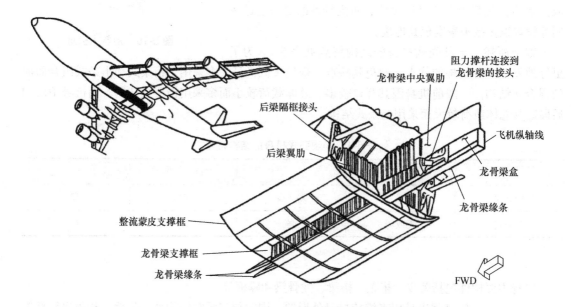

图 5-18　机身龙骨梁

（4）隔框　隔框是机身上的横向构件，可分为普通隔框和加强隔框两种。

1）普通隔框的作用是形成和保持机身的外形、提高蒙皮的稳定性以及承受局部空气动力。图5-19所示为一种普通隔框的构造。

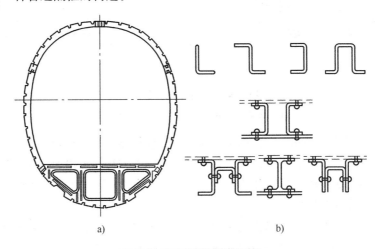

a)   b)

图5-19　普通隔框的构造

2）加强隔框除了具有普通隔框的作用，还可以承受和传递机翼、起落架等大部件传来的集中载荷。隔框还可分为板式隔框、环形隔框和球形隔框。图5-20所示为一种壁板式加强隔框。

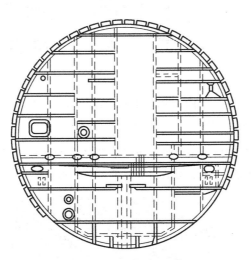

图5-20　壁板式加强隔框

（5）机身上骨架元件与蒙皮的连接　机身蒙皮与骨架元件的连接有两种方式：第一种，蒙皮只与桁条相连，如图5-21a所示；第二种，蒙皮既与隔框相连，又与桁条相连，如图5-21b所示。这两种连接方式各有优缺点。当采用第一种连接方式时，只有纵向铆缝，能得到较好的蒙皮质量，从气动观点看，它要好一些。但是，由于蒙皮没有横向支持，抗剪能力较差，需要通过增加蒙皮厚度来对其进行加强。为了克服这个缺点，有时采用专门的补偿片使隔框与蒙皮连接，如图5-21c所示。

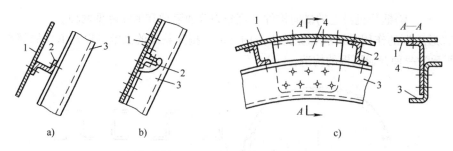

图 5-21 蒙皮与骨架元件的连接方式

1—蒙皮　2—桁条　3—隔框　4—补偿片

采用第二种连接方式的情况为隔框上开有缺口，使桁条通过。此种情况下，桁条可能不直接与隔框连接，也可能与隔框直接连接。如果桁条与隔框连接，可以通过弯边连接，或者通过角片连接，如图 5-22a 所示。当机身隔框是加强框时，为了对隔框上的桁条缺口进行加强，采用专门的垫板，如图 5-22b 所示。

这种蒙皮与骨架连接方式的缺点是蒙皮上有很多斜缝。另外，由于在隔框上开了缺口，隔框的结构较为复杂。但是，这种构造型式能使结构获得较大的刚度，且重量更轻，因而得到广泛的应用。

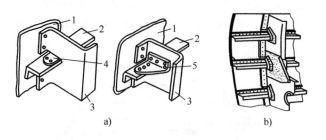

图 5-22 隔框与桁条的连接

1—蒙皮　2—桁条　3—隔框　4—弯边　5—角片

（6）地板结构　地板结构由地板骨架和安装在骨架上的地板块组成，如图 5-23 所示。地板骨架由纵梁和横梁组成。横梁一般采用工字形或槽形挤压型材。

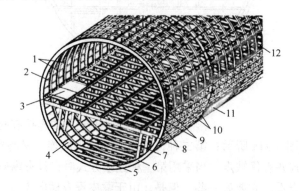

图 5-23 飞机地板结构

1—普通隔框　2—桁条　3—地板块　4—蒙皮　5—货仓地板横梁　6—加强隔框
7—地板梁支柱　8—客舱地板横梁　9—客舱地板纵梁　10—桁条　11—货舱门　12—客舱窗户

横梁的两端连接在机身隔框上，并与纵梁和竖直方向的支柱构成承力骨架。纵梁同时还可以作为座椅的安装和固定导轨。地板本身由多个地板块组成，它们通过螺栓固定在骨架上。地板块一般是由上/下面板、轻质芯材组成的夹芯结构，面板通常为 1.5～3.0mm 的玻璃纤维、碳纤维或混杂复合材料层合板，芯材通常采用高强度的 PVC 或聚氨酯泡沫塑料、蜂窝芯材、轻质木材或其他材料，并用层合板隔板加强。地板块的周边有时镶有木质板条，用专门的螺钉固定在骨架上。有些地板沿纵梁通过位于纵梁下的宽垫片用螺栓将壁板固定在梁上，托板螺母位于地板骨架上。

5.2.3 机身的外载荷及受力分析

1. 机身的外载荷

在飞行和着陆过程中，机身要承受由机翼、尾翼、起落架等部件的固定接头传来的集中载荷，同时还要承受机身上各部件的质量力以及结构本身的质量力。在这些载荷的作用下，机身结构的受力有以下显著特点：

（1）机身主要承受集中载荷 在飞行中机身表面虽然也要承受局部空气动力，但与机翼相比，机身的大部分表面承受的局部空气动力较小，并且局部空气动力是沿横截面周缘大致对称分布的，基本上能自相平衡，不传给机身的其他部分。局部空气动力一般只对结构中的局部构件受力有一定影响（如一些突出部分），而不会影响到整个机身的结构受力。此外，机身结构本身的质量力也相对较小，通常可以把它附加到各个集中载荷上予以考虑。因此，分析机身的受力时，只考虑集中载荷的作用。集中载荷包括由机翼、尾翼和起落架等部件接头传来的载荷。

（2）机身必须考虑侧向水平载荷 在研究机翼的受力时，机翼沿水平方向的抗弯刚度很大而载荷较小，因此，可以不考虑水平载荷的作用。但在研究机身的受力时，就必须考虑侧向水平载荷。因为，一方面，机身的截面形状大多是圆形或接近圆形的，它沿水平方向和垂直方向的抗弯刚度相差不大；另一方面，机身承受的侧向水平载荷和垂直载荷也相差不大，而且在承受侧向水平载荷时，机身会产生扭转变形。

（3）机身上的载荷通常为对称载荷与不对称载荷

1）对称载荷。对称载荷是指相对于机身对称面对称分布的载荷。飞机平飞和在垂直平面内做曲线飞行时，由机翼和水平尾翼的固定接头传给机身的载荷，以及当飞机以三点或两点（两主轮）接地时，起落架接头传到机身上的地面撞击力等，都属于对称载荷。在对称载荷作用下，机身要受到对称面内的剪切和弯曲作用。一般在机身与机翼连接点处，机身承受的剪力和弯矩最大。

如图 5-24 所示，机身由 A、B 两个连接接头与机翼相连，机翼接头对机身的支点的反作用力分别为 R_A 和 R_B；水平尾翼的外载荷通过垂直尾翼与机身相连的接头 C 和 D 传给机身，它们分别是 R_C 和 R_D；机身的质量力为 q。由此可得到飞机在垂直平面内做机动飞行时的剪力图和弯矩图。

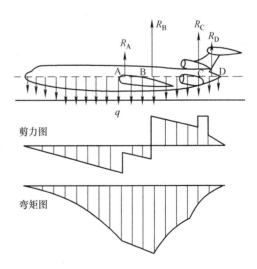

图 5-24 机身在对称载荷作用下的剪力和弯矩

2）不对称载荷。不对称载荷是指相对于机身对称面不对称分布的载荷。机身的不对称载荷主要有以下形式：

① 水平尾翼不对称载荷。如图 5-25 和图 5-26 所示，当水平尾翼的升力不对称时，水平尾翼形成不对称载荷。

② 垂直尾翼侧向水平载荷。

③ 起落架主轮单点接地时的撞击载荷。

④ 飞机做急转弯或侧滑等机动飞行动作时，机身上各部件所产生的侧向惯性力。

在不对称载荷作用下，机身要承受剪切、弯曲和扭转作用。

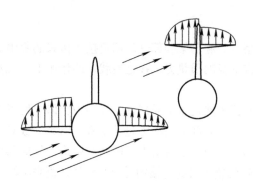

图 5-25　侧滑时水平尾翼上的不对称载荷

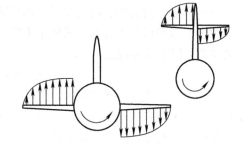

图 5-26　横滚时水平尾翼上的不对称载荷

2. 半硬壳式机身结构的受力分析

这里仅分析半硬壳式机身结构中加强隔框给蒙皮传递集中载荷的受力情况。

（1）垂直载荷传递　加强隔框在承受垂直方向的对称载荷时，会产生沿垂直方向的移动趋势。如图 5-27 所示，大梁抵抗垂直方向变形的能力很小，不能有效地阻止隔框垂直移动的趋势；而蒙皮（尤其是两侧蒙皮）抵抗垂直方向变形的能力较大，能有效地阻止隔框的垂直移动趋势。因此，蒙皮是支持加强隔框的主要构件。这时，加强隔框沿两边与蒙皮连接的铆缝，可以把集中载荷以剪流的形式分散地传递给蒙皮；蒙皮则产生反作用剪流来平衡加强隔框上的载荷。

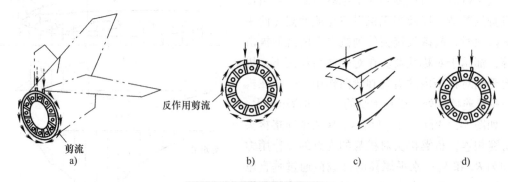

图 5-27　垂直载荷的传递

a）隔框对蒙皮的剪流　b）蒙皮对隔框的反作用剪流　c）两侧蒙皮与上下蒙皮抵抗垂直变形的能力不同　d）两侧蒙皮对隔框的作用力与垂直载荷平衡

由于沿隔框周缘各部分蒙皮抵抗垂直方向变形的能力不同，造成分布于隔框周缘的剪流不均匀。机身两侧的蒙皮抵抗垂直方向变形的能力比上下蒙皮强，剪流较大。因此，可以认为作用在隔框平面内的垂直载荷完全传给了两侧蒙皮，并由它们产生的反作用剪流来平衡，即传递垂直载荷时，机身两侧蒙皮的作用相当于翼梁的腹板。

（2）水平载荷传递　作用于加强隔框的水平载荷（如来自垂直尾翼的载荷）通常是不对称的，如图 5-28 所示。

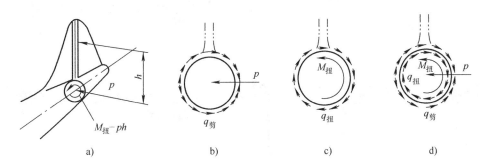

图 5-28　水平载荷的传递

a）作用于加强隔框的水平载荷　b）仅考虑力 p，隔框的受力
c）仅考虑转矩 M，隔框的受力　d）力 p 和转矩 M 合力，隔框的受力

对于垂直尾翼上的水平载荷来说，它对隔框的作用相当于一个作用于隔框中心处的力（即对机身的剪力）和一个对隔框中心的力矩（即对机身的扭矩）。

加强隔框传递作用于中心处的力的情况与传递垂直载荷相似，同样是沿铆缝以剪流的形式将载荷分散地传给蒙皮。但由于力的方向是水平的，所以在机身上下蒙皮截面上所产生的剪流最大。

加强隔框承受扭矩时，要在其自身的平面内扭转。蒙皮组成的合围框具有较大的抗扭刚度，它能通过铆钉来阻止隔框扭转。这样，加强隔框便沿周缘铆缝把扭矩以剪流的形式均匀地传给蒙皮，蒙皮则产生反作用剪流，形成对隔框中心的反力矩，使隔框平衡。

可见，加强隔框承受如图 5-28 所示的水平载荷时，隔框周缘要同时产生两个剪流，即平衡力的剪流与平衡力矩的剪流。周缘各处总剪流的大小就是这两个剪流的代数和。在承受垂直尾翼传来的载荷时，隔框上部两个剪流的方向相同而下部的方向相反。因此，固定垂直尾翼加强隔框的上部受力较大，结构往往做得较强，蒙皮一般也比较厚。

同理，对于固定前起落架的加强隔框来说，在承受由前起落架传来的侧向水平载荷时，隔框下部的受力要比上部的大，所以，这种隔框的下部通常做得较强。

3. 气密座舱的结构和受力

现代飞机飞得很高，而高空的大气压很低，为了适应乘员在高空飞行时的正常工作条件及生理要求并保证仪表、设备能可靠地工作，飞机已普遍采用了增压的气密座舱，并由专门的设备对座舱内的压力进行自动调节。

为了满足座舱的气密性要求，在铆接部位一般采用双排铆钉或者多排铆钉，同时采用干涉配合的铆接方式进行连接。如果是螺栓连接，则采用干涉配合螺栓进行连接，即采用较大的过盈量配合。因此，在机身上应进行密封的地方，铆钉和螺栓连接均采用干涉配合连接。在机身内外表面上，凡空气可能通过纵向和横向对接处泄漏的地方，通常采用密封胶、密封胶带和密封腻子对气密座舱结构进行密封。图 5-29 所示为多种机身蒙皮与纵横向加强构件密封对接结构。

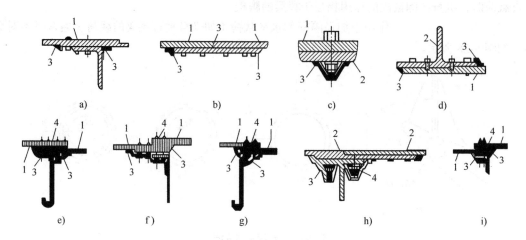

图 5-29　机身蒙皮与纵横向加强构件密封对接结构

1—蒙皮　2—壁板　3—密封胶　4—密封胶带

根据气密座舱承受载荷的不同，它的结构型式可以分为插入式和整体式两类。

1）插入式气密座舱，如图 5-30 所示，安装在机身内，不参加机身结构的总体受力。这种座舱承受的载荷主要是座舱内外压力差所引起的分布载荷，其次是乘员和座舱内设备所引起的集中载荷。此外，座舱的某些构件（如座舱盖等）因暴露在

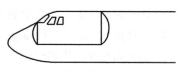

图 5-30　插入式气密座舱

气流中也会承受局部空气动力。插入式气密座舱由于不参加机身的总体受力，因而座舱的变形较小，气密效果较好。但是，这种座舱的材料在总体受力中没有得到充分利用，并使整个机身的结构重量增大，因此，目前飞机上已很少采用这种座舱。

2）整体式气密座舱是直接把机身结构的一部分加以密封而形成的。它除了承受与插入式气密座舱相同的各种载荷，还会作为机身结构的基本组成部分而参加机身的总体受力，故在飞行中座舱结构的变形较大，气密条件较差。但是，这种结构型式能合理地利用材料，使整个机身的结构重量得以减轻，并且气密性问题也因密封技术的改进而解决，因此，这种气密座舱型式得到了广泛应用。

现代民用客机所采用的就是整体式气密座舱。图 5-31 所示为波音 737 飞机增压区。民用客机的增压座舱截面一般为圆筒形或接近圆筒形。前压力隔框位于驾驶舱区域内，通常小于后压力隔框。为了便于安置设备，前压力隔框常采用平面加强隔框。后压力隔框位于机身和尾部的连接处，大型飞机的后压力隔框通常是球形加强隔框。

在一般飞行情况下，座舱内压力大于座舱外压力，这种压力差称为正压力差。但在某些特殊情况下，座舱内压力也可能小于座舱外压力，这种压力差称为负压力差。气密座舱承受的分布载荷主要是由座舱内外正压力差引起的。从强度方面看，把它做成圆球形最有利。但为了能够方便安置乘员及设备，常常采用圆筒形座舱来代替圆球形座舱。

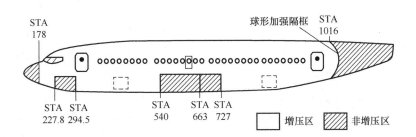

图 5-31　波音 737 飞机增压区

由气密座舱内外压力差引起的分布载荷，通常会使座舱壁板中的构件产生拉伸正应力。座舱壁板的连接处还要承受径向载荷，所以这些地方一般都用隔框来加强。在圆筒形机身与尾翼的球形加强隔框连接处往往受力比较大，在维护工作中要加强检查。

5.2.4　机身开口及加强措施

为满足飞机的使用性和维护性要求，在机身上有许多开口，通向布置在机身内部的飞机部件和发动机，以便检查它们的工作状态，对其进行技术性维护和修理。

机身上还有一些开口是为安装起落架、货舱、乘员座舱盖、门和舱口、座舱玻璃窗等。

开口切断了蒙皮、桁条等受力构件，使机体中载荷传递路线发生变化，对开口区及其附近区域结构的受力产生影响。这种影响与开口尺寸的大小及开口部位采取的结构补偿措施有关。

1. 无口盖小开口

无口盖的小开口一般处于梁腹板、肋腹板和框腹板上。开口形状最好为圆形，因为在不同载荷作用下它引起的应力集中系数比较小。这类开口区的补强比较简单，只要在开口边缘加一个加强口框即可。口框可采用法兰盘式加强环，如图 5-32a 所示；也可采用组合式，如图 5-32b所示，在弯矩最大的 4 个角上布置斜支撑筋条，以防蒙皮受压屈曲。如果载荷不大，腹板又比较薄，压弯边即可。

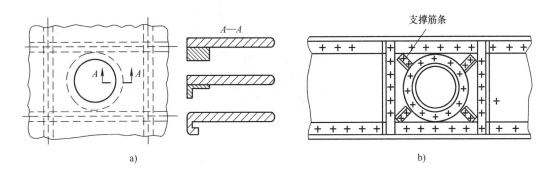

图 5-32　无口盖小开口结构补强设计

2. 有口盖小开口

在外层蒙皮上的小开口都带有口盖，其口盖大多为板材，如果口盖要传递正应力，则可以在正应力载荷方向布置一些加强筋条。图 5-33a 所示为一圆形小开口，口盖为一平板。图 5-33b所示为一带圆角的方孔，其口盖在正应力方向布置筋条。

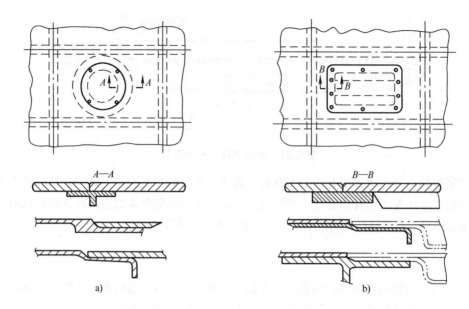

图 5-33 带口盖的小开口的补强设计

3. 中开口补强措施

机身舱门开口是一个比较大的中开口，它切断了多根长桁。结构补强原则是充分利用原有的纵、横向构件，围绕开口布置"井"字形的加强件，如图 5-34a 所示，形成一个很强的口框，以保证舱门的刚度、强度和受载稳定性，并和一系列的扩散件构成一个新的载荷传递系统，如图 5-34b、c 所示。

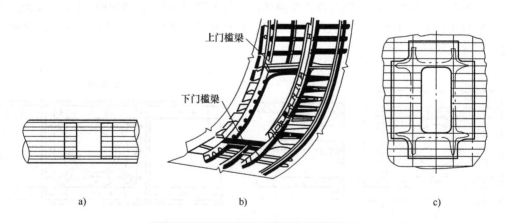

上门槛梁

下门槛梁

a) b) c)

图 5-34 机身舱门开口的结构补强设计

机身窗户开口处通常采用双层铝条和高强度铝合金窗户骨架加强。图 5-35 所示为波音 B737 飞机客舱窗户开口处的补强结构。

4. 大开口补强措施

现代民航飞机设置了各种舱门，以供人员和货物进出飞机和维护修理飞机时使用。舱门按照功能可分为登机门、服务门、紧急出口舱门、货舱门和检查口盖等。某型飞机各舱门的配置如图 5-36 所示。

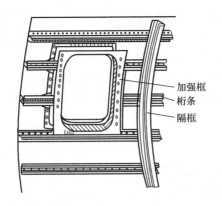

图 5-35 客舱窗户开口处的补强结构

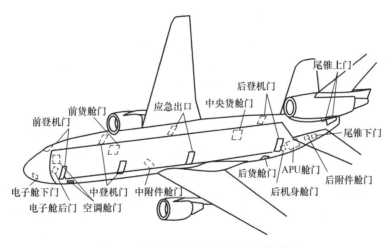

图 5-36 现代民航飞机主要舱门的配置

机身的货舱等大开口部位，往往是大的集中载荷作用的地方。这些部位的补强采用与客舱登机门开口类似的"井"字形补强结构，常设置有开口的矩形截面加强隔框和上下短梁。这种加强隔框结构重量往往很大，为了减轻结构重量，在设计时会尽量减小其强度裕度，在维护工作中应注意检查。

5.3 机翼结构

机翼是飞机上的主要升力面，用来产生气动升力。机翼的结构重量占全机结构重量的30%～50%，占全机重量的8%～15%。它产生的阻力是全机阻力的30%～50%。

5.3.1 机翼的功用和结构要求

1. 机翼的用途

机翼是飞机的一个重要部件。虽然机翼的形状各异，但它们的功用是相同的。机翼的主要功用是产生升力，并使飞机获得横向稳定性和操作性，还可用于安装起落架、发动机和储存燃油等。

图 5-37 所示为现代民用客机的机翼。在机翼的后缘，布置有副翼、扰流板等操纵翼面，为飞机提供横向操作性。在机翼的前、后缘还装有各种形式的襟翼、缝翼等增升装置，以提高飞机处于低速或大迎角状态的升力、防止失速，提高飞机的起落和机动性能。当机翼具有上反角时，可为飞机提供一定的横侧向稳定性。机翼下部常安装起落架、发动机等其他部件。机翼的内部空间常用来储存燃油、收藏起落架和安装一些小型设备附件等。

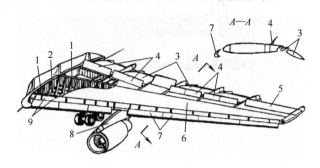

图 5-37　现代民用客机机翼

1—翼梁　2—桁条　3—襟翼　4—扰流板　5—副翼　6—蒙皮
7—前缘缝翼　8—发动机吊架　9—翼肋

2. 对机翼的要求

机翼除了应满足对整个飞机的总体要求，还应满足：保证一定的升阻比；机翼增升装置产生的升力系数增值要尽可能大；从亚音速飞行转到超音速飞行时飞机的稳定性、操纵性和气动性能的变化要尽可能小，热量要尽可能少地传入结构，放置各种装载物的容积要尽量大。

无论是对飞机的总体要求，还是只针对机翼的专门要求，这些要求往往是相互矛盾的。任何一个机翼方案都是一个折中方案，它应全面地综合飞机的用途和战术、技术要求。

5.3.2　机翼的结构型式和组成

机翼的结构型式经历了从布质蒙皮到金属蒙皮的过程。金属蒙皮目前广泛使用在现代飞机上，一般分为梁式机翼和单块式机翼，以及将两者混合起来的复合式机翼。近年来，还出现了夹层式机翼和整体式机翼。

不同飞机的机翼结构型式可以不同，但机翼各构件的组成基本上是相同的，通常都是由翼梁、桁条、翼肋和蒙皮等构件组成的。图 5-38 和图 5-39 所示分别为机翼的基本组成关系和机翼的结构示意图。

从连接关系上讲，腹板式翼梁一般是由缘条和腹板铆接而成的，翼肋铆接在翼梁腹板上，桁条铆接在翼肋上，蒙皮则铆接在翼梁缘条、翼肋和桁条等构件上。

1. 机翼结构型式

任何一种飞机机翼的结构和形状都取决于飞机的尺寸、重量、用途、在飞行和着陆中所要求的速度以及爬升率等因素。为此，机翼有多种结构型式。

（1）梁式机翼　梁式机翼的结构特点是有一根或者数根很强的翼梁。根据翼梁的多少，梁式机翼又可以分为单梁式、双梁式和多梁式三种。图 5-40 所示为一个单梁式机翼，图 5-41 所示为双梁式机翼。由于多梁式机翼布置有超过两根翼梁，弯矩、剪力按照刚度分配到各梁上，翼根接头较多，装配时会带来一定的难度，民用飞机采用多梁式机翼较少。

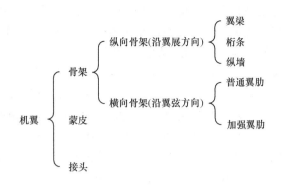

图 5-38 机翼的基本组成关系

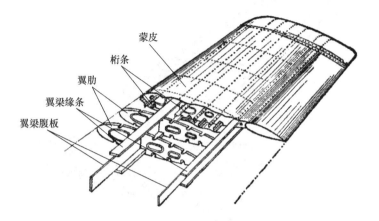

图 5-39 机翼的结构示意图

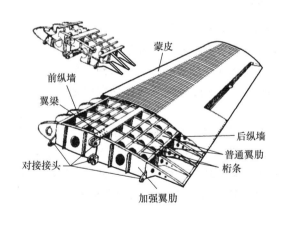

图 5-40 单梁式机翼

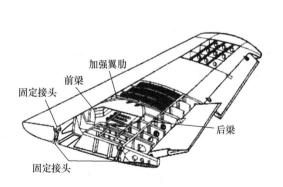

图 5-41 双梁式机翼

　　梁式机翼的结构特点是翼梁很强，蒙皮很薄，桁条的数量不多且较弱，有些机翼的桁条还是分段的。梁式机翼的桁条承受轴向力的能力极小，其主要作用只是与蒙皮一起承受局部空气动力，并提高蒙皮的抗剪稳定性，使之能更好地承受扭矩。这种机翼蒙皮的抗压稳定性很差，当机翼承受弯矩时，其受压部分的蒙皮几乎不能参与受力，而受压部分所分担的拉伸力也很小。

梁式机翼的主要受力构件就是翼梁，因此，在机翼上开口比较方便，与机身的连接也比较简单。但当飞行速度增大到一定程度后，薄金属蒙皮在局部空气动力作用下往往难以保持良好的气动外形。同时，这种机翼结构不容易获得必要的抗扭刚度。可见，梁式机翼比较适用于低速飞机。

（2）单块式机翼　单块式机翼如图 5-42 所示。它的结构特点是蒙皮较厚，桁条多且强，翼梁的缘条较弱，有的缘条截面和桁条差不多。这种机翼的蒙皮不仅有良好的抗剪稳定性，还有较好的抗压稳定性。因此，单块式机翼的蒙皮不仅能更好地承受机翼的扭矩，还能同桁条组成一个整块构件来承受机翼的大部分弯矩，生存力较强。所以，这种结构型式的机翼在高速飞机上应用广泛。但这种机翼的缺点也是明显的，其连接接头比较复杂，不便于开设大的舱口，也不便于承受集中载荷。因此，纯粹的单块式机翼并不多见。

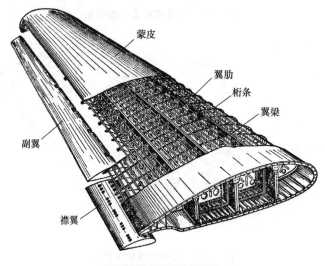

图 5-42　单块式机翼

（3）复合式机翼　为了充分利用梁式机翼和单块式机翼的优点，尽量避免它们各自的缺点，某些飞机采用了将梁式和单块式复合应用的结构型式，即在靠近机翼根部需要开设舱口的部位采用梁式结构，其余部分则采用单块式结构。在单块式结构过渡到梁式结构的部位，可以通过一个加强构件将两部分连接起来，以保证载荷能够很好地传递。图 5-43 所示就是一个复合式机翼的实例。

（4）夹层式机翼　夹层式机翼就是采用夹层壁板（图 5-44）作为基本元素所组合而成的机翼。它是采用内、外两层金属薄板作为面板，其间为夹芯层，从而组成飞机结构壁板，用来做蒙皮和其他构件，有时也采用少数的翼肋和桁条来固定蒙皮结构，承受剪力。夹芯层有的是用轻质金属箔制成的蜂窝结构，有的是一层泡沫塑料或轻质的金属波形板。夹层壁板主要依靠内、外层金属薄板承受载荷，夹芯层只起支撑作用。

这种机翼能够承受较大的局部空气动力而不会发生鼓胀和下陷，能够更好地承受弯矩引起的轴向压力而不会失去稳定性，该夹层壁板还具有隔热效果。但夹层壁板也有一些缺点，如在壁板上很难开设舱口，不便于承受大的集中载荷，各部分之间的连接比较复杂，而且在结构发生损坏后不容易进行修理。因此，在整个机翼上全部采用夹层式结构有一定的困难，使用有一定的局限性，一般只在飞机的一些仅承受局部空气动力载荷的非主要受力构件上使用，如操纵面、调整片、机翼前缘、发动机进气道前缘整流罩等。

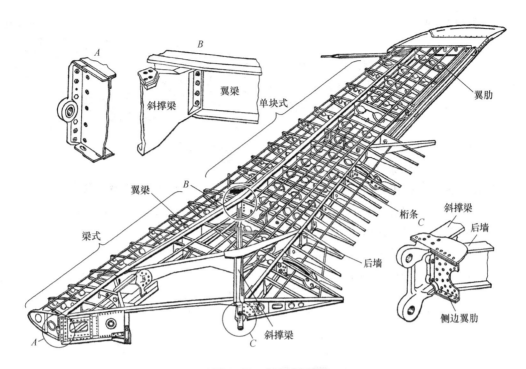

图 5-43　复合式机翼

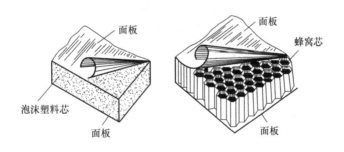

图 5-44　夹层壁板

（5）整体式机翼　图 5-45 所示为整体式机翼。它由一些整体板件连接而成，没有单独的蒙皮、桁条等构件。这是现代加工手段大大提高的结果。整体式机翼的强度具有良好的可控性，可以根据机翼各部分受力的实际情况进行加工，较好地实现等强度设计，从而能够尽量减轻机翼结构的重量。但由于受到技术条件等的限制，机翼全部结构都采用整体板件制造还不多见，大多只是在局部结构中采用整体板件，如在某些上单翼飞机的中央翼上表面采用整体壁板。这种结构具有表面铆缝少、比较容易实现准确的机翼外形等特点，且在承受大的局部空气动力时，机翼不容易变形，其空气动力性能和气密性都比较好，可以很好地满足超音速

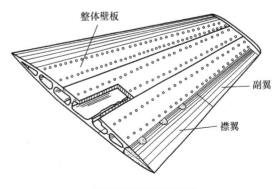

图 5-45　整体式机翼

飞机机翼的结构要求。

2. 机翼结构组成

（1）翼梁 翼梁是各种型式机翼结构中的重要受力构件，其功用是承受并传递机翼的弯矩和剪力。翼梁主要有桁架式、腹板式和整体式三种。

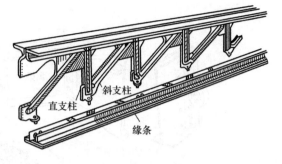

图 5-46　桁架式翼梁

1）桁架式翼梁。图 5-46 所示为桁架式翼梁。这种翼梁由上下缘条和缘条间的直支柱、斜支柱连接而成。缘条和支柱，有的采用钢管或硬铝管制成，有的则用厚壁开口型材制成。翼梁承受剪力时，缘条之间的支柱承受拉力或压力。这种大梁常用在翼型较厚的低速重型飞机的机翼上。

2）腹板式翼梁。图 5-47 所示为腹板式翼梁。这种翼梁由腹板和缘条铆接而成。缘条用硬铝或合金钢的厚壁型材制成，截面形状多为"T"形或"Γ"形。腹板用硬铝合金制成。薄壁腹板上往往还铆接了许多硬铝支柱。为了合理地利用材料和减轻机翼的结构重量，缘条和腹板的截面积一般都是沿翼展方向改变的，即翼根部分的截面积较大，翼尖部分的截面积较小。

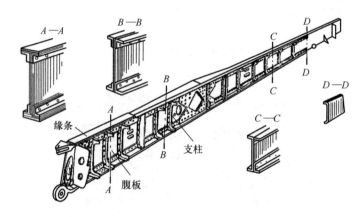

图 5-47　腹板式翼梁

腹板式翼梁的优点是能够较好地利用机翼的结构高度来减轻重量，而且生存力较强，制造也较方便。但大量的铆钉等紧固件孔会成为应力集中源，影响大梁的疲劳寿命。现代飞机的机翼，特别是民航运输机的机翼，一般都采用腹板式金属翼梁。

3）整体式翼梁。高速飞机的机翼常采用整体式翼梁（图 5-48）。整体式翼梁实际上是一种用高强度合金钢锻制成的腹板式翼梁。它的优点是刚度较大，截面尺寸可以按照等强度的要求进行设计制造，但这对制造加工设备和技术却提出了较高要求。

（2）纵墙 纵墙也是机翼的主要纵向受力构件。图 5-49 所示为纵墙常用的结构型式和截面形状。从构造上看，纵墙与翼梁相似，但纵墙的缘条比翼梁缘条弱得多。

通常，纵墙腹板上没有开减重孔。为了提高失稳临界应力，腹板用型材支柱加强。腹板和缘条的横截面面积向翼梢方向逐渐减小。有些腹板没有缘条，有些腹板的缘条与桁条一样强。墙和腹板一般都不能承受弯矩，但它与蒙皮组成封闭的盒段可以承受总体扭矩。后墙还有封闭机翼内部容积的作用。纵墙与机身的连接为铰接，只能传递剪力，不能传递弯矩。

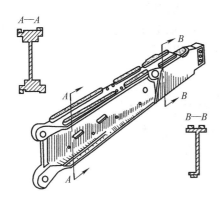

图 5-48　整体式翼梁

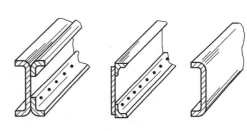

图 5-49　纵墙结构方案

（3）桁条　桁条为长条形薄壁镀金件或挤压拉伸型材，因此又称为长桁。桁条与蒙皮和翼肋相连，其主要功用是：支持蒙皮，防止它在承受局部空气动力时产生过大的局部变形，并与蒙皮一起把空气动力传给翼肋；提高蒙皮的抗剪和抗压稳定性，使它能更好地承受机翼的扭矩和弯矩；与蒙皮一起承受由弯矩引起的轴向力。

按制造方法分，桁条分为板弯件和挤压型材。板弯件桁条一般用于梁式机翼，挤压型材桁条多用于单块式机翼，其截面形状分别如图 5-50a、b 所示。

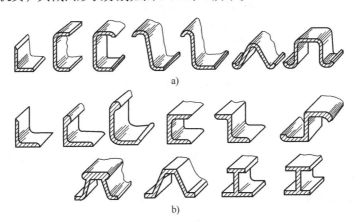

图 5-50　桁条的截面形状

a）板弯件　b）挤压型材

（4）翼肋　翼肋按其功用可分为普通翼肋和加强翼肋两种。

普通翼肋（图 5-51）的功用就是构成并保持规定的翼型，把蒙皮和桁条传给它的局部空气动力传递给翼梁腹板，而把局部空气动力形成的扭矩通过铆钉以剪流的形式传给蒙皮，支持蒙皮、桁条、翼梁腹板，提高它们的稳定性等。加强翼肋除了具有上述作用，还可以承受和传递较大的集中载荷。在

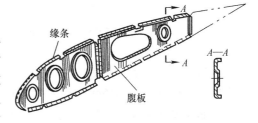

图 5-51　普通翼肋

开口边缘处的加强翼肋，还能起到把扭矩集中起来传递给翼梁的作用。

腹板式加强翼肋（图5-52）的缘条由硬铝型材制成。为了承受较大的集中载荷，加强翼肋的腹板较厚，有时还采用双层腹板，或者在腹板上采用支柱予以加强。

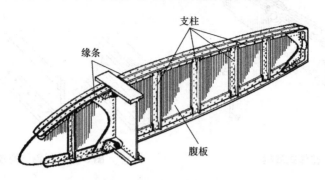

图5-52　腹板式加强翼肋

桁架式翼肋（图5-53）的构造与桁架翼梁相似，也是由缘条、直支柱和斜支柱组成的。有些翼型较厚的机翼，如重型运输机的机翼，可以通过这种构造来承受较大的集中载荷。

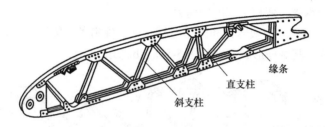

图5-53　桁架式翼肋

（5）蒙皮

1）蒙皮的作用。蒙皮覆盖在机翼受力构件组成的内部结构外表面，形成光滑的机翼气动外形。在飞行时，蒙皮承受并传递局部气动载荷。当蒙皮和翼梁或纵墙的腹板组合在一起形成封闭的盒式薄壁梁时，蒙皮还能够承受机翼的扭矩。当蒙皮较厚时，它常与桁条一起组成壁板，承受机翼弯矩引起的轴向力。总的来说，蒙皮具有形成机翼外形、承受局部空气动力和参与总体受力的作用。

2）蒙皮的构造。机翼蒙皮按材料分为布质蒙皮、金属蒙皮和复合材料蒙皮。布质蒙皮机翼仅在老式飞机和小型飞机上采用。金属蒙皮广泛用于现代民航飞机的机翼。新型的轻型飞机和先进客机采用复合材料作为蒙皮。这里只介绍金属蒙皮机翼。

按金属蒙皮的构造，蒙皮可分为单层蒙皮和夹层蒙皮。单层蒙皮一般都由包铝板制成，其厚度有从零点几毫米到十几毫米等的规格尺寸。夹层蒙皮通常由铝合金面板与铝蜂窝芯板胶接而成。

蒙皮的厚度根据飞机类型和受力的不同而不同，前缘蒙皮通常比后缘蒙皮厚，小型飞机的蒙皮可薄至0.4mm（0.016in），而大型飞机的蒙皮可厚至16mm（0.60in）。即使同一架飞机的机翼，其蒙皮也因受力大小不同而厚度不同。例如，波音B747飞机的机翼，在其翼根部位蒙皮的厚度为20.32mm（0.8in），翼尖部位蒙皮厚度为4mm（0.16in）。

蒙皮和桁条组合构成机翼壁板。机翼壁板分组合式和整体式两种。组合式壁板是由较厚的蒙皮与桁条铆接形成的。整体壁板是将蒙皮和加强筋（桁条、肋缘条等）合为一体，由一整块毛坯件整体铣削加工而成的，如图 5-54 所示。这种整体壁板常用在机翼结构油箱区域，可以减小油箱泄漏的概率。

整体壁板是一种重量轻、强度高的高效率承力结构。整体壁板有如下优点：在结构上便于按等强度分布材料；结构的总体和局部刚度大；由于减少了连接铆钉的数量，且蒙皮不易失稳，机翼表面更加光滑；大大减少了连接件数量，因此可减少装配工作量，同时也降低了

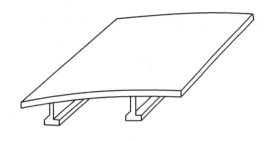

图 5-54　整体壁板

应力集中和钉孔对壁板截面积的削减，减轻了连接件本身的重量；便于密封，减少了密封材料的用量，为整体油箱设计提供了很有利的条件。其缺点是在装配时，可能会产生残余应力，易引起应力腐蚀，并对裂纹扩展比较敏感。

（6）接头　为提高装配效率及便于运输和使用维护，机翼需分段制造，即段与段之间通过接头连接，要求接头便于拆装，且能很好地传递载荷。图 5-55 所示的 A 接头就是叉形集中接头，用于梁式机翼。此外，还有周缘接头，即通过机翼截面周缘多个点来连接的接头，主要用于单块式机翼。

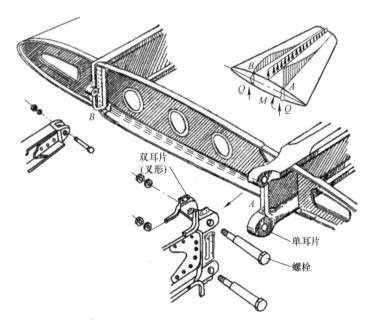

图 5-55　叉形集中接头

5.3.3　机翼外载荷及受力分析

1. 机翼外载荷

飞机在空中飞行时，机翼结构要承受不同的外载荷，通常有空气动力、机翼结构质量力和

机翼部件质量力。

机翼上的空气动力分布于整个机翼表面，而且随着飞行状态的变化，沿机翼展向和弦向的分布也是变化的。图 5-56 所示为不同飞行状态下机翼弦向空气动力分布图。机翼结构质量力是机翼结构重力及其飞行惯性力的总称，即机翼结构重力和变速运动惯性力之和，其大小和分布取决于结构重力的大小、分布以及飞机的加速度。机翼部件质量力属于集中力，集中作用在部件的重心上，并通过部件固定点接头传给机翼。图 5-57 所示为机翼外载荷沿翼展方向的分布图。

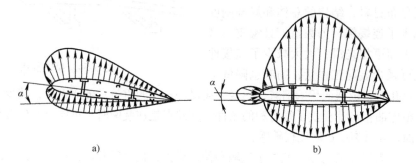

图 5-56 不同飞行状态下机翼弦向空气动力分布图
a）小速度、大迎角飞行　b）大速度、小迎角飞行

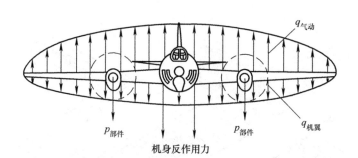

图 5-57 机翼外载荷沿翼展方向分布图

2. 机翼结构受力分析

如前所述，机翼上作用着三种基本外载荷。这些载荷最终要由机翼的各构件承受，但承受剪力、弯矩和扭矩的主要基本构件是翼梁、桁条和蒙皮。机翼通常由翼梁、桁条、翼肋和蒙皮等构件组成，翼梁由缘条和腹板铆接而成，翼肋铆接在翼梁或纵墙腹板上，桁条铆接在翼肋上，蒙皮则铆接在翼梁缘条、翼肋和桁条等构件上。从传递空气动力的角度来说，该力作用的起点是机翼的蒙皮，终点是机身的隔框，中间要经过桁条、翼肋、翼梁、接头等构件实现传递。

尾翼承受的应力也与机翼的相似。由气动载荷引起的弯矩、扭矩和剪力从一个构件传到另一个构件，每个构件分担一部分应力，剩余的应力传给其他构件，最终通过翼梁传到机身结构上。

在这些构件中，力的传递遵循以下原则：

1）作用力与反作用力原则。相连接的两构件间，甲构件给乙构件一个力，乙构件必然给甲构件一个同样大小、同样形式的反作用力。力的形式由两构件间的连接情况来决定。

2）按构件刚度大小分配原则。几个构件同时传力时，刚度较大的构件承受的载荷较大，传递的载荷也较大；刚度较小的构件承受的载荷较小，传递的载荷也较小。传力大小的比例由各构件刚度大小的比例来决定。

3）最短路线传递原则。力从作用点传到平衡点可能有几条路线。如果各条路线的刚度近似，那么大部分的力就会沿着最短的一条路线传递。如果各路线间刚度相差悬殊，那么力仍按构件刚度大小分配的原则传递。

图 5-58a 所示的剪力将使机翼截面外端沿垂直方向向上移动。由于机翼的蒙皮、翼梁缘条和桁条沿垂直方向很容易产生变形，而翼梁腹板抵抗垂直方向变形的能力却很大，可以有效地阻止机翼向上移动。所以，剪力主要是由翼梁腹板承受的。

图 5-58b 所示的弯矩可使机翼产生弯曲变形。当向上弯曲时，翼梁下缘条、机翼下表面的桁条和蒙皮都会产生拉伸的轴向内力，而翼梁上缘条、机翼上表面的蒙皮和桁条则产生压缩的轴向内力，界面上下两部分的轴向力可组成内力偶，与机翼翼端的弯矩平衡。所以，弯矩引起的轴向力由翼梁缘条、桁条和蒙皮共同承受。

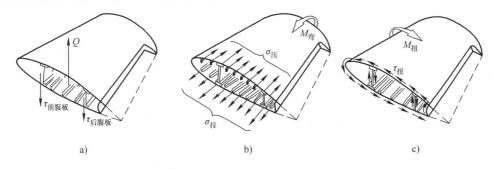

图 5-58 机翼结构的受力情况

下面讨论机翼上产生扭矩的机理。

扭矩的产生是机翼上各截面空气动力、质量力、部件力的合力不通过机翼截面刚心的结果（图 5-59）。此时结构不但要发生弯曲变形，还要发生围绕刚心的扭转变形。

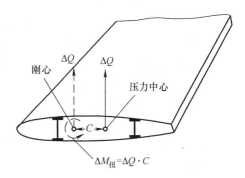

图 5-59 载荷对刚心产生的扭转作用

　　截面的刚心就是结构截面上的一个点，当外力通过该点时，结构只弯曲而不扭转；刚性轴就是机翼各截面上刚心的连线，其位置取决于具体结构，对已制成的机翼，刚性轴是不变的。

飞机在飞行过程中，机翼上的空气动力最终作用在压力中心线上，质量力最终作用在重心线上，部件力最终作用于部件重心上。通常情况下，这些作用力都会偏离刚性轴一定距离，因而就会有扭矩产生。这些力的大小和方向在飞行中是不断变化的。因此，飞行状态不同，所产生的扭矩也不同。例如大迎角、大过载时，压力中心在刚性轴前面，机翼要受到前缘向上的较大扭矩；而在高速、小迎角状态飞行时，压力中心就会后移，机翼可能又会产生前缘向下的扭矩。

我们知道，机翼最主要的功用就是提供升力。在保证机翼能够正常承受剪力和弯矩的前提下，为了使机翼有良好的气动外形，满足飞机对升力的要求，让机翼结构具有承受扭矩的能力是非常重要的。

图 5-60 所示是两个用完全相同材料制成的硬纸筒，其中一个沿纵向剪开。如果用两手握住硬纸筒的两端，并各施加一个方向相反的扭力，显然，在外力相同的情况下，沿纵向未剪开的纸筒很难发生扭转变形，而沿纵向剪开的纸筒却很容易被扭动。这说明前者有较大的抗扭刚度。同样的道理，可以将飞机机翼前、后纵墙的腹板或翼梁腹板与上下蒙皮制成封闭的盒形结构，以增大机翼整体结构的抗扭刚度，使机翼能够很好地抵抗由外力引起的扭转变形。实际上，机翼结构就是由多个封闭的盒形结构所组成的。对于双梁式机翼，其扭矩是由上下翼面蒙皮和前后梁组成的盒段（图 5-61）来承受和传递的。如果机翼前缘没有安装前缘缝翼和前缘襟翼，则前缘蒙皮与前梁组成的盒段也具有承受和传递一小部分扭矩的作用（见图 5-58c）。

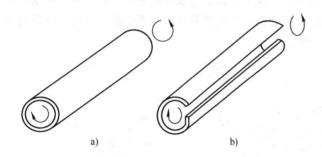

图 5-60 薄壁筒受扭

a）不开缝 b）开缝

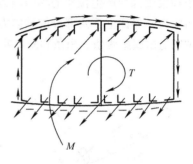

图 5-61 机翼受力盒段示意图

显然，作用于机翼各截面的剪力、弯矩和扭矩是不相等的。图 5-62 所示为平直机翼的剪力、弯矩和扭矩图，描述了平直机翼截面的剪力、弯矩和扭矩沿机翼翼展方向的变化情况。通过计算可以表明：

1）如果机翼上只有空气动力和机翼结构质量力，则越靠近机翼根部，其横截面上的剪力、弯矩和扭矩越大，如图 5-62 中虚线所示。

2）当机翼上同时作用有部件集中质量力时，就会在集中质量力作用处产生突变或转折，如图 5-62 中实线所示。

3. 小结

如前所述，金属蒙皮机翼结构有梁式和单块式两类。为了综合利用两类结构型式的优点，尽量避免其缺点，很多飞机的机翼都采用了翼根部分为梁式、其他部分为单块式的复合式结构。梁式、单块式机翼在受力方面的共同点是剪力和扭矩都要通过翼肋分别传给腹板和蒙皮承受；不同点是梁式机翼的弯矩主要是通过腹板纵向铆缝传给翼梁缘条承受的，而单块式机

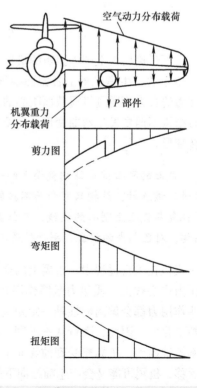

图 5-62 平直机翼的剪力、弯矩和扭矩图

翼则要传给由蒙皮、桁条和缘条组成的壁板承受。从机翼结构中力的传递情况可知，在维护、修理工作中，对于加强翼肋、翼梁根部等部位的铆钉必须给予特别的检查。

另外，机翼结构中力的传递过程可以简要总结如下：

1）蒙皮上的局部空气动力由桁条和直接同翼肋贴合的蒙皮传给翼肋。

2）翼肋将空气动力和集中载荷按梁的抗弯刚度成正比地传给腹板，将它们对刚心的扭矩传给蒙皮。蒙皮将扭矩传给与机身接合的周缘螺钉（或开口边缘的加强翼肋）。

3）腹板把各个翼肋传来的剪力传给机身隔框，并将由此产生的弯矩通过纵向排列的铆钉传给上下缘条。

4）机翼翼梁的缘条连同桁条和蒙皮把由纵向铆钉传来的力传给机身的连接接头。

因此，在检查机翼结构表面损伤时，要注意观察各部分的铆缝情况，因为机翼各构件都是通过铆钉来传力的。检查铆缝时，可以根据飞机的具体情况，确定需要着重检查的部位。例如：军用飞机做剧烈的机动动作后，对大部件来讲，由于其需要承受较大的惯性力，则应对固定大部件的加强翼肋上的铆缝、翼根部位的腹板、与缘条相连的铆缝等进行仔细检查，根据铆缝的损伤现象，可以大致判断造成损伤的原因；飞机粗猛着陆后，在过大的撞击力作用下，机翼各部分的铆钉可能由于受到过大的剪切作用而损坏，这时铆钉孔会因一侧内壁与铆钉头剧烈挤压而变成椭圆形；飞机的飞行速度过大，蒙皮会承受过大的吸力，造成蒙皮或铆钉的变形，并在铆钉孔周围留下圆圈状的痕迹。

5.3.4 机翼操纵面

飞机机翼上安装有多个辅助翼面，如机翼后缘外侧的副翼、机翼前缘的缝翼/襟翼、机翼后缘的襟翼和机翼上表面的扰流板等。

1. 副翼

副翼安装在机翼的后缘，通常安装在机翼后缘外侧部分，现代高速飞机上也有安装在机翼后缘内侧的。副翼的功用是使机翼产生滚转力矩，以保证飞机具有横侧向操纵性。

作用在副翼上的空气动力增量会使副翼区域产生导致负迎角增量的扭转变形，从而减小副翼偏转带来的升力增量，降低飞机的横侧向操纵性，因此，要求副翼安装段的机翼和副翼结构具有足够的抗扭刚度。此外，还要求副翼偏转时产生的枢轴力矩（副翼上的空气动力对转轴的力矩）较小，这样，在安装人工操纵系统的飞机上可以使飞行员操纵省力，而采用助力器驱动翼面的飞机则可以减轻液压助力器和液压源系统的重量，还可以减小副翼结构所承受的扭矩，减轻副翼自身重量。

（1）副翼构造　副翼在外形和结构上与机翼类似，它通常由翼梁、翼肋、蒙皮和后缘型材组成，如图 5-63a 所示。副翼承受的弯矩不大，所以一般都做成没有桁条的单梁式结构。现代高速飞机的副翼，为了较好地保持外形和增加抗扭刚度，都采用了金属蒙皮。低速飞机的副翼承受的空气动力并不很大，通常用管形梁或由翼梁和前缘硬蒙皮组成的合围框来承受扭矩，在翼梁后面则采用重量很轻的布质蒙皮，如图 5-63b 所示。

副翼固定接头处，前缘蒙皮是开口的。对于蒙皮参加受扭的副翼来说，开口部位的抗扭刚度和强度会显著减弱。为了克服这个缺点，通常在这些部位装有斜翼肋，用斜翼肋、加强板和翼梁组成的盒形结构来承受开口部位的扭矩，如图 5-63c 所示。

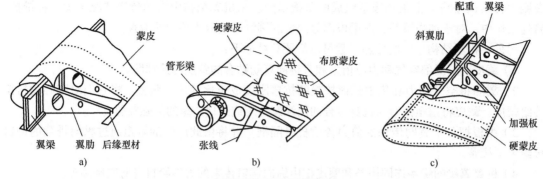

图 5-63　副翼的构造

（2）副翼安装　副翼的截面高度通常较小，故在承受载荷时容易产生比较显著的弯曲变形。为了避免副翼在飞行中产生过大的弯曲变形，并提高它的生存力，通常采用两个以上的接头将副翼与机翼相连。

连接副翼的接头中，至少应有一个接头是沿展向固定的，其余的接头沿展向应是可小幅度移动的。但是，用多接头固定的副翼，在飞行中会由于机翼变形使副翼转轴的轴线变弯，从而影响操纵的灵活性，甚至发生卡滞现象。为了解决这一矛盾，有些飞机采用了分段的副翼，它的每一段都独立地连接在机翼后缘的支架上，而各段的翼梁则用可以传递扭矩的万向接头或铰接接头连接起来。

图 5-64 所示为副翼与机翼的典型连接形式。在机翼加强肋的后部与机翼后梁（或墙）的连接处，安装有若干个支臂，每个支臂上装有一个过渡接头。在副翼的大梁上装有相应个数的耳片接头。副翼通过这些耳片接头悬挂到机翼的支臂上。操纵副翼偏转的作动筒，其作动活塞杆与副翼耳片接头的下耳片连接固定。当副翼操纵作动筒动作时就使副翼绕轴心 N 偏转。

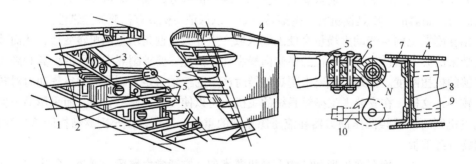

图 5-64　副翼与机翼的连接形式及接头结构

1—机翼后梁　2—加强肋　3—机翼后墙　4—副翼　5—机翼支臂　6—过渡接头
7—副翼耳片接头　8—副翼大梁　9—副翼加强翼肋　10—作动筒活塞杆

副翼在装有支点的横截面上承受的剪力、弯矩最大；在操纵摇臂部位，扭矩最大。这些部位的结构虽然有所加强，但由于副翼的截面积沿展向变化不大，难以按等强度原则来进行加强，所以，上述部位的强度裕度仍然比其他部位小，维护时必须注意检查。

2.前缘缝翼／襟翼

（1）前缘缝翼　前缘缝翼是位于机翼前部且有特殊形状的机翼可动部分，当飞行中放下时，在前缘缝翼和机翼前缘之间形成收敛状的狭缝，下翼面高压气流通过狭缝时加速从上翼面切向喷出。它使得机翼上翼面气流在大迎角下尽量保持为稳定的层流状态，防止飞机失速。前缘缝翼的偏转角为20°～30°。每个机翼上的前缘缝翼均由与机翼骨架相连的几段组成。

前缘缝翼由大梁、桁条、肋和隔板、蒙皮、导轨和带滑轮的滑板、固定蜗杆收放装置、支臂等组成，如图5-65a所示。

前缘缝翼与机翼的连接或是利用与传动装置相连的导轨和蜗杆机构，或是利用前缘缝翼上的支臂和机翼前部的摇臂机构，如图5-65b所示。前缘缝翼在收起和放下状态时，用传动机构的制动装置使前缘缝翼固定。收上时通常会设计锁扣将缝翼后缘固定于机翼主体上表面，防止上翼面吸力过大时缝翼后缘向上翘起。

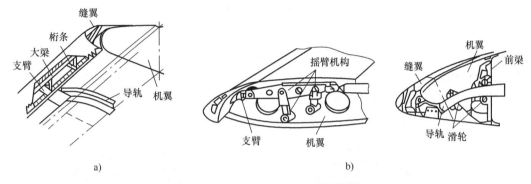

图 5-65　前缘缝翼的构造和连接形式

a）前缘缝翼构造　b）前缘缝翼连接形式

（2）前缘襟翼　前缘襟翼用在相对厚度小、前缘薄、难以布置增升机构的飞机机翼上。前缘襟翼提供的升力增量比前缘缝翼提供的要小。前缘襟翼构造简单，通过安装在机翼前梁或前墙下缘条上的铰链与机翼结构连接，如图5-66所示。

当前缘襟翼相对于其轴转动时，其上缘沿固定在机翼上的专用型材滑动，防止形成缝隙。空客A380飞机发动机内侧的前缘襟翼为下垂前缘襟翼。

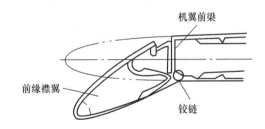

图 5-66　前缘襟翼

（3）克鲁格襟翼　克鲁格襟翼为一块窄板，通过铰链安装在机翼前缘根部，收放作动筒将其保持在收上位或放下位，如图5-67所示。

克鲁格襟翼与后掠翼上的前缘缝翼配合使用，以防止飞机失速。克鲁格襟翼只能保证在小于某一迎角时机翼扰流不分离，超过该迎角后，气流开始急剧分离。因此，当后掠翼翼尖气流尚无分离时，其翼根部气流的局部分离会产生使迎角减小的低头力矩，从而减小飞机迎角，保证飞行安全。

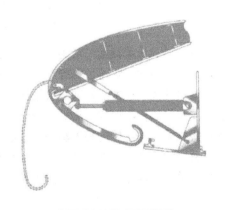

图 5-67　克鲁格襟翼

3. 后缘襟翼

后缘襟翼是位于机翼后缘的可活动小翼面，它通过向后下方偏转来提高机翼的升力，但同时也会使飞机的阻力增大。后缘襟翼可分为转动式襟翼、后退式襟翼、开缝式襟翼和多缝式襟翼，如图 5-68 所示。现代民航飞机多采用开缝式和三缝式襟翼。

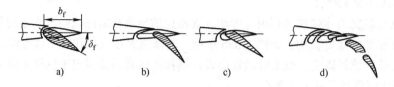

图 5-68 后缘襟翼

a）转动式　b）后退式　c）开缝式　d）多缝式

（1）开缝式襟翼　带有导流板的开缝式襟翼的结构如图 5-69 所示。其主要构件包括襟翼、导流板、滑板和收放机构。导流板固定在襟翼前面，并在此形成特形缝隙。当襟翼偏转时，在机翼后部，导流板和襟翼之间可形成特形双缝隙，从而获得较大的升力。

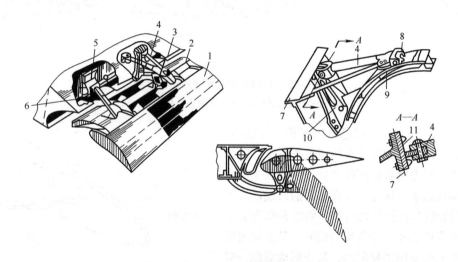

图 5-69 开缝式襟翼结构

1—襟翼　2—导流板　3—滑板　4—撑杆　5、8—接头　6—收放机构

7—机翼后梁　9—导轨　10—支座　11—撑杆的连接耳片

开缝式襟翼大梁截面一般为工字形，其上安装了用以固定滑板和收放机构的支臂。滑轨是钢制弧形工字型材，它通过支臂和撑杆连接到机翼的后梁和加强肋上。滑轨缘条的表面进行了磨削和镀铬处理。这种滑板和滑轨结构最简单，也最可靠，因而得到了广泛应用。导流板由隔板、蒙皮和尾部桁条组成。隔板由带缘条的腹板组成。导流板通过安装支座固定在襟翼上。滚珠蜗杆式收放机构由传动装置驱动，并通过襟翼大梁上的支臂与襟翼相连，来完成对襟翼的收放。收放机构的第二个支座是机翼加强肋和后梁连接处的接头，由液压马达来驱动传动轴的旋转。最简单的结构是将襟翼和导流板悬挂在外置支臂上，但附加的阻力会降低飞机巡航状态的经济性。

（2）三缝式襟翼　三缝式襟翼由主段、尾段及导流板组成。主段是指中间的升力面，也是主要的受力构件，尾段和导流板装在它的上面，如图 5-70a 所示。主段上的主要受力构件有两根梁、蜂窝夹芯壁板、翼肋和前后缘蒙皮。悬挂尾段用的支臂和导轨构造如图 5-70b 所示。图 5-70c 所示为常规的导轨结构。

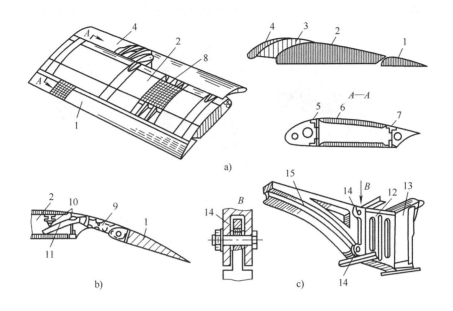

图 5-70　三缝式襟翼结构及连接

1—尾段　2—主段　3—导流板支座　4—导流板　5、7—梁　6—蒙皮壁板　8—肋
9—滑板　10—尾段悬挂支臂　11—滑轨　12—加强肋　13—后大梁　14—耳片　15—导轨

固定有滑板接头和操纵接头的前缘翼肋用型材加强。襟翼的主要结构悬挂在导轨上，它通过滚珠蜗杆收放装置在滑板上沿导轨移动。

襟翼的尾段由大梁与前缘翼肋构成的骨架和蒙皮组成，常采用蜂窝结构来提高其刚度和减轻重量。放出襟翼时，为使该段伸出和偏转，可采用常规的导轨和滑板。

如果导流板是滑动式的，为使其滑出，可使用导轨 - 滑板系统，这时导轨与导流板连接，而滑板与襟翼主结构连接。襟翼的导轨是由高强度钢制成的工字形截面悬臂梁，采用螺栓将导轨与加强肋和机翼后大梁的接头连接固定在一起。

4. 减速板和扰流板

减速板和扰流板位于机翼上表面襟翼之前。减速板在左、右机翼上对称布置且同时张开或合上。扰流板在左、右机翼上通常也是对称布置，但只在往其倾斜的那一侧机翼上张开。为了提高飞机相对于其纵轴的操纵效率，扰流板应远离该轴布置，通常放在外侧襟翼的前面，以增大滚转力矩的力臂。而减速板则布置在内侧襟翼前面，在减速板不对称偏转时可减小力矩的力臂。

在着陆滑跑时使用减速板可缩短滑跑距离。因为它们不仅增大了阻力，还减小了机翼的升力，使飞机下沉，加大机轮与跑道表面的结合力，从而提高制动效率。当主起落架缓冲器开始压缩时，减速板部分打开；当前起落架缓冲器压缩时，减速板完全打开。

减速板和扰流板均为薄板结构。图 5-71 所示为某型飞机上典型的扰流板结构。每块扰流板都由几段组成。各段的主承力结构是与中间的支臂连接的两块板，该板由大梁和两个"冂"形截面的端肋、上 / 下蒙皮、尾部桁条、金属蜂窝夹芯、前墙和封严型材构成。中间的悬挂支臂是沿整个翼弦的工字形截面整体梁。支臂上有耳片，耳片 9 用于将各段悬挂到机翼后大梁的支臂上，耳片 12 用于连接液压作动筒。这种带有中间支臂（在一个接头中综合了两种功能）的整段结构方案能减轻重量，并提高结构刚度。扰流板的辅助悬挂接头位于两个加强端肋上。

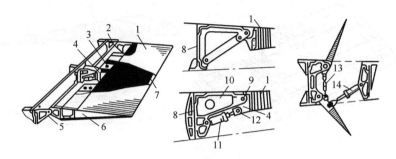

图 5-71　扰流板结构

1—扰流板壁板　2、5—接头　3—前墙　4、10—支臂　6—端肋　7—尾部桁条

8—机翼后大梁　9、12—耳片　11、14—作动筒　13—同步拉杆

5.4　尾翼结构

　　飞机的尾翼一般由水平尾翼和垂直尾翼两部分组成。水平尾翼包括水平安定面和升降舵，垂直尾翼包括垂直安定面和方向舵，如图 5-72 所示。

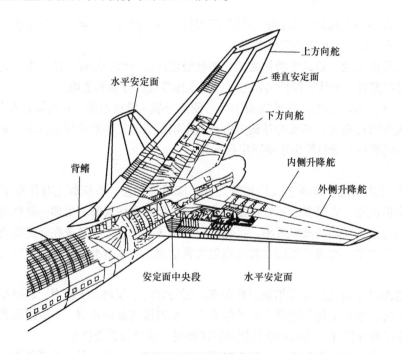

图 5-72　尾翼的组成

尾翼的功用是使飞机能保持俯仰和方向平衡，并使飞机具有俯仰和方向安定性、操纵性。对尾翼的要求是：保证飞机平衡和具有必要的安定性及操纵性；强度、刚度足够而重量轻，尾翼载荷对机身的扭矩应尽可能小。现代民航客机常采用全动平尾构型（THS），转轴一般位于安定面中央翼盒的后缘，前缘操纵点由丝杠作动举升，实现全动平尾的偏转。

1. 安定面的构造

安定面的构造与机翼基本相同，轻型飞机的安定面较小，如果采用单块式结构，施工比较困难，固定也比较复杂，所以一般都做成梁式结构。大型飞机的安定面，翼展较大而厚弦比较小，如果采用梁式结构，会造成结构重量大、抗弯刚度不足等缺点，所以，一般做成多纵墙的单块式结构。

水平安定面有整体式和可分离式两种。后掠水平尾翼的左右安定面做成一个整体时，往往采用有坚固中央翼肋的结构型式；如果做成可分离式，则多采用有坚固侧边翼肋的结构型式。图 5-73 所示为现代民航大型客机水平安定面的典型结构。

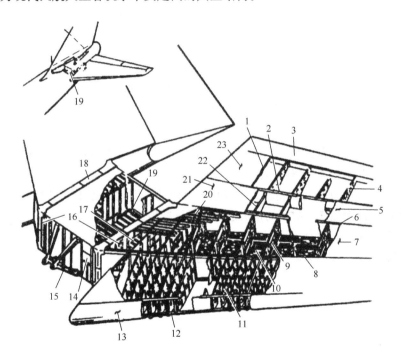

图 5-73　水平安定面结构

1—玻璃纤维蜂窝结构　2—升降舵铰链　3—玻璃纤维蜂窝结构后缘　4—铝合金梁和翼肋　5—固定后缘　6—翼肋
7—后梁　8—前梁　9—钣金件翼肋　10—水平安定面外侧段　11—辅助梁　12—可拆卸前缘　13—开式接近孔
14—作动筒接头　15—蒙皮板件　16—铰链　17—可拆卸板　18—蒙皮接合板　19—水平安定面中央段
20—加强条　21—铝蜂窝结构　22—铰接翼肋　23—内侧升降舵

垂直安定面有的与机身做成一体，有的是可拆卸的。"十"字形配置的尾翼，垂直安定面通常做成上下两部分，并由翼梁上的接头连接起来。

2. 舵面的构造和连接

方向舵和升降舵的构造与副翼基本相同，一般都采用没有桁条的单梁式结构。图 5-74 所示为某型飞机升降舵构造。

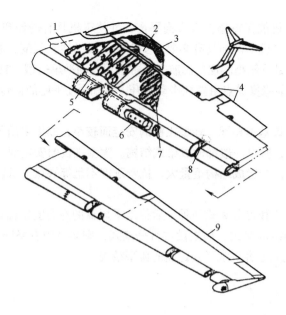

图 5-74　某型飞机升降舵构造

1—翼肋　2—加强片　3—蜂窝夹芯　4—升降舵调整片　5—梁
6—配重　7—带齿加强片　8—接近舱口盖　9—后缘

3. 舵面与安定面的连接

方向舵与垂直安定面的连接接头通常多于两个。当垂直尾翼被水平尾翼分隔为上下两部分时，上下两个方向舵的转轴是用万向接头连接的。

低速飞机上，左右升降舵的转轴大多是呈一直线的。因此，往往将它做成一个整体，并用几个接头与水平安定面相连，中间的接头通常与操纵臂做成一体。

后掠水平尾翼两个升降舵的转轴不呈一直线，所以左右升降舵只能各自用两个以上的接头连接在水平安定面上。左右升降舵的转轴有的用万向接头连接，有的则分别与操纵机构的两根转动杆相连。

5.5　飞机结构装配

5.5.1　飞机结构连接技术

飞机结构的连接技术有比较传统的机械连接（铆接、螺接）和焊接，还有发展较快的胶接技术。传统的机械连接技术在连接件（铆钉、螺栓）的结构型式、制作材料和安装工艺等各方面也都有新的改进。

1. 飞机结构的机械连接

通过紧固件将飞机结构件组装起来的连接可分为可拆卸型连接和永久型连接两大类。完成可拆卸型连接的紧固件有螺钉和螺栓等，完成永久型连接的紧固件有铆钉和高锁螺栓等。

（1）铆接

1）铆接的连接形式。常见的铆接形式有对接、搭接和角接，如图 5-75 所示。

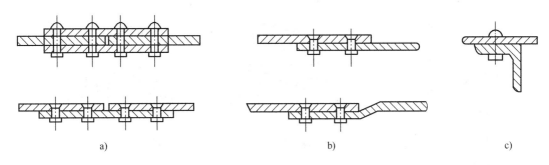

图 5-75　铆接的几种连接形式

a）对接　b）搭接　c）角接

2）铆钉承力及破坏形式。铆钉在传递载荷的过程中主要是承受剪切载荷。如果承受的剪切载荷过大，可能发生的破坏形式主要是铆钉剪切破坏和连接件铆钉孔处挤压破坏，如图 5-76a～c所示。

铆钉剪切破坏时，钉杆轴线在剪切面处发生剪切错动，出现明显剪切凹痕，甚至从剪切面处剪断。连接件在铆钉孔处挤压破坏时，铆钉孔变成椭圆形，铆钉连接发生松动。

（2）螺栓　螺栓主要用来承受和传递较大的集中载荷。在传递载荷的过程中，有的螺栓以承受拉伸力为主，有的螺栓以承受剪切力为主，还有的既承受拉伸力也承受剪切力。

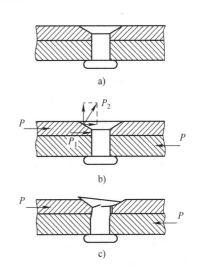

图 5-76　铆钉在剪切载荷作用下的受力和变形

1）采用干涉配合。对于以承受剪切力为主来传递载荷的承剪螺栓来说，螺杆和螺栓孔之间要采用过盈配合，以保证螺杆和孔壁形成足够的挤压面积。在现代民用飞机结构中，连接铝合金结构件的不可拆卸的承剪螺栓——高锁螺栓和锁螺栓都采用了干涉配合，只要干涉量符合要求（1/1000～4.5/1000in），对提高疲劳寿命都能起到很好的作用。

2）为防应力腐蚀进行密封。对于以承受拉伸力为主来传递载荷的抗拉螺栓来说，螺栓与结构的连接采用间隙配合形式。连接铝合金结构件的抗拉螺栓，强度都较高 [达到或超过1372MPa（140kgf/mm^2）]，传递载荷时又要承受较大的拉应力，如果间隙中有腐蚀介质，就会产生应力腐蚀。为了避免这种现象的发生，在安装这种高强度钢螺栓时，必须在孔壁、螺栓头下面和螺母下的垫圈两侧施加密封剂，防止腐蚀介质进入螺杆和孔壁之间。

3）采用预载指示垫圈。在安装高强度的抗拉螺栓时，为了提高疲劳寿命，应将螺母拧紧到要求的程度，以对螺栓施加预紧的拉应力。在螺母（或螺栓头）下使用预载指示垫圈可以对螺栓进行定力。预载指示垫圈是由内环、外环和两个普通的平垫圈组成的，内环比外环略高，如图 5-77 所示。安装螺栓时，将预载指示垫圈放在螺母的下面，在拧紧螺母的过程中，内环不断地被压缩，直至与外环齐平。此时，用工具拨动外环，外环不再转动，说明螺母已拧紧到要求的程度，螺栓定力结束。

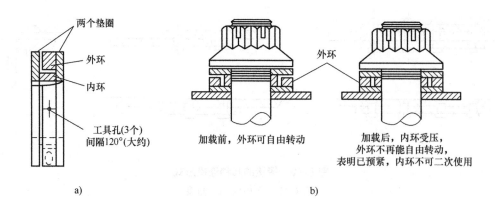

图 5-77　预载指示垫圈

a）加载前状态　b）典型安装情况

　　用预载指示垫圈进行定力时力矩精确，使用方便，定力矩的准确性也不受装配条件（如湿装还是干装等）影响。通常在螺栓上的预载为螺栓屈服强度的 72%。

　　如果是从螺栓头端拧紧螺栓，预载指示垫圈的两个平垫圈中的一个要用倒角垫圈，并将这个垫圈紧靠着螺栓头的底面放置。对于承受拉伸交变载荷的螺栓，施加预紧力可以使螺栓承受的交变载荷的幅值大大地降低，从而提高疲劳强度。

　　2. 胶接

　　（1）胶接在飞机结构中的应用　　在飞机结构中，使用胶接的结构包括：蒙皮类胶接壁板（如机翼壁板、机身壁板、尾翼壁板等）、梁、肋类胶接件（如翼梁、翼肋、油箱隔板和机身隔板等）和蜂窝结构胶接件。采用胶接的材料包括：金属材料胶接结构、复合材料胶接结构和金属 - 复合材料胶接结构。

　　胶接可与其他连接方式联合使用，如胶 - 铆连接方式、胶 - 螺连接方式和胶 - 焊连接方式。这些连接方式可以发挥胶接和其他连接方式各自的优点，从而提高连接结构的抗疲劳性能。胶接可以避免或减少在连接结构上钻孔，使连接均匀化并有减摩的作用，可提高结构的疲劳寿命；而铆钉、螺栓或焊点可以有效地阻止胶层损伤的扩展，使胶接具有破损 - 安全的特性。

　　（2）胶接技术的优缺点　　胶接具有以下优点：

　　1）提高连接件的承压能力。胶接将铆接、螺接等的点连接形式变为面连接形式，避免了连接件受压时在连接点之间可能出现的失稳破坏，提高了连接件的承压能力。

　　2）减轻结构重量并提高结构的疲劳强度。胶接不需要在被连接的结构件上钻孔，不会产生孔边的应力集中；也不需要对被连接的结构件加热，造成焊接的热影响区，削弱被连接材料的强度。所以，胶接有利于减轻结构重量和提高疲劳强度。

　　3）表面平整光滑，气密性好。胶接结构件表面平整光滑，用于飞机的表面结构，可以形成理想的气动表面，减小摩擦阻力。另外，胶接结构件也具有良好的密封性，可用于有气密、油密或水密要求的结构。

　　胶接技术也存在一些问题，主要是胶接结构件的抗剥离强度低、工作温度低、制作工艺复杂。胶接结构件的质量要受到加工过程中各种因素（如加热温度、加压的压力等）的影响，不容易得到保证。

5.5.2 飞机部件连接

1. 机翼与机身连接

按有无机翼通过机身、机翼与机身的连接型式可分为有机翼通过机身和左右机翼连于机身两侧的两种型式。

（1）有中央翼的机翼连接 有机翼通过机身的连接型式又可分为机翼与机身隔框为各自独立结构的连接和中央翼梁与机身隔框为整体结构的连接。

1）机翼与机身隔框为各自独立结构的连接。当机翼与机身隔框为各自独立结构时，从原则上说带中央翼的机翼靠4个铰接接头就能将机翼的剪力、扭矩和弯矩传给机身。

图5-78所示为某型民航飞机的机翼与机身的连接型式。机翼以嵌入形式插到前、后两个机身隔框之间，通过4个空心销将机翼的前、后梁与隔框连接起来。空心销是典型的铰接接头，构造简单，易于安装。

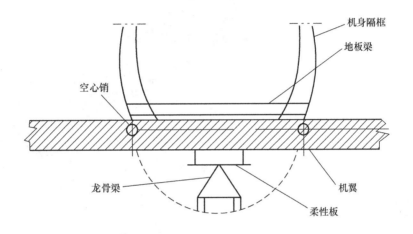

图5-78 机翼与机身隔框独立时的连接型式

这种设计允许翼梁与隔框各自独立变形，机翼阻力和发动机推力主要通过机身下方的机身龙骨梁传给机身。龙骨梁上的柔性板能在机翼弯曲时承受弯曲引起的力。

2）中央翼梁与机身隔框为整体结构时的连接。中央翼梁与机身隔框为整体结构是指将机翼中央翼盒的梁设计制造成为机身加强隔框的一部分，做成整体结构主要是为了减轻结构重量。

图5-79所示为B737和B747的隔框设计。其上半部是隔框的主要部分，它把机翼的剪力传到机身壳体上。隔框的下半部由中央翼梁及其向下延伸部分组成，延伸部分是次要结构。上、下两部分别用螺栓连成整体。这种机翼与机身的连接型式应用较为广泛。

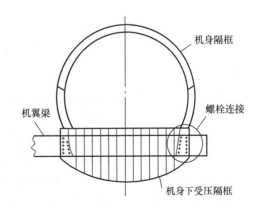

图5-79 中央翼梁与机身隔框为一整体时的连接型式

（2）无中央翼的机翼连接

当无机翼通过机身时，左、右机翼与机身两侧的连接有集中式连接和分散式对接两种型式。

1）集中式连接。集中式连接只需要少数几个连接接头。机翼与机身以集中式连接型式在机身侧边对接时，至少要有一个固接接头和一个铰接接头。梁式机翼都采用集中式连接的型式来连接。

如图 5-80 所示，耳片垂直（螺栓水平）放置的梁式翼面对接接头，垂直剪力和垂直弯矩靠螺栓受剪传力，水平剪力靠耳片受挤压传力，水平弯矩也靠螺栓受剪传力。

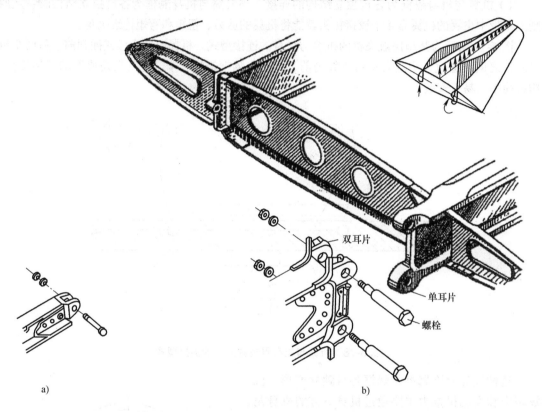

双耳片

单耳片

螺栓

a）   b）

图 5-80　集中式连接

a）铰接接头　b）固接接头

为了在根部将蒙皮传来的扭矩由集中式接头传走，必须设置根部加强肋，将翼盒横截面上封闭区域的单向剪流形成的扭矩转化成一对垂直力偶传给翼梁腹板，然后连同翼梁腹板中原来的剪力一起通过与缘条和接头牢固连接的加强垫板、加强支柱或角盒传到上下叉耳接头的耳片上，再由螺栓受剪向机身接头传递。如果对接耳片水平放置，螺栓垂直，则垂直剪力靠耳片受挤压传递，这时，须在上下水平耳片之间配置加强筋来提高耳片在垂直方向的刚度。垂直弯矩、水平剪力和水平弯矩均由螺栓受剪传力。为了传递扭矩，应用水平方向的加强垫板和加强支柱将上下蒙皮与对接接头的水平耳片牢固连接，扭矩便通过加强肋上下缘条转化成一对水平力偶传递到接头上。因此，耳片的传力性质取决于耳片的方向：耳片平面方向的刚度大，因此能够传递位于其平面内的载荷，传力时螺栓受剪；垂直于耳片方向，耳片刚度小，只能靠耳片直接受挤压传递载荷。

由于这种单传力途径的静定连接方式不具有破损安全特性，一旦固接接头破坏，后果将是毁灭性的，因此现代飞机均采用多接头分散式对接。

2）分散式对接。单块式机翼是靠上下壁板中的分散轴力传递弯矩，为适应这种结构型式的传力特点，机翼对接应采用分散式对接接头。分散式对接型式主要有梳状型材接头围框对接、多个单接头围框对接等。

① 梳状型材接头围框对接。典型的梳状型材接头围框对接如图 5-81 所示，翼面壁板上的蒙皮和桁条首先与机加工的刚性梳状接头采用受剪切的螺接和铆接形式进行连接。梳状接头与壁板连接段通常采用变截面设计，以达到刚度渐变的目的，减小机加工梳状接头与薄壁壁板结构的刚度突变，从而减小连接区的应力集中，减轻结构重量。机翼和机身的梳状接头通过多个预加张力的螺栓进行对接，螺栓展向放置，梁缘条也通过受剪螺栓连接在梁缘条接头上。梳状接头与梁缘条接头搭接。连接螺栓均安装在对接梳状接头的展向螺栓槽内。机翼梁腹板和对接端腹板均设有加强立柱，通过螺栓将立柱及腹板连为一体。

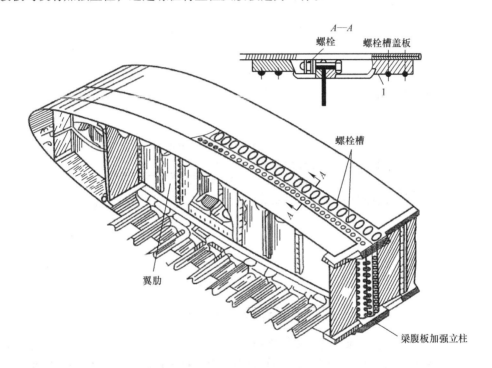

图 5-81 梳状型材接头围框对接

② 多个单接头围框对接。多个单个接头围框对接形式，沿翼面对接剖面设置许多单个接头。每个单个接头与壁板的蒙皮和长桁通过受剪螺栓连接。两翼段的相应接头通过受拉螺栓对接。这种对接形式的轴力和剪力传递与梳状型材接头围框对接相同。与梳状型材接头围框对接相比，其装配工艺性好，接头便于加工和装配，结构简单；但多个接头连接结构传递扭矩能力差，只有在两翼段的对接接头间设置一个板状加强肋，以对接螺栓受剪传递扭矩，从而造成该种接头形式结构质量增大。

2. 尾翼与机身连接

尾翼与机身的连接和机翼与机身的连接没有根本的区别，因为尾翼与机身连接接头上的承力构件所承受的载荷与机翼是一样的。与机翼连接的接头一样，尾翼固定接头的结构在很多方面取决于尾翼的型式、位置、结构受力型式，以及机身的布局和受力情况。

　　3. 起落架连接

　　前三点式配置的飞机起落架，通常其前起落架固定在前机身上，两个主起落架则分别固定在左右机翼上。有时当机翼位置较高时（如上单翼飞机），其主起落架也可布置在机身上。

　　（1）前起落架连接　　前起落架通常固定在机身加强隔框和（或）纵梁上。通常采用起落架舱固定起落架支柱、作动筒、撑杆和锁机构。起落架舱由垂直腹板、水平加强板和两端的机身加强隔框组成。在起落架舱的开口周围用加强构件加强，如开口小时用型材加强，开口大时用梁或强度高的横梁加强。

　　图 5-82 所示为某型飞机前起落架与机身连接处的结构布置。它是由相互连接的两个纵梁、梁两端的两个加强框以及加强板组成的。纵梁由上下冲压缘条、腹板、垂直支柱、斜向型材和垂直型材组成。纵梁通过型材固定在机身加强隔框上。纵梁上固定有前起落架支柱和撑杆的固定接头。

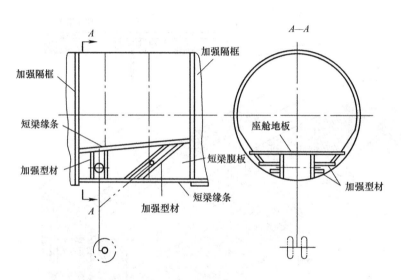

图 5-82　前起落架与机身连接

　　（2）主起落架连接　　主起落架通常安装在机翼靠近翼根的部位。位于机翼的主起落架是通过其减振支柱上的前 / 后轴颈、侧撑杆和阻力撑杆与机翼和机身相连接，如图 5-83 所示。

　　减振支柱上端的后轴颈接头与主起落架支撑梁上的接头座用球轴承连接，如图 5-83a 所示。减振支柱上端的前轴颈接头通过一个轴颈连杆与机翼后梁上的接头连接；主起落架支撑梁的一端通过连杆与机身加强隔框上的接头相连；其另一端与机翼后梁上的接头相连。与减振支柱相连的阻力支柱通过轴颈叉形接头与机翼后梁上的轴承座连接，如图 5-83b 所示。移动梁和收放起落架的作动筒的一端与起落架支撑梁连接在一起，如图 5-83c 所示。主起落架侧撑杆的上端与机身接头相连，其下端与减振支柱壳体通过接头相连，如图 5-83d 所示。

　　某些飞机在阻力支柱与机翼结构连接的部位设置了安全剪切销，如图 5-84 所示。当飞机滑跑时，如果机轮撞上较大的障碍物，则起落架安全剪切销断开，起落架向后收起，防止过大的冲击载荷导致刚性很大的起落架撕裂机翼和机身的连接结构。

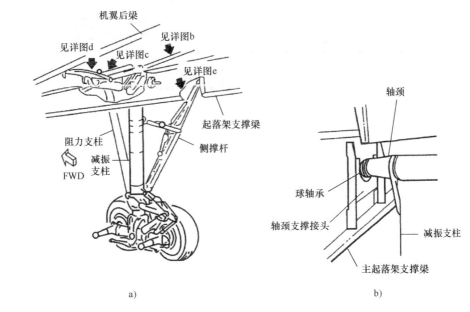

a)

b)

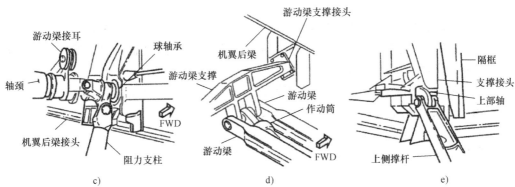

c)   d)   e)

图 5-83 主起落架连接

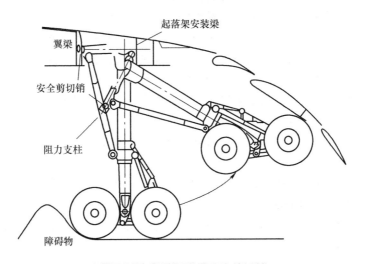

图 5-84 起落架连接安全剪切销

第6章

飞机液压系统

6

6.1 液压系统概述

6.1.1 液压系统特性

随着现代飞机飞行速度及机动性能的提高，舵面载荷增大，舵面角速度需求提高，通过人力操纵远远不能满足要求。因此飞机上采用液压、气压和电力传动。其中液压传动是应用最多、最广泛的。

1. 液压系统的特性

1）液压传动以液体压力能作为传递能量的介质，而且必须在封闭的容器内进行。

2）为克服负载，必须给油液施加足够大的压力，负载越大，所需压力也越大。压力取决于负载（包括外负载和油液的流动压力损失）。

3）要完成一定的传动动作，仅利用油液传力是不够的，还必须使油液不断地向执行机构运动方向流动，流量越大，活塞的运动速度越大。输出速度取决于流量。

4）液压传动的主要参数是压力 p 和流量 Q。

5）液压传动中的液压功率等于压力与流量的乘积。

2. 液压系统的组成

一个复杂的液压系统包括大量的液压元件，液压元件按照功能可划分为以下四类：

动力元件——把机械能转换成液体压力能的装置，最常见的形式是液压泵。

执行元件——把液体压力能转换成机械能的元件。

控制元件——对系统中液体压力、流量或流动方向进行控制或调节的元件。

辅助元件——上述三部分以外的其他元件，如油箱、过滤器、导管等。

液压系统按照供压和用压可分成液压源系统和工作系统。

1）液压源系统主要为工作系统提供压力，也称供压部分，可为工作系统提供一定压力和流量的油液，主要包括液压泵、油箱、蓄压器、安全活门、过滤器等。

2）工作系统，也称用压部分，是利用液压源系统的液压能完成一定工作任务的系统，主要包括控制元件和执行元件。

飞机液压系统就是液压源系统，用于储存液压油，向工作系统提供一定流量和压力的清洁油液，保证工作系统正常可靠地工作。

飞机的工作系统非常多，液压系统相对比较复杂，为了提高飞机的安全裕度，一般都包括多个液压源系统，如图6-1所示。

6.1.2 典型飞机的液压系统

为了保证安全可靠供压，现代飞机上一般都有多个独立的液压源系统。双发飞机，如波音737系列和空客320系列，一般有三个独立的液压源系统。而四发飞机，如波音747具有四个独立的液压源系统。

图6-1所示为波音737飞机的液压系统，从图中可以看出，整个系统有三个液压源系统，分别是A系统、B系统和备用系统。每个独立的液压系统都具有单独的液压元件，可以独立地向工作系统提供压力。

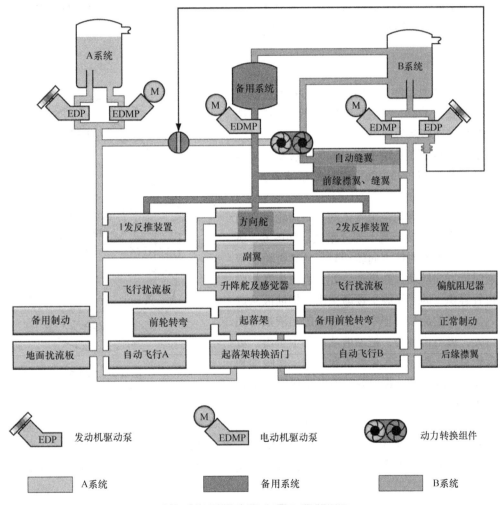

图6-1 波音737飞机的液压系统

主液压系统（A系统和B系统），给飞机提供正常的液压动力。A系统和B系统组成部件相似，系统压力源均来自于发动机驱动泵（Engine-Driven Pump，EDP）和电动机驱动泵（Electric Motor-Driven Pump，EMDP）。A系统和B系统的EDP分别位于左发（1号发动机）、右发（2号发动机）的附件齿轮箱上，分别由左、右发动机带动。EMDP位于主起落架舱前壁板中部，由115V三相交流电动机驱动，EDMP与主液压泵EDP是并联工作的，可同时向液压系统提供压力。对于双发飞机，为了确保单发停车时液压系统供应可靠性，EMDP采用对侧发动机的发电机供电。

两主液压系统通过动力转换组件（PTU）连接，当 B 系统的 EDP 出口压力低于正常值时，动力转换组件向前缘襟翼和缝翼提供备用压力，增加飞机的安全裕度。

备用系统动力来源是一个 EDMP，为 A 系统和 B 系统提供备用压力。在飞机有需求的情况下，为双发反推装置、备用方向舵作动器和前缘装置提供液压动力。

6.2 液压动力元件

如图 6-1 所示，飞机液压系统中，动力元件主要有发动机驱动泵、电动机驱动泵、动力转换组件，有的飞机上还装有手摇泵、冲压空气涡轮泵。

6.2.1 液压泵

液压泵是动力元件，它的作用是向系统提供一定压力和流量的油液。从能量转换的观点来说，液压泵是把机械能转换为液压能的装置。

在现代飞机液压系统中，中低压系统多采用齿轮泵，高压系统 17 ~ 35MPa 一般采用柱塞泵。

1. 常用液压泵类型

（1）齿轮泵　齿轮泵由壳体和一对齿轮（主动齿轮和从动齿轮）两个基本部分组成。如图 6-2 所示，当主动齿轮顺时针方向转动时，从动齿轮被带着按逆时针方向转动。在进油口处，齿与齿互相脱开，齿谷容积（即工作腔）逐渐空出，把油液从进口吸入。在齿轮旋转过程中，齿谷中的油液被带到排油口处，齿与齿啮合，把油液从齿谷中挤出。可见，齿轮每转一圈，所有齿谷依次完成一次吸油和排油，齿轮连续转动，齿轮泵就不断地供给系统具有一定压力的油液。

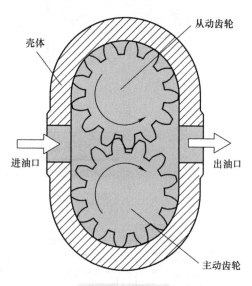

从动齿轮

壳体

进油口

出油口

主动齿轮

图 6-2　齿轮泵

由于各个齿谷与壳体形成固定的密封腔，齿轮泵只能作为定量泵，具有结构简单紧凑、体积小、质量小、工艺性好、价格便宜，自吸力强、对油液污染不敏感、转速范围大、能耐冲击性负载，维护方便，工作可靠等优点。但齿轮泵也有效率低、互换性差、受力不平衡、磨损不易修复等缺点。

（2）斜轴式柱塞泵　斜轴式柱塞泵，在飞机上采用比较多的是双铰式。它通过改变转子倾角的方法自动调节供油量，如图 6-3 所示。

斜轴式柱塞泵由壳体、传动装置、供油装置和调节装置组成。供油装置与传动轴呈一定的倾角，中间通过万向轴连接。发动机转动时，带动转子转动，柱塞在转子中做往复运动。当柱塞运动到分油盘的进油槽时，柱塞被拉出，柱塞孔容积扩大，形成负压，吸进油液；当柱塞运动到排油槽时，柱塞被压入柱塞孔，容积减小，排出油液。转子每转一圈，所有的柱塞依次完成一次吸油和排油，转子不断地转动，液压泵连续不断的吸油排油。

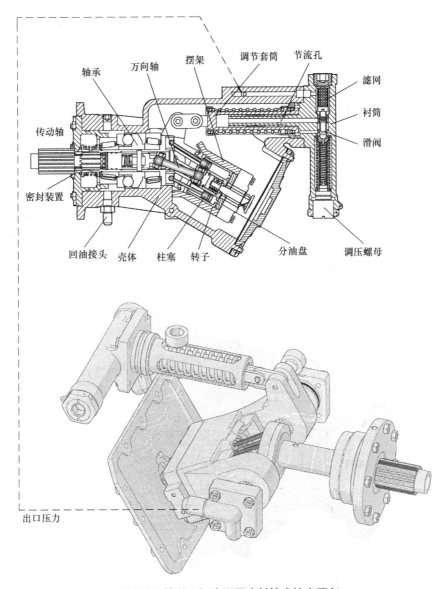

图 6-3 某型飞机液压泵（斜轴式柱塞泵）

当液压泵的出口压力较小时，滑阀在调压弹簧作用下处于上端位置，调节套筒的工作腔与回油路相通，调节套筒在弹簧作用下使转子保持最大倾角，于是液压泵处于最大供油状态。

当液压泵的出口压力增大到一定值时，油液压力推压滑阀下移而打开节流孔，高压油液进入调节套筒内腔，使调节套筒向左移动，带动摆架转动，使泵的供油量逐渐减小。

当液压泵的出口压力增大到最大压力时，转子的倾角接近于零，流入调节套筒内腔的油液全部经小孔流出，而油液通过小孔的压力损失形成的内外压差作用力与弹簧力相平衡，使液压泵保持在卸荷状态。

斜轴式柱塞泵有以下工作特点：

1）斜轴式柱塞泵的柱塞通过连杆与转轴法兰盘用球窝连接。连杆传给法兰盘的轴向分力和径向分力分别由转轴推力轴承和径向轴承承受，而周向分力形成的力矩由转轴输入力矩平衡。

万向轴仅克服转子摩擦力矩，保证转子和转轴同步旋转。由于连杆只承受轴向力，柱塞和缸体只作用有很小的侧向力，因而改善了柱塞和缸体的工作条件，磨损轻，泄漏少，寿命长。但为容纳摆动的缸体，斜轴式柱塞泵具有较大的体积，而且由于摆动的缸体质量大，限制了泵对负载流量的响应能力。

2）由于分油盘处于摆架内，所以分油盘到液压泵进出油口的连接须经过摆架转轴，且采用旋转密封，结构较复杂。

3）转子最大倾角受调节套筒行程限制，改变调节套筒垫片厚度可改变转子最大倾角，从而调整最大供油量。

（3）斜盘式柱塞泵　图 6-4 所示为斜盘式柱塞泵的结构简图。柱塞沿轴向均布在转子上，并能在其中自由滑动，斜盘（倾角为 θ）和分油盘固定不动，传动轴带动转子和柱塞旋转，柱塞在油液压力作用下（或靠机械装置）始终紧靠在斜盘上。当转子按图示方向旋转时，柱塞在自下而上回转的半周内逐渐向外伸出，密封工作腔容积不断增大而产生真空，油液便从分油盘的进油槽吸入；柱塞在自上而下回转的半周内又逐渐往里推入，将油液经分油盘的出油槽压向系统。转子转动一圈，每个柱塞往复运动一次，完成一次吸油和排油，转子不断地旋转，液压泵便连续地吸油和排油。

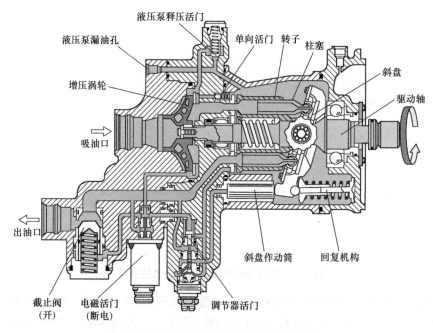

图 6-4　A320 飞机液压泵（斜盘式柱塞泵）

斜盘式柱塞泵有以下工作特点：

1）改变斜盘的倾角就可改变柱塞往复运动行程大小，从而改变泵的排量，实现变量控制。

2）改变斜盘的倾角来变动流量所需控制力较大，一般用流量调节机构来实现。

3）柱塞转到分油盘进油槽和出油槽的交界处，工作腔被封闭，出现困油现象，会造成很大的噪声和机械危害。为减少危害，分油盘上开有卸荷槽。

2. 液压泵的性能参数

（1）理论排量　液压泵的理论排量是在没有泄漏的情况下，每转一周所排出油液的体积。

理论排量由泵的密封工作腔大小决定，一般用符号 q 表示。

（2）理论流量　液压泵的理论流量是在没有泄漏的情况下，单位时间输出的油液体积，用符号 Q_t 表示，有 $Q_t = qn$，其中 n 是液压泵的转速。

（3）额定流量　液压泵额定流量是在额定转速下、处于额定压力状态时的流量。由于液压泵总存在内漏，因此额定流量总小于理论流量。

（4）液压泵的压力 - 流量特性曲线　泵的压力 - 流量特性曲线可由试验测定，在一定转速条件下，一般如图 6-5 所示。该曲线由两段组成，ab 段基本为直线，斜盘角度保持最大，压力 - 流量特性取决于泄流损失。因漏油量与压力成正比，故流量随压力升高而直线下降。b 点压力称为全流量压力。bc 段曲线除与泄流有关外，主要取决于供油量调节特性。压力增大时，斜盘角度和流量迅速减小。斜盘角度减小到某一值时，理论排量等于漏油量，压力达到最大。该压力称为零流量压力。在使用中，c 点压力也称最大压力。

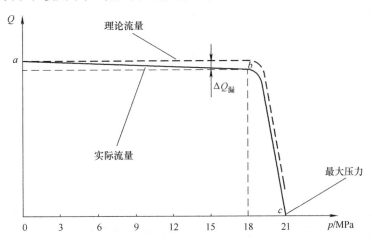

图 6-5　液压泵的压力 - 流量特性曲线

6.2.2　动力转换组件

动力转换组件（PTU）是一种特殊形式的液压泵，它实际上是一个共轴的液压马达和液压泵的组合件。利用一个液压源系统的液压驱动 PTU 中的液压马达转动，液压马达带动液压泵转子转动，从另一个液压系统油箱吸油，增压后向系统供油。在两系统油液不串通的情况下，实现了一个系统向另外一个系统提供动力。

图 6-6 所示为波音 737 液压系统 PTU 工作原理图。它是由一个固定排量的液压马达和固定排量的液压泵组成的。在起飞和着陆过程中，当B 系统 EDP 出口压力低，A 系统的压力通过控制阀驱动马达带动液压泵增压，给前缘襟翼和副翼提供备用动力（图 6-1）。

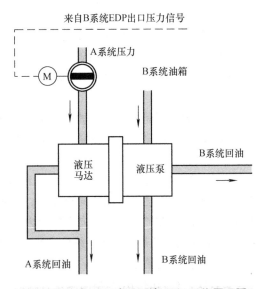

图 6-6　波音 737 液压系统 PTU 工作原理图

大多数现代飞机上的 PTU 都是单向作用的，但也有双向作用式 PTU，如 A320 飞机液压系统 PTU，一边是可变排量装置，另一边是固定排量装置，可以互为液压马达和液压泵，实现双向作动。

6.2.3　冲压空气涡轮泵

冲压空气涡轮泵（RAT）用于提供应急压力源以作动飞行操纵系统，也可以作为应急电力源。在正常情况下，RAT 是收进的，飞行中当满足某些条件时，可以自动放出。RAT 也可以人工放出。

图 6-7 所示为 A320 飞机冲压空气涡轮泵。收放作动筒用于收放冲压涡轮组件。它是单向作用式作动筒，依靠弹簧力放出，依靠液压力收进，其内部有一个机械锁，使其保持在收进位。应急工作时，冲压涡轮作动筒内部的机械锁打开，在弹簧力的作用下放出冲压涡轮组件。当冲压涡轮组件放出后，飞机飞行中的冲压空气驱动冲压涡轮转动，从而带动液压泵转子转动。

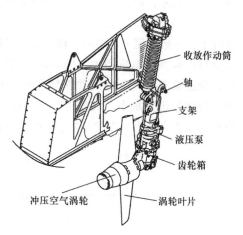

收放作动筒
轴
支架
液压泵
齿轮箱
冲压空气涡轮
涡轮叶片

图 6-7　A320 飞机冲压空气涡轮泵

6.3　液压控制元件

液压系统中油液流动的方向、压力和流量是需要控制和调节的。完成这些控制和调节作用的是液压控制元件，通常称为液压控制阀。液压控制阀的功用多种多样，其种类名目繁多，性能和构造也各式各样。按其功用不同可分成方向控制阀、压力控制阀和流量控制阀三大类。

6.3.1　方向控制阀

方向控制阀的功用是控制液流的通、断和改变液流的方向或通路。这类阀有单向阀和换向阀两种类型。单向阀可分为普通单向阀、液控单向阀、机控单向阀等，换向阀可分为手动阀、液动阀、机动阀、电磁阀和液压电磁阀等。飞机液压系统中以液压电磁阀应用最多。

1. 单向阀

单向阀的功用是使液流只能沿一个方向流通而不得反流，因而要求它在"流通"方向上阻力很小，而在反方向上密封性很好，并且动作要迅速、灵敏，工作时无撞击及噪声。

（1）普通单向阀　普通单向阀常用的有钢球式和锥阀式两种。如图 6-8 所示，它们都由阀芯（钢球或锥体）、弹簧、阀体等组成。油液在"流通"方向上（如图示由左向右）流过时能推开阀芯而通过，当油液企图反向流过时，阀芯在弹簧力及油压力作用下紧压在阀座上，截断了通道。为了减小在"流通"方向上的阻力，压紧阀芯的弹簧要尽可能软（能克服阀芯摩擦阻力即可）。需要注意的是，液压系统中有些地方要用背压阀或安全阀，它们的作用是造成某些管路内一定的压力，是属于压力阀一类。有些背压阀或安全阀的构造型式与普通单向阀的类似，但是弹簧较硬，它们的功用与单向阀是有区别的。

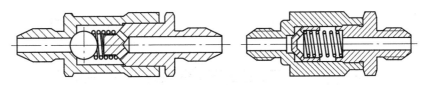

图 6-8　单向阀的结构简图

　　钢球式单向阀结构简单、制造方便，但在长期使用中钢球表面与阀座接触处易于磨损而出现凹痕，在钢球发生转动后，该处容易出现渗漏而失去密封性。而锥阀式单向阀阻力较小，密封性好。

　　（2）液控单向阀　图 6-9 所示为液控单向阀的结构，与普通单向阀不同之处是多了一条控制油路 K。其工作特点是：当控制油路 K 没有压力时就像普通单向阀一样工作，即油液从 B 口到 A 口为通路，而反向不通；当控制油路 K 来油时，将活塞向右推，顶杆推开阀芯，由 A 口到 B 口就成为通路，使油液反方向也能通过。

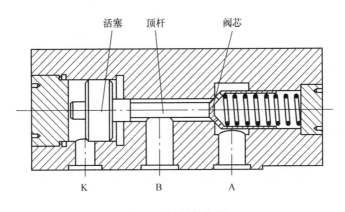

图 6-9　液控单向阀

　　飞机液压系统中液压锁就是一个液控单向阀，其功用是将作动筒的活塞锁定在某一位置上。如图 6-10 所示，锁定的方法是用单向阀使作动筒的一个腔（与图中油口 D 相连）的油液只能流进而不能流出，将该腔油液封闭起来。当需要活塞反向运动时，进入作动筒另一腔的高压油液同时进入液控单向阀的控制油路（即图中油口 C），由顶杆打开单向阀，使被封闭腔的油液经油口 D、单向阀，从油口 A 流出回油，活塞便反向运动。例如，起落架收放作动筒的液压锁，当起落架放下后即封闭放下腔内的油液，以防止作动筒的机械锁损坏时，在飞机滑行或停放过程中将起落架收起。

　　图 6-10 所示液压锁的油口 B 一般与应急管路相连，当液压系统发生故障后，应急能源由该管接头进入，从油口 D 输出，使作动筒应急工作。

　　（3）机控单向阀　图 6-11 所示为机控单向阀的一种型式，它由一个普通单向阀加一根顶杆组成。在弹簧作用下，顶杆端面与钢球表面有一定间隙 δ，此时就像普通单向阀一样，油液仅能从油口 B 流向油口 A，但当顶杆在外部机械力作用下向左移动 δ 距离后，就会顶开阀芯，这样，油液可从油口 A 流向油口 B。飞机上常用这种阀来解决收上起落架和关闭轮舱盖先后顺序的协调问题，故它也称为协调活门。

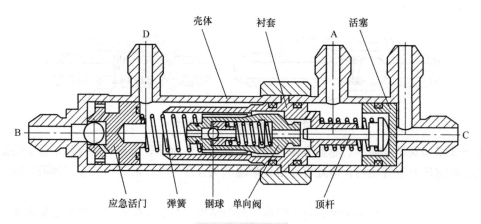

图 6-10　液压锁

这种协调活门上还有一个油口 C，它与系统的回油路相连，其作用是防止当单向阀不密封而漏油时轮舱盖先于起落架部分地收起，从而避免在起落架收上过程中损坏机件，有了油口 C 就可使漏过单向阀的油液流回油箱。顶杆左移打开单向阀时，会同时将油口 C 堵住，从而切断回油路。

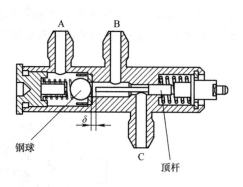

图 6-11　机控单向阀

2. 换向阀

换向阀用来变换液压系统中液流的方向，它可以按预定的信号使执行机构的油路换向，从而实现执行元件的正向或反向运动。换向阀按其结构可分为转动型和移动型两类。转动型换向阀操纵力矩较大，密封性差，一般都用手操纵，多用于早期飞机的液压系统。移动型换向阀操纵省力，对油液的污染不太敏感，易于实现多通路、远距离自动控制，且工作可靠。

（1）滑阀式换向阀的类型及工作原理　滑阀式换向阀按阀芯的可变位置数可分为二位和三位，按主油路进、出油口的数目又可分为二通、三通、四通、五通等。根据改变阀芯位置的操纵方式不同，换向阀可分为手动换向阀、行程换向阀、电磁换向阀、液动换向阀和电液换向阀。

滑阀式换向阀是靠改变阀芯在阀体内的相对位置来变换油流方向的。如图 6-12 所示，阀体孔有五条环槽，每条环槽均有通油孔，P 为进油口，A、B 为工作油口，O 为回油口。阀芯是有三个凸肩的圆柱体，阀芯与阀体相配合，并可在阀体内轴向移动。当阀芯处于图 6-12a 所示位置时，油口 P 通 B、A 通 O。此时，油液从 P 进入，经 B 输出，回油从 A 流入，经 O 回油箱；当阀芯处于图 6-12b 所示位置时，油口 P 通 A、B 通 O。此时，油液从 P 经 A 输出，回油从 B 经 O 回油箱，改变了油液流动的方向，进而改变执行元件的运动方向。

（2）液压电磁阀　图 6-13 所示的液压电磁阀有中立、收、放三个工作位置，四个通油接头，故称三位四通液压电磁阀。其工作原理如下：

当两个电磁铁均不通电时，钢球式先导阀在液压作用下分别被压到左、右阀座上，两个活塞的外侧工作腔都通来油路 A，配油阀芯在两侧弹簧作用下处于中立。工作管路 B、C 均与回油路 D 相通，液压电磁阀处于中立位置。

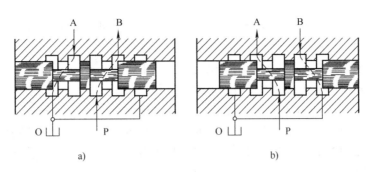

图 6-12　滑阀式换向阀

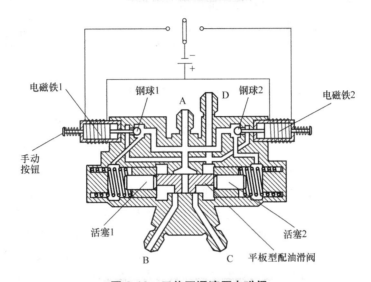

图 6-13　三位四通液压电磁阀

当左边电磁铁通电时，钢球式先导阀 1 关闭，活塞 1 的左腔与回油路 D 相通，在液压作用下，配油滑阀被推移至左端，于是管路 B 与来油路 A 接通，而管路 C 仍通回油路 D，液压电磁阀处于收的工作位置。如果此时电磁铁 1 断电，钢球 1 在液压作用下回到左端，活塞 1 的左腔又与来油路 A 相通，在恢复弹簧作用下，滑阀回到中位，液压电磁阀又处于中立位置。

电磁铁 2 通电或断电时的工作情况与上述类同，但方向相反。

这种液压电磁阀除了采用钢球式先导阀，还用平板型配油滑阀代替了圆柱型滑阀，其间隙能自行补偿，高温下内部泄流损失较小。平板型阀的缺点是摩擦力较大。

6.3.2　压力控制阀

压力控制阀是对系统的压力进行控制和调节，或利用压力的变化作为信号来控制其他元件动作的液压阀。压力控制阀简称为压力阀。利用油液作用在阀芯上产生的液压力和弹簧力相平衡是压力阀工作原理的共同特点。

按功能和用途，压力阀可分为溢流阀、减压阀、顺序阀等。

1. 溢流阀

溢流阀的主要作用是当液体压力超过某一规定值时，开启溢流以限制系统最高工作压力，或维持系统压力近于恒定。常用的溢流阀有直动式溢流阀和先导式溢流阀。

（1）直动式溢流阀　图 6-14 所示为直动式溢流阀。这种阀由阀体、阀芯、弹簧、调节手轮组成。下部的进油口与液压系统压力油路相通，右面的出油口与回油路相通，弹簧将锥形阀芯压在阀座上。当压力油路的压力超过规定值，便克服弹簧力，将阀口打开，向出油口溢流（压力）；当压力降下来后，阀口又关闭。这样便可将压力保持在规定值。拧动调节手轮，改变弹簧的作用力，可调整溢流阀控制的压力。阀芯上的阻尼孔在阀芯运动时起阻尼作用，防止阀芯振动。

直动式溢流阀的工作原理是将被控油液作用在阀芯上产生的液压力与弹簧力相比较，决定阀口的启闭及开度，从而控制系统的压力。调节弹簧的预紧力即可调节被控压力的大小。

直动式溢流阀构造简单，调压精度低，工作稳定性差，只适用于低压小流量系统。

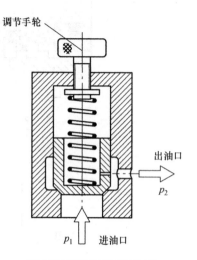

图 6-14　直动式溢流阀

（2）先导式溢流阀　图 6-15 所示为先导式溢流阀。这种阀由主阀和导阀两部分组成。进油口与压力油路相通，下面的出油口与回油路相通。在油路压力未达到规定值时，导阀、主阀在各自的弹簧作用下处于关闭状态，A 腔、B 腔、C 腔压力相等。当油路压力超过规定值但超过量不大时，导阀阀芯被推开，便有少量油液通过节流孔、导阀阀口、主阀阀芯的中心孔从出油口流出。这样，由于节流孔中有油液通过，便在主阀芯活塞的下腔 A 和上腔 B 之间形成压差，给主阀阀芯造成一个向上的力。但此力还不足以克服主阀弹簧的预压缩力，因此主阀还不能打开。当油路压力继续升高时，导阀开度加大，通过节流孔的流量加大，A 腔与 B 腔的压差加大，便可克服主阀弹簧的力，使主阀打开。油液便通过主阀阀口从出油口溢流，使油路压力降下来。当压力降到规定值时，导阀关闭，主阀芯活塞上下腔的压差消失，主阀也就关闭。这样，导阀起着感受压力变化的作用，主阀起着溢流的作用。这种溢流阀由于主阀利用活塞上下腔的压差来工作，因此也称为差动式溢流阀。通过调节手轮改变导阀弹簧的作用力，可改变整个溢流阀控制的压力。

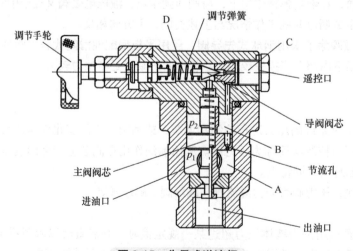

图 6-15　先导式溢流阀

如果从导阀前腔 C 向外开一个遥控口（去掉螺母即可形成遥控口），用导管连接一个远处的直动式溢流阀（相当于导阀），而将本身的导阀弹簧压到最紧位置，则此二级作用式溢流阀便成为遥控溢流阀，可用作远程控制。

（3）溢流阀的应用　溢流阀作为安全阀，常用于使用变量泵的液压系统，与变量泵并行连接。由于变量泵本身有流量自动调节机构，能使系统压力保持恒定，故正常情况下安全阀不起作用，处于常闭状态。只是在出现故障时，当系统压力升高到超过允许的最高压力，安全阀才打开，从而防止系统过载。安全阀控制的压力应该调整到系统允许的最高压力，通常高于系统工作压力 10%～20%。

溢流阀作为定压阀，常用于使用定量泵的液压系统，与定量泵并行连接。由于定量泵的流量不能随工作机构的需要而改变，因此它必须不断地通过溢流阀将超过工作机构需要的多余流量溢出，以保持系统压力基本恒定，在这种情况下，溢流阀控制的压力应该调整为系统的工作压力，它通过不断地溢流来保持这个压力，即溢流阀工作于常开状态。由于多余流量是在系统工作压力下溢流的，会造成较大的功率损耗并使油液发热，故这种定量泵 - 溢流阀恒定压回路只宜用于功率较小的系统。

2. 减压阀

当系统中某一部分或者某一组件工作压力小于系统压力源的压力时，就可使用减压阀。减压阀的作用就是降低液压压力，满足下游工作部件及系统的工作需求。常见的减压阀有定值减压阀和定差减压阀两种。

（1）定值减压阀　定值减压阀按结构和工作原理可分为直动式减压阀和先导式减压阀两类，常用的是先导式减压阀。

如图 6-16 所示，直动式减压阀主要由阀体、阀芯、弹簧、调节螺杆组成。其工作原理就是把阀后的压力引入到阀芯底部与弹簧力比较，从而控制阀口开度，保证阀后压力为调定压力。

当进口压力小于调定压力时，阀芯不动，阀口开度最大，几乎没有减压作用；当进口压力超过调

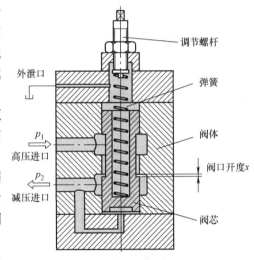

图 6-16　直动式减压阀

定压力时，阀芯在出口压力和弹簧预紧力的作用下开始上移，开口缩小，起到节流作用，出口压力小于进口压力。出口压力与弹簧预紧力有关，预紧力越大，出口压力就越大。因此，通过调节弹簧预紧力可以调节出口压力。出口压力随着进口压力和流量变化而略有变化。

直动式减压阀的输出压力较高或流量较大时，用调压弹簧直接调压，则弹簧刚度必然过大，流量变化时，输出压力波动较大，阀的结构尺寸也将增大。为了克服这些缺点，可采用先导式减压阀。如图 6-17 所示，先导式减压阀由主阀和导阀组成，主阀下面有节流孔，导阀是一个直动式溢流阀。油液经过主阀上的节流孔，再从导阀流出，主阀上下的压差与弹簧的预紧力平衡。通过调节导阀的打开压力可以控制出口的压力。先导式减压阀主阀的刚性较小，出口压力波动很小，调压准确。

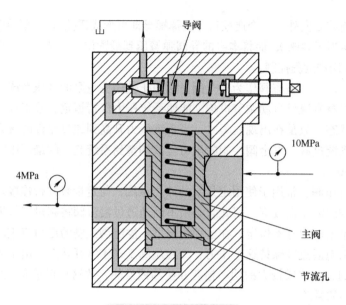

图 6-17　先导式减压阀

定值减压阀用在系统中，可以实现不同油压支路的并联。另外，减压阀具有稳定压力的作用，使分系统的压力不受压力源及其他并联油路的影响。

（2）定差减压阀　图 6-18 所示为定差减压阀。作用在阀芯弹簧的调定压力是由进口和出口分别作用在阀芯两端的压差来平衡的，所以阀口的开度仅受进、出口压差调节，从而保持进、出口压差为恒定。通常将定差减压阀与节流阀串联（图 6-19），构成调速阀（与可调节流阀配合）或恒流量阀（与固定节流阀配合）。

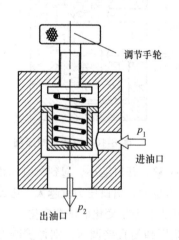

图 6-18　定差减压阀

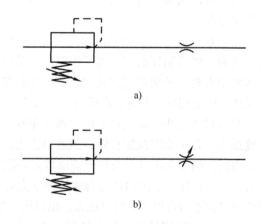

图 6-19　定差减压阀的应用

a）恒流量阀　b）调速阀

3. 顺序阀

这里介绍的是由压力控制的顺序阀。这种压力顺序阀是直接利用进口油路本身的压力来控制液压系统中各元件动作的先后顺序的液压元件，当进口压力升高到预调值时它才使油路接通，使后一个工作机构动作。如图 6-20a 所示，作动筒Ⅰ没有运行到底（起落架舱门未完全打开），系统的压力较低，顺序阀不能打开，作动筒Ⅱ没有压力（起落架不能放下）；如图6-20b所示，当作动筒Ⅰ运行到底（舱门完全打开）时，系统压力上升，系统压力升高到顺序阀的打开压力时，阀芯在液压力的作用下克服弹簧力而使阀芯向上移动，打开阀口，使作动筒Ⅱ开始运行（起落架开始放下）。通过弹簧可调整顺序阀的打开压力。

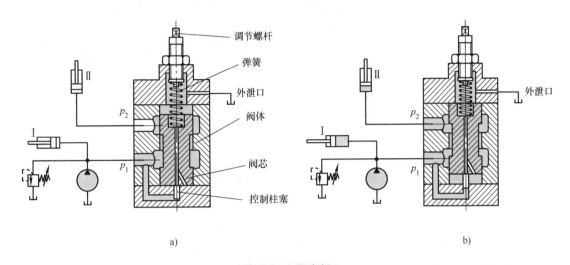

a) b)

图6-20 顺序阀

a）顺序阀关闭 b）顺序阀打开

先导式顺序阀可通过导阀控制主阀的开启，实现顺序控制，可以提高顺序阀的工作特性。

顺序阀与溢流阀非常相似，区别如下：

1）溢流阀出口接回油，顺序阀出口不一定接回油，其出口的压力随阀后负载而变化。

2）溢流阀弹簧腔的油液从内部流回到油箱，顺序阀弹簧腔的油液从外部回油。

3）为了减小高压时弹簧的受力，直动式顺序阀设置阀芯控制柱塞，阀芯设置中心孔，使阀芯上下腔的油液压力相等。

6.3.3 流量控制阀

流量控制阀用来调节和控制液压系统中的流量，以便控制执行元件的速度，简称流量阀。实现精确的流量控制时，流量控制阀通常要采用压力控制阀，使工作节流孔两边的压差保持恒定，从而使流过节流孔的流量保持恒定。

1. 带压力补偿的流量控制阀

要实现比较精确的定流量控制，应使节流孔两边的压差保持恒定，带压力补偿的流量控制阀便是基于这一原理。带压力补偿的流量控制阀有两种形式，图6-21a所示为常用型，图6-21b所示为旁路型。

常用型压力补偿流量控制阀由压力补偿阀和节流孔组成。压力补偿阀感受节流孔两端压差和调定的弹簧力，当负载流量变化或负载压力变化时，压力控制阀改变开度，以保持流量控制节流孔两端压力差，从而保持流量为调定值。图6-21b所示回路中多余的油液经旁路型压力补偿流量控制阀阀口流回油箱。

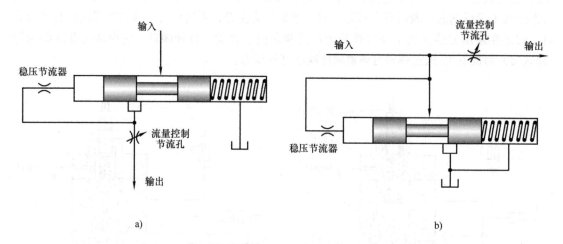

a)   b)

图 6-21 带压力补偿的流量控制阀

2. 分流阀

飞机上的一些部件要求动作协调一致，如左右两边襟翼的收放。等量分流阀（简称分流阀）可用来实现两边等流量控制。其工作原理如图 6-22 所示，它的上端管路油液分流后经两个相同的节流孔，再经调节阀和阀套形成的可调节流孔分别到达左、右作动筒。当两作动筒负载（包括摩擦力）不平衡，或分流阀至作动筒的压力损失不一致，造成两分路流量不相等时，在节流孔 Ⅰ 和 Ⅱ 后，即在调节阀两端形成压差，调节阀调节可调节流孔液阻，以补偿负载和管路阻力的不平衡，直至两分路流量相等、调节阀两端压力相等为止。

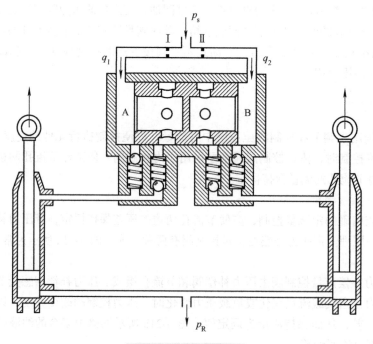

图 6-22 分流阀原理

6.4　液压执行元件

执行元件是把液压能转换成机械能的能量转换装量。液压执行元件分成两大类：一类为旋转运动型（如液压马达），它是将液压能转换成旋转机械能的液压元件；另一类为往复运动型。往复运动型中又有往复直线运动型（如作动筒），它是将液压能转换成直线往复运动动能的液压元件。

由于液压泵和液压马达都是压力能与旋转的机械能的能量转换元件，因此，从工作原理上说，它们一般是可逆的，即只要输入液压油，就可以输出转速和转矩，或反之。这样液压马达的构造、原理、性能与液压泵十分类似，但具体结构还是有些差异的。本节重点介绍作动筒。

6.4.1　作动筒的工作原理及其分类

在飞机液压系统中，作动筒广泛应用于舵面操纵，起落架、襟翼的收放，以及发动机喷口、进气锥和燃油泵的操纵等场合。

1. 作动筒的工作原理

图 6-23 所示是作动筒简图。它由筒体、活塞、活塞杆、端盖、密封、通油接头等组成。

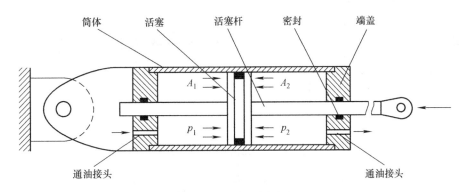

图 6-23　作动筒简图

作动筒的工作原理是：当筒体固定时，若筒体左腔输入液压油，油液压力升高到足以克服外界负载时，活塞就开始向右运动。若连续不断地供给油液，则活塞以一定的速度连续运动。

由此可知，作动筒工作的物理本质在于：利用油液压力来克服负载，由油液流量决定运动速度。所以，输入作动筒的油液压力和流量，是作动筒的输入参数，作动筒的输出力和速度（或位移）是其输出参数。以上所述压力、流量、输出力、输出速度便是作动筒的主要性能参数。

若将活塞杆用铰链固定（筒体不固定），则向作动筒输入液压油时，筒体运动，其工作原理与上述筒体固定相同。

2. 作动筒的类型

如图 6-24 所示，常见作动筒的基本结构型式有以下六种：

1）单活塞单杆，单向作用型（图 6-24a）。

2）单活塞单杆，双向作用型（图 6-24b）。

3）单活塞双杆，双向作用型（图 6-24c）。

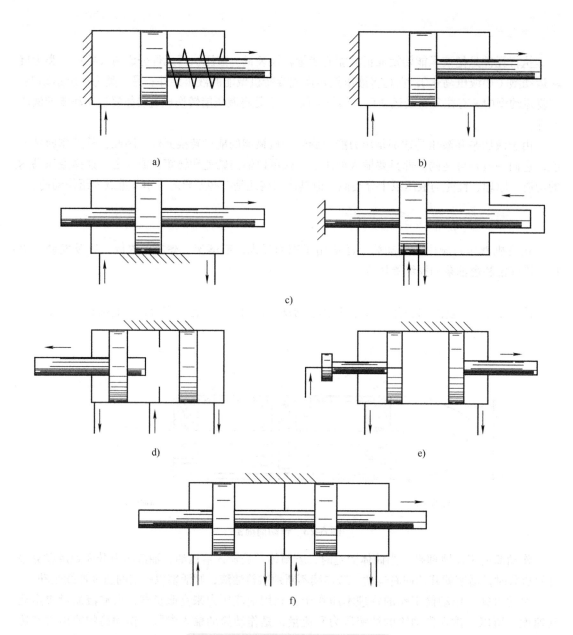

图 6-24　常见作动筒的基本结构型式

4）双活塞单杆，三位置作用型（图 6-24d）。

5）双活塞双杆，三位置作用型（图 6-24e）。

6）双活塞共杆，双腔双向作用型（图 6-24f）。

6.4.2　典型作动筒结构

1. 单向作用型

图 6-25 所示为某型飞机的应急开锁作动筒，这是一个典型的单向作用型作动筒。单向作用型作动筒的活塞在液压作用下只能向一个方向运动，然后由弹簧作用返回。油液从左边通油口

进入，油压作用在活塞的端面上，迫使活塞向右运动；当活塞移动时，右边弹簧腔室的空气通过通气小孔排出，弹簧受压；当作用在活塞上的油液压力释压并小于压缩弹簧的弹簧力时，弹簧伸张并推动活塞向左移动；因为活塞的左移，左边腔室油液被挤出通油口，同时，空气通过通气孔进入弹簧腔室。

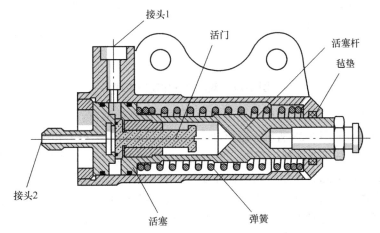

图 6-25 应急开锁作动筒

制动作动筒也是典型的单向作用型作动筒，如图 6-26 所示。当制动时，液压油迫使活塞伸出将制动盘紧压在一起实施制动。脚踏板松开时，弹簧将活塞返回并解除制动。

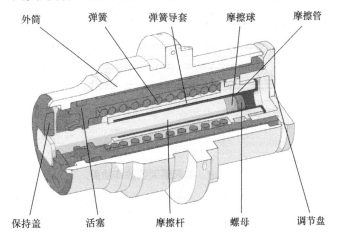

图 6-26 制动作动筒

2. 双向作用型

大多数的操纵都是做往复运动，因此飞机上的作动筒基本上都是双向作用型的作动筒。双向作动型作动筒可以分成双向单杆作动筒和双向双杆作动筒。

（1）双向单杆作动筒 双向单杆作动筒（图 6-27）活塞两边分别是有杆腔和无杆腔，活塞左右两边受液压作用的工作面积是不相等的，因此双向单杆作动筒又称为双向非平衡式作动筒。当油液压力相等时，作动筒沿两个方向所产生的传动力并不相等。同样，由于该作动筒活塞两端的有效面积不同，当作动筒两端输入油液流量相同时，活塞往返运动速度不同，活塞伸出速度小于其缩入速度。

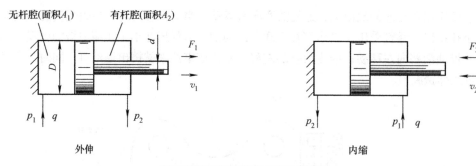

图 6-27　双向单杆作动筒原理

双向单杆作动筒常用于在两个方向上需要不同传动力的地方。例如在起落架收放系统中，常采用此种作动筒，如图 6-28 所示。起落架在收上过程中，由于重力和空气动力的作用，需要较大的传动力；而在放下起落架过程中，重力是帮助起落架放下的，因此不需要很大的传动力。所以起落架收放作动筒通常采用双向单杆作动筒。收上腔内无活塞杆，液压作用的工作面积较大，而放下腔内由于有活塞杆，液压作用的工作面积相对较小。在起落架收上时，将油液通到收上腔，以获得较大的传动力保证迅速收上起落架。在起落架放下时，将油液通到放下腔，而且有限流单向活门限制油液的流速，从而限制了起落架放下速度，以防止冲击。

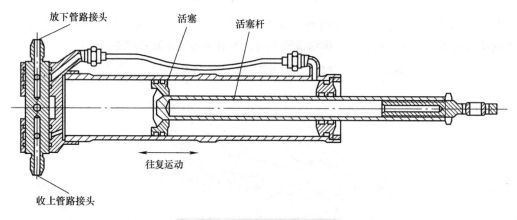

图 6-28　前起落架收放作动筒

当双向单杆作动筒两腔都与压力油路相连时，这种连接方式称为差动连接，如图 6-29 所示。差动连接时，尽管两腔的油液压力相等，但是压力作用的面积不等，因此活塞杆相对外筒向外伸。差动连接的双向单杆作动筒，作用力小，运动速度快。

图 6-30 所示为某型飞机的襟翼收放系统。该系统采用差动连接，当选择活门在放下位置时，襟翼收放作动筒的两腔都与来油相通，襟翼放下。在飞机飞行速度很小时，作用在襟翼上的气动力产生的轴向力小于作动筒的液压力，襟翼处于全开

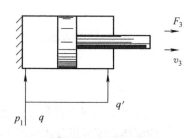

图 6-29　差动连接

状态。当飞机飞行速度达到一定值时，轴向力与液压力相等。飞行速度继续增大，轴向力大于液压力，作动筒活塞收进，襟翼角度减小，直到轴向力与液压力相等为止。当飞行速度达到某一速度值时，襟翼完全收进。如果在起飞后，没有选择收上襟翼，襟翼的角度会随着飞行速度的变化自动调整。

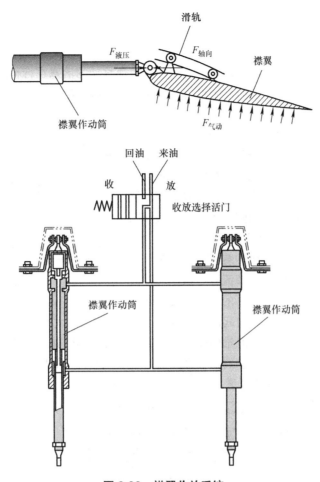

图 6-30　襟翼收放系统

（2）双向双杆作动筒　双向双杆作动筒（图 6-31）两腔都装有同样粗细的活塞杆，使两腔油液的有效工作面积相同。

当作动筒两端的输入压力相同时，其双向作用力相等。当活塞两端输入油液流量相同时，其活塞往返运动速度相同。所以，在舵面（副翼、升降舵、方向舵）操纵中的液压作动筒通常采用双向双杆作动筒，以保证作动筒活塞往返时作用力相同、速度相同。

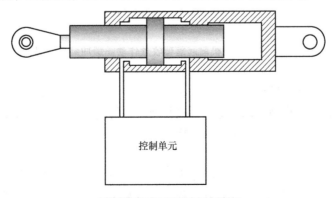

图 6-31　双向双杆作动筒

6.4.3　作动筒辅助装置

1. 缓冲装置

当负载质量较大、运动速度较高时，为了防止快速移动的活塞在行程终点时与端盖发生机械碰撞，造成作动筒损坏，作动筒必须设置缓冲装置，以减小活塞运动到终点的运动速度，避免碰撞发生。

（1）缝隙节流缓冲　缝隙节流缓冲装置的基本工作原理是，在活塞前后各有一个凸台（圆锥或者带槽圆柱），在端盖上有相应的凹坑，如图 6-32 所示，当活塞运动到终点附近时，凸台将一部分油液封闭，被封闭的油液只能通过小槽或者间隙流出，产生液压阻力，减小活塞的移动速度，起到缓冲作用。

（2）节流阀缓冲　节流阀缓冲装置的基本工作原理是，在作动筒的行程末端装有节流孔，限制回油流量，形成阻尼作用，从而减小活塞的移动速度，防止

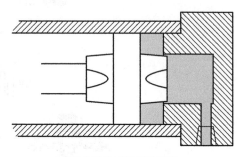

图 6-32　缓冲装置

碰撞。图 6-33 所示为 A320 飞机前起落架收放作动筒缓冲装置示意图。在作动筒放下行程的终点处设有两个回油孔，一个正常流量的孔和一个带有节流作用的孔，正常放下行程回油通过两个孔回油，流量较大。当活塞移动到行程终点处，盖住正常流量的回油孔时，回油只能从带有节流作用的孔流出，限制了回油流量，活塞的移动速度减慢，起到缓冲的作用。

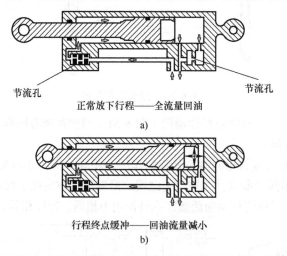

节流孔　　　　　　　　　　　　　　　　节流孔

正常放下行程——全流量回油

a)

行程终点缓冲——回油流量减小

b)

图 6-33　A320 飞机前起落架收放作动筒缓冲装置示意图

2. 排气装置

液压系统在安装过程或系统长时间停止工作时会有空气渗入。如果液压系统混有空气，会造成系统工作不稳定，如出现振动、噪声、爬行现象、气蚀等，对于精确控制压力和速度的系统，会造成控制不准确。有必要设置排气装置。

3. 锁定装置

图 6-34 所示为某型飞机主起落架的收放作动筒，在其放下位置装有卡环锁装置。卡环锁由卡环、锥形活塞和弹簧等组成。卡环是开口的，当活塞在收上位置时，卡环受外筒内壁的限制呈压缩状态。这时弹簧也呈压缩状态，使锥形活塞紧靠在卡环上。

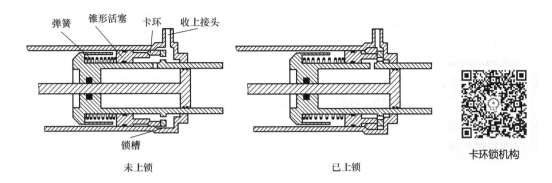

图 6-34　卡环锁装置

放起落架时，油液从动作筒放下来油接头进入，将活塞杆推出。当卡环移动到外筒上的锁槽位置时，锥形活塞在弹簧和油压作用下，将卡环直径撑开卡入锁槽内，并卡在卡环内径，使卡环不能收缩脱离锁槽，卡环锁即处于上锁状态。活塞杆受到收上方向的轴上载荷时，活塞杆上的凸缘部位顶在卡环上，不能移动，这样，主起落架被锁在放下位置。

收起落架时，油液从收上接头进入动作筒，使锥形活塞压缩弹簧向左移动，松开卡环。于是卡环即在活塞杆上的凸缘部位和锁槽斜面作用下，受到压缩，直径缩小脱离锁槽而开锁，活塞杆即可在油压作用下向内收入，将起落架收上。

6.5　液压辅助元件

液压辅助元件主要有油箱、蓄压器、过滤器、热交换器、密封装置、导管、接头等。这些元件对保障液压系统的正常工作起着重要的作用，在使用和维护中不能忽视辅助元件的问题。

6.5.1　油箱

1. 油箱的作用

油箱主要用来储存液压系统所需的液压油，给液压泵提供一定压力的液压油，收集飞机用压系统的回油，油箱不仅能满足液压系统的运行需要，还能补充因泄漏而损失的油液。此外，油箱还充当溢流池，用于容纳因热膨胀（温度变化导致的油液体积增加）、蓄压器以及活塞和杆位移而被迫流出液压系统的多余油液。除此之外，油箱还具有散热、分离油液中的空气和沉淀油液中的杂质等功能。

2. 油箱类型

现代飞机中的液压油箱大多采用增压油箱，以保证液压泵进口的吸油压力，防止产生气塞现象。常见的增压油箱有引气增压油箱和自增压油箱。

（1）引气增压油箱　引气增压油箱通过增压组件将引气系统的增压空气引入液压油箱进行增压。增压组件是油箱增压的关键部件，包括单向活门、过滤器、安全释压活门、人工释压活门、压力表和地面增压接头。由于油箱内部压力较高，在维护前通过人工释压活门释压，维护后，通过地面增压接头给系统加压。

油箱加油口装有过滤器，防止加油时异物进入油箱，油箱内部还装有隔板和翼片，阻止油液自由流动，防止因涡流产生气泡，同时在飞机不同姿态下保证油箱底部有足够的油液，防止供油中断。

油箱底部有两个供油管接头，分别向 EDP 和 EMDP 供油，为了提高供油可靠性，在 EDP 供油管路接头位置设有立管，能够保证保存一定量的油液供给 EMDP，如图 6-35 所示。

（2）自增压油箱　自增压油箱利用系统高压油液作用在油箱的增压活塞上为油箱中的油液增压，自增压油箱完全杜绝空气与油液接触，防止空气溶入油液中产生气泡的不良现象。其工作原理如图 6-36 所示。

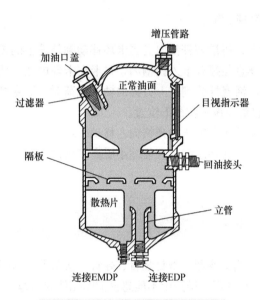

图 6-35　引气增压油箱的内部构造

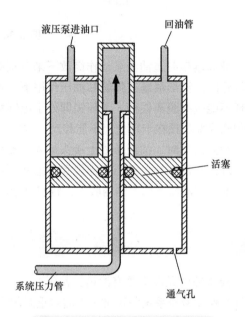

图 6-36　自增压油箱的工作原理

油箱增压的压力大小取决于活塞两头的截面面积之比。例如两截面面积之比为 50：1，则当系统压力为 20MPa 时，油箱内部油液的增压压力可达到 0.4MPa。

自增压油箱在加油时，必须采用压力加油，并且在加油后必须排除混进油液的空气，防止油量指示错误。

6.5.2　蓄压器

液压系统一般都有蓄压器，它直接影响液压系统的工作性能。其主要功用如下：在间歇工作的泵源系统中，用于储能和向系统供能；作为应急能源，在泵源故障时，向系统提供液压能；在定量泵系统中，蓄压器和卸荷阀配合工作，保证系统稳定供压，延长卸荷时间，避免频繁卸荷；在变量泵系统中，主要用于稳压，吸收冲击压力，提高系统的响应能力。

蓄压器通过活塞或隔膜将内部分为气体部分和液体部分，气体部分充有预增压的氮气。其工作原理是利用气体的压缩储能特性，在系统不工作时，大量油液进入蓄压器，气体受到压缩储能，当系统工作时，气体膨胀做功，给油路补充油液。

如图 6-37 所示，常见的蓄压器有三种形式：活塞式、隔膜式和胶囊式蓄压器。

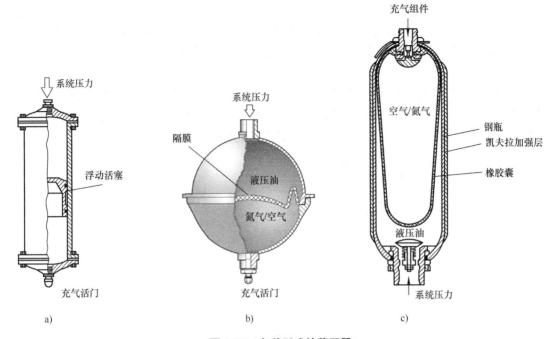

图 6-37　各种形式的蓄压器

a）活塞式　b）隔膜式　c）胶囊式

活塞式蓄压器一般是圆筒形的结构，也称柱型蓄压器，中间装有浮动活塞，两端有端盖封闭，分别装有充气嘴和连接系统的接头。活塞式蓄压器结构简单，单活塞惯性大，且存在一定的摩擦，动态反应不灵敏。活塞式蓄压器不能有效吸收系统的压力冲击。

隔膜式蓄压器由两个空心的半金属球体组成，也称球形蓄压器。两个半球体之间装有合成橡胶隔膜，两个半球体分别装有充气嘴和连接系统压力的接头。在蓄压器油液出口附近装有金属网屏，用于防止隔膜在气体压力作用下进入充油口而损坏隔膜。球形的结构具有较好的耐压特性。隔膜式蓄压器体积小、重量轻、动态反应灵敏，可以有效吸收系统的压力脉冲。

胶囊式蓄压器是一个整体空心钢瓶，为了改善受力结构，在钢瓶外面装有一层凯夫拉加强层。在内部装有合成橡胶胶囊，胶囊固定在充气嘴上，同时具有密封作用。在系统压力接头上装有圆盘活门，防止胶囊进入充油口。胶囊式蓄压器的特点与隔膜式蓄压器的类似。

6.5.3　过滤器

1. 过滤器的功用和分布

过滤器的主要作用就是保持油液的清洁度，过滤油液中的金属微粒和其他杂质。在液压系统中，分布大量的过滤器，以保证系统正常工作。

过滤器通常安装在以下位置：

1）液压泵出口管路。安装在液压泵出口管路的过滤器一般称为高压过滤器，用于保护工作系统，滤掉液压泵工作时产生的金属屑，防止工作系统组件堵塞或性能下降。

2）系统回油管路。安装在系统回油管路上的过滤器称为回油过滤器，也称低压过滤器，通常安装在油箱之前。回油过滤器用于过滤工作系统组件产生的金属屑和杂质，防止油箱油液受到污染。

3）液压泵壳体回油管路（散热回油管路）。安装在液压泵壳体回油管路上的过滤器称为壳体回油过滤器，用于过滤液压泵磨损产生的金属屑。如果该过滤器堵塞，则液压泵润滑冷却也不足，会增加液压泵的磨损，同时也会影响液压泵的压力流量特性。

2. 过滤器的构造

过滤器主要包括过滤器底座、滤杯和滤芯，如图 6-38 所示。其中过滤器底座将整个过滤器固定在飞机结构上，并连接管路。内部还设有单向活门、自封活门、旁通活门、堵塞指示销等。滤杯通过螺纹连接安装在底座下面，用于容纳滤芯。在更换滤芯时滤杯可以拆卸。

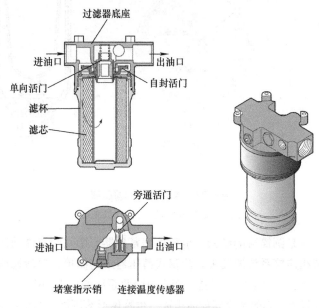

图 6-38　低压过滤器

当过滤器随着使用时间增长逐渐被堵塞时，过滤器进油口和出油口压差增大，旁通活门在压差作用下打开，确保系统油液供应。堵塞指示销弹出，提醒维护人员过滤器堵塞，及时更换过滤器。自封活门可在更换滤芯时将进油口和出油口油路封住，防止油液流失造成污染。

6.5.4　热交换器

液压系统工作时，由于油液的黏性引起的损耗致使油液的温度不断升高。一般工作温度在 30 ~ 60℃，对于飞机液压系统一般控制在不超过 70℃，当达到最高温度时，就会触发告警。当然，油液温度升高，会造成油液的黏性变小、润滑性变差、油液变质，进而影响系统密封性，使磨损加剧，最终影响到整个系统的工作性能。

在大功率的高压液压系统中，由于系统发热量大，设有专门的热交换器。热交换器主要利用燃油作为冷却介质，同时满足对燃油温度提升的需求。热交换器一般安装在中央油箱底部位置，如图 6-39 所示。

图 6-39　热交换器

液压指示系统主要向机组提供油箱内的油量、工作系统压力等指示信息和液压泵低压及油液超温等告警信息。

1. 油量指示

液压油量指示系统原理如图 6-40 所示。

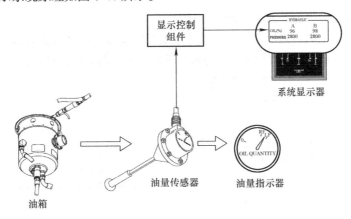

图 6-40 液压油量指示系统原理

油箱中的浮子用于感受油箱中油面的高低变化，油量信息分两路送到下游：

1）直接送到油箱外表面的油量指示器，为维护人员提供油量信息。

2）油量传感器将浮子的机械位置信号转变为电信号，通过显示控制组件，经变换放大后，送入驾驶舱系统显示器，为驾驶人员提供油量指示。

2. 系统压力指示和低压告警

飞机液压系统压力指示与低压告警系统原理如图 6-41 所示。液压系统的压力指示和低压告警信号均来自系统的压力组件。

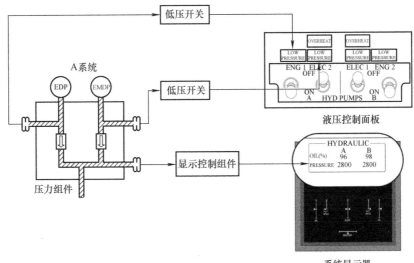

图 6-41 系统压力指示与低压告警系统原理

系统的压力系统传感器位于压力组件中单向活门下游，接收两个液压泵为系统提供的压力信号，该压力信号经显示控制组件变换放大后，显示在驾驶舱系统显示器上。

　　低压告警传感器位于单向活门上游，分别接收系统每个液压泵出口的压力信号，当压力低于一定值时，发出信号，电路中的低压开关接通液压控制面板上的低压指示灯。当压力上升到某一特定值时，低压告警灯熄灭。

3. 超温告警

　　液压系统油液超温告警系统原理如图 6-42 所示。

　　装在液压泵壳体上的和液压泵壳体回油管路上的温度传感器接收油液温度信号，当油温超过一定值时，接通电路中的温度开关，点亮液压控制面板上的超温指示灯。

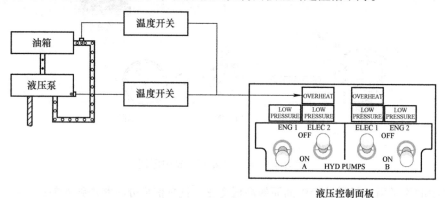

图 6-42　超温告警系统原理

第7章
飞机起落架装置

7

起落架装置是飞机重要部件之一，其工作性能的好坏，直接影响着飞机的起飞、着陆性能和飞机的安全。起落架也是飞机上受力较大的部件，在飞机每次起落中都承担着飞机的全部重量及冲击载荷。为缩短飞机降落时的滑跑距离，起落架上配备制动系统。因此，起落架装置是一个比较复杂的、重要的系统，既是故障频繁、维修任务最繁重的系统，也是平时机务维护工作量最大的系统。

7.1.1　起落架的功用

起落架用于飞机的起降滑跑、机场滑行，在着陆和地面运动时减缓撞击，如图7-1所示。具体来说，起落架的功用如下：

1）支承飞机全部重量。承受飞机与地面接触时产生的静、动载荷，防止飞机结构发生破坏。

2）缓冲减振。消耗飞机着陆撞击和在不平跑道上滑行时所吸收的能量，防止飞机发生振动。

3）制动。当飞机着陆后，为了缩短滑行距离，吸收和消耗飞机前进运动的大部分动能。

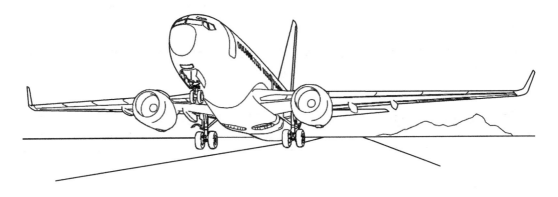

图7-1　飞机着陆滑跑

7.1.2　起落架的设计要求

除了对飞机部件的基本要求（如在保证足够强度和刚度的条件下，尽可能使重量最轻），对起落架还有一些特殊要求，就是在给定的使用条件（指机场等级、跑道尺寸和状态、天气条件等）下，飞机起落架应能保证做到以下几点：

1）在起飞和着陆滑跑、滑行、机动和牵引时，飞机有良好的操纵性和稳定性。这是通过合理选择起落架参数、布局、缓冲和制动系统性能来实现的。

2）着陆和滑行时对动载荷有良好的减振缓冲性能。缓冲系统应能吸收着陆撞击时的全部额定能量，使飞机结构件上的载荷不超过设计值。

3）在给定等级（给定宽度）机场跑道上有180°转弯的能力。实现转弯主要利用可操纵的机轮、制动装置和发动机，并要合理选配起落架参数、类型、数量和机轮的布置。

4）机轮应符合飞机的用途、使用条件和重量特性，这要通过适当选取机轮的参数和类型来实现。保证飞机的运动阻力系数能在很大的范围内变动，从而实现在发动机自身推力下飞机的起动、起飞加速滑跑及着陆减速滑跑。所有这些都应符合跑道长度、其表面允许的载荷和轮辙深度的范围。在确定机轮参数值时应考虑最大起飞重量和最大允许着陆重量的情况。

5）保证起落架舱门打开、关闭及支柱收上、放下时有可靠的锁定机构。不允许在飞行中发生起落架自行脱落和在地面自行收起现象，因此起落架收起机构应能锁定。起落架的收起时间应尽可能短。

6）起落架的外形尺寸应尽可能小，以减小迎风阻力，特别是当收起时；应保证飞机所需的着陆角（对一些起落架型式是起飞角）；方便运输机的装载和卸载，可通过改变起落架高度来实现；寿命要长，易维护、修理。

7）在选取起落架的参数和支柱的结构型式时，在满足强度、刚度和寿命的条件下使起落架尽可能轻。

在给定的飞机使用条件下，上述对起落架的要求主要是通过选择起落架的布局和参数、起落架的结构受力型式、起落架结构件、减振及制动装置的参数和类型来实现的。

7.1.3 起落架的配置型式

起落架在飞机上的配置型式通常有三种，如图7-2所示。

后三点式（图7-2a）：两个支点（主轮）对称地安置在飞机重心前面，第三个支点（尾轮）位于飞机尾部。

前三点式（图7-2b）：两个支点（主轮）对称安置在飞机重心后面，第三个支点（前轮）位于机身前部。前三点式起落架的飞机，尾部通常还装有保护座。

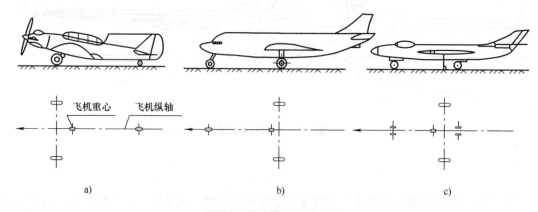

图7-2　起落架配置型式

自行车式（图7-2c）：两组主轮分别安置在机身下部、飞机重心的前后，另有两个辅助轮对称地装在左右机翼下面。

后三点式起落架与前三点式起落架相比，除了具有在螺旋桨飞机上容易配置和便于利用气动阻力使飞机减速等优点，它的构造比较简单，重量也较轻。但是，具有后三点式起落架的飞机地面运动的稳定性较差，如驾驶员操纵不当时，飞机容易打地转。此外，这种飞机着陆时不是地面反作用力使飞机上仰，而是重心下沉引起机头上仰，支点在机轮。如果飞机以较大的速度两点接地，因两主轮位于飞机重心前，重心惯性下沉使飞机的迎角增大，升力增大，飞机就会向上飘起，即发生所谓的"跳跃"现象。另外，强力制动可能使飞机发生倒立。这些缺点对低速飞机来说，并不十分严重，所以，在20世纪初，后三点式起落架曾得到极为普遍的应用。

随着飞机的起飞、着陆速度日益增大，后三点式起落架的性能与对飞机在地面运动的要求之间的矛盾日趋尖锐。例如：为了缩短滑跑距离，在机轮上安装了强力制动装置，结果却增大了飞机向前倒立的可能性；在起飞、着陆速度较大的情况下，飞机还容易打地转。为了解决上述矛盾，在新的条件下（如着陆减速问题已经解决），前三点式起落架得到了应用。具有前三点式起落架的飞机，地面运动的稳定性好，滑行中不容易偏转和倒立，着陆时只用两个主轮接地，比较容易操纵。此外，这种飞机在地面运动时，机身与地面接近平行，驾驶员的视野较好。对喷气式飞机来说，前三点式起落架还能使发动机轴线基本上与地面平行，避免发动机喷出的燃气损坏跑道。前三点式起落架的主要缺点是前起落架承受的载荷较大，前轮在滑行时容易摆振。总的看来，前三点式起落架比较适用于速度较大的飞机。因此，从20世纪40年代初开始，它得到了迅速的推广，目前是飞机起落架的主要型式。

随着飞行速度继续增大，机翼的相对厚度不断减小，要把尺寸较大的主起落架收入较薄的机翼，就比较困难。因此，近年来有些高速重型飞机采用了自行车式起落架。采用自行车式起落架的飞机，主要靠两个主起落架来承受载荷和滑行，虽然它们的尺寸较大，但机身内的容积也较大，因而收入还比较容易。机翼上的两个辅助轮可以使飞机在停放和滑行时稳定，它们的尺寸较小，比较容易收入较薄的机翼内。这种起落架的结构比较复杂，目前应用得还不广泛。

有些重型飞机，如波音747飞机和空客的380飞机以及一些重型军用运输机，会采用多点式起落架布局，如图7-3所示，即除了在机翼下配置两个主起落架，还在机身下配置机身主起落架，构成主起落架群。多点式起落架配置可将飞机的重量分散到较大的面积上，降低对跑道的要求。

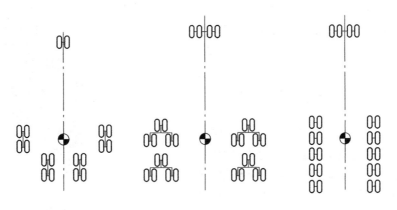

图7-3 多点式起落架

7.1.4 起落架的结构型式

飞机起落架的结构型式可分为构架式、支柱套筒式和摇臂式三类。起落架的结构型式取决于飞机类型、尺寸等因素，主要影响结构受力和起落架的收放。

1. 构架式起落架

构架式起落架（图 7-4）在早期飞机和现在的轻型飞机上广泛采用。这类起落架的机轮通过一套承力构架与机翼或机身连接，承力构架中的减振支柱及其他杆件都是相互铰接的。当起落架受到地面反作用力时，它们只承受拉伸或压缩的轴向力，不承受弯矩，因此结构重量较轻，构造较简单。但构架式起落架外形尺寸较大，很难收入飞机内部，目前高速飞机已不采用。

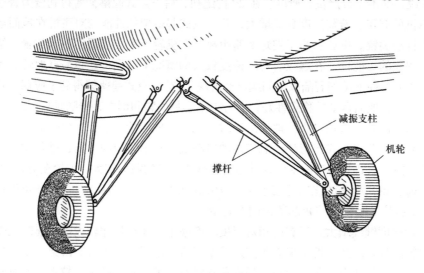

图 7-4　构架式起落架

2. 支柱套筒式起落架

支柱套筒式起落架（图 7-5）是现代飞机起落架的典型型式。这类起落架的支柱就是由外筒和活塞杆（或内筒）套接起来的减振支柱，机轮轴直接连接在支柱下端，支柱上端固定在机体骨架上。为了增强起落架抵抗由制动引起或者侧滑引起的横向弯矩的能力，很多飞机起落架都配有斜撑杆，由于斜撑杆的支持作用，支柱所承受的横向弯矩可大大减小。在能够收放的起落架上，斜撑杆往往还作为起落架的收放连杆，或者斜撑杆本身就是收放作动筒。

支柱套筒式起落架容易做成可收放的型式，长期以来得到广泛的应用。但这种起落架承受水平撞击时，减振支柱不能很好地起缓冲作用。此外，在飞机着陆和滑行过程中，起落架上的载荷通常是不通过支柱轴线的，而支柱套筒式起落架

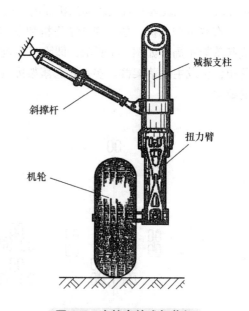

图 7-5　支柱套筒式起落架

的减振支柱在这种载荷作用下要承受较大弯矩，使活塞杆和外筒接触的地方（支点）产生较大的摩擦力。这样，不仅减振支柱的密封装置容易磨损，而且它的工作性能也会受到很大影响。在减振支柱的维护、修理工作中，要注意活塞杆上下轴承的磨损情况和密封装置的状态。

3. 摇臂式起落架

摇臂式起落架（图7-6）的机轮通过一个摇臂（轮臂或轮叉）悬挂在承力支柱和减振器下面。根据减振器配置的不同，它可以分为以下三种型式：

1）减振器与承力支柱分开的摇臂式起落架，多用作主起落架。

2）减振器与承力支柱合成一体的摇臂式起落架，一般用作前三点式起落架飞机的前落架。

3）没有承力支柱，减振器和摇臂直接固定在飞机承力构件上的摇臂式起落架，一般用作后三点式起落架飞机的尾轮。

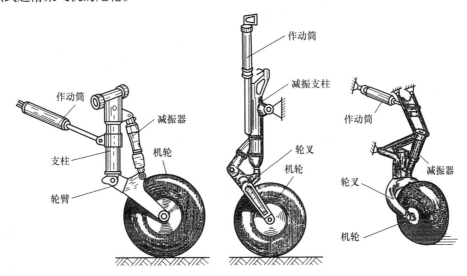

图7-6　摇臂式起落架

摇臂式起落架与支柱套筒式起落架相比，具有以下优点：承受水平撞击时，减振器能较好地发挥作用；上述1）、2）两种摇臂式起落架的减振器只受轴向力，不受弯矩，因此密封装置的工作条件要好得多。

由于摇臂式起落架具有上述优点，所以它在高速飞机上得到了比较广泛的应用。但是，它也有不少缺点，如构造比较复杂、减振器及接头受力较大、重量一般较大等。因此，有些现代高速飞机仍然采用支柱套筒式起落架。

7.2　起落架的构造

7.2.1　主起落架

主起落架承受飞机的大部分重量，结构较大。图7-7所示为波音737NG飞机的主起落架结构。

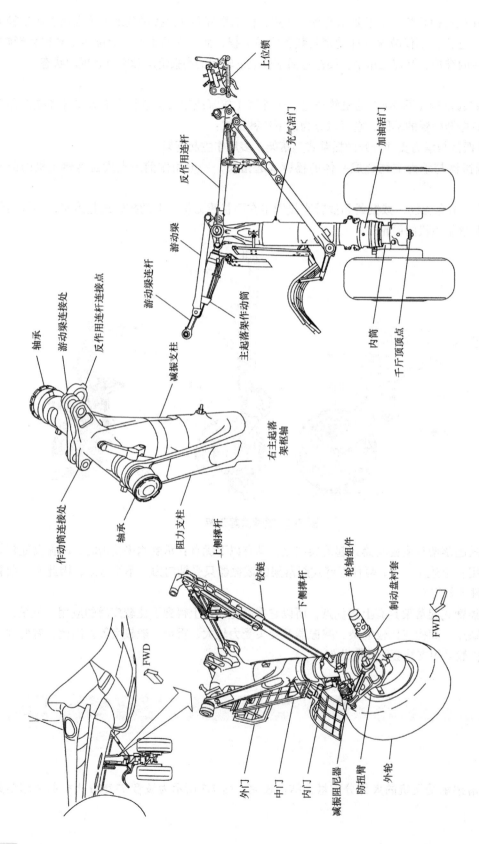

上位锁

充气活门

加油活门

反作用连杆

游动梁

主起落架作动筒

游动梁连杆

内筒

千斤顶顶点

减振支柱

反作用连杆连接点

游动梁连接处

轴承

右主起落架框轴

作动筒连接处

轴承

阻力支柱

上侧撑杆

铰链

下侧撑杆

轮轴组件

制动盘衬套

FWD

外门

中门

内门

减振阻尼器

防扭臂

外轮

FWD

图 7-7　波音 737NG 飞机的主起落架结构

1.主要组成

根据飞机重量的不同，起落架的机轮数略有不同，但主要的部件基本相同。图7-8所示为典型主起落架结构。主起落架主要的承力部件有减振支柱、侧撑杆和阻力支柱。在减振支柱的内外筒之间装有防扭臂，防止内外筒之间的相对转动。拖行接头用于连接牵引车拖行飞机。轮轴上可以安装机轮，方便起落架在地面的移动。主起落架机轮配有制动装置，在飞机起飞、着陆或者滑跑过程能够进行制动。

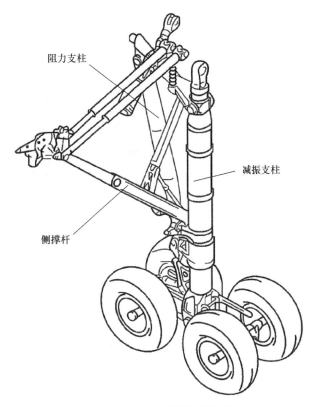

图7-8 典型主起落架结构

在小车式起落架中，轮架与支柱是铰接的，如图7-9所示。铰接的轮架可绕支柱铰链转动，改善在高低不平的地面滑行时的受力。另外，当飞机起飞滑跑时，可有效增加飞机抬头角度，防止机尾擦地，而在着陆接地时也可减小机尾触地的风险。由于轮架可转动，需要在轮架上安装轮架俯仰稳定减振器，减缓因地面不平引起的轮架振动。

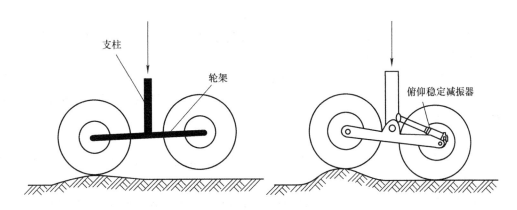

图7-9 轮架与支柱连接方式

当小车式起落架的轮数多于四个时，如图7-10所示，飞机在地面转弯会导致机轮侧向载荷过大，因此两个后侧机轮是可以转向的，并装有转向作动筒。

2.减振支柱

减振支柱由外筒和内筒组成，大多数减振支柱里面注有油液和压缩气体。内筒和飞机机轮相连，外筒和机体结构相连。减振支柱主要用来支承飞机，可以减缓飞机降落、滑行时的振动，尤其是在飞机降落时能够有效吸收飞机下降的动能，以保护飞机机体安全。

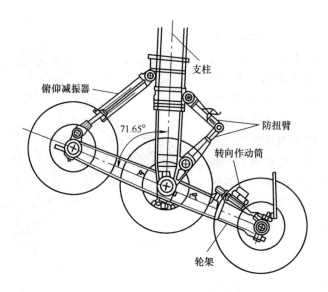

图 7-10　六轮主起落架

3. 阻力支柱

阻力支柱主要用来承受由于飞机制动或者飞机滑行前进产生的阻力。小型飞机一般阻力支柱比较小。

4. 侧撑杆

侧撑杆也称为斜撑杆，用来承受由于飞机地面侧滑引起的横向载荷。侧撑杆一般分为上下两节，分别为上侧撑杆和下侧撑杆，中间以铰链连接，方便起落架收放。

5. 防扭臂

防扭臂也称为扭力连杆，主要用于限制内、外筒之间的相对转动。防扭臂由两部分组成：连接外筒的上防扭臂和连接内筒的下防扭臂。

有些飞机的上防扭臂和下防扭臂连接处还装有减振阻尼器。减振阻尼器的作用是降低机轮的摆振。胎压不一致、磨损不均匀或跑道表面不平整都可能导致摆振，严重时可造成起落架结构损坏，危及飞行安全。

6. 舱门

主起落架舱门在飞行中保持关闭，以减小飞行期间的阻力，防止外来物击伤轮舱的部件。当主起落架处于收放过程中，主起落架舱门打开，起落架完成收放后，舱门重新关闭。

主起落架舱门铰接在机身结构上，由液压作动筒驱动。主起落架舱门由上锁机构保持在关闭锁定位，在地面可以使用地面控制手柄将其打开。某些机型主起落架舱门内侧带有保护装置，防止在重力放起落架时，起落架与舱门发生碰撞。

在主起落架舱门上安装有接近传感器，用于探测起落架舱门的位置信号。位置信号用于指示、告警和主起落架收放顺序控制。

7. 锁机构

起落架在收上和放下位置都应该可靠锁定。图 7-11 所示为起落架上位锁。在收上位锁定，可以防止起落架在飞行过程中或者外力作用下放下。在放下位锁定，可以防止起落架在降落过程中受到较大冲击而突然收起，或者在地面滑行和停放期间意外收起。

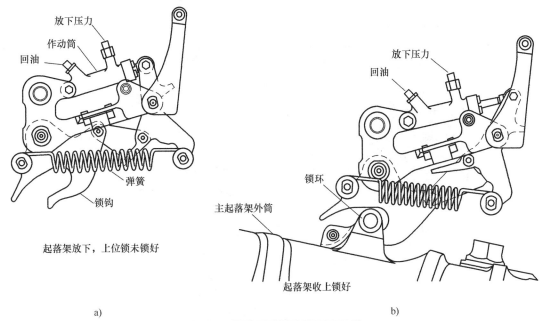

a)   b)

图 7-11 典型飞机主起落架上位锁

主起落架下位锁通常是撑杆锁，撑杆锁由开锁作动筒、锁连杆、下位锁弹簧等组成。主起落架放下锁好后，下位锁弹簧作动，将撑杆锁到过中位，进而确保上侧杆和下侧杆无法折叠，将起落架锁在放下位。开锁作动筒在液压作用下，克服下位锁弹簧力，打开撑杆锁，此时上侧杆和下侧杆可以折叠，主起落架解锁。

波音 737 飞机主
起落架上位锁
工作过程

7.2.2 前起落架

前起落架支承飞机前部的重量，由于飞机重心靠近主起落架，前起落架承受的重量较轻，因此起落架尺寸较小。图 7-12 所示为波音 737NG 飞机的前起落架构造。

1. 基本组成

前起落架主要的承力部件由减振支柱、阻力支柱等构成。在减振支柱上安装有减振器，以减小飞机在地面运行时的振动。前起落架减振器的工作原理、勤务方式与主起落架类似。

2. 阻力支柱

阻力支柱通过两个耳轴与飞机结构相连，在前、后方向上稳定减振支柱。阻力支柱组件具有一个前撑杆和一个管状臂，通过万向接头连接。阻力支柱组件为前起落架的放下锁定提供主要的支撑。

3. 锁连杆

锁连杆（图 7-13）与阻力支柱相连，为前起落架的放下提供过中锁定。锁连杆折叠后，阻力支柱才能折叠，进而将前起落架收上。锁连杆由前锁连杆和后锁连杆组成，前锁连杆与阻力支柱铰链连接，后锁连杆与固定在起落架舱前壁的支架连接，锁弹簧确保锁不会意外打开。

4. 舱门

前起落架舱安装有舱门，在飞行过程中，前起落架舱门保持关闭，以减小飞行期间的阻力，防止外来物进入前轮舱击伤部件。

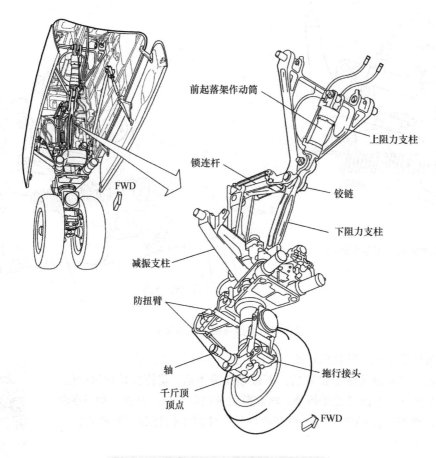

前起落架作动筒

上阻力支柱

锁连杆

铰链

下阻力支柱

减振支柱

防扭臂

拖行接头

轴

千斤顶
顶点

FWD

FWD

图 7-12 波音 737NG 飞机前起落架构造

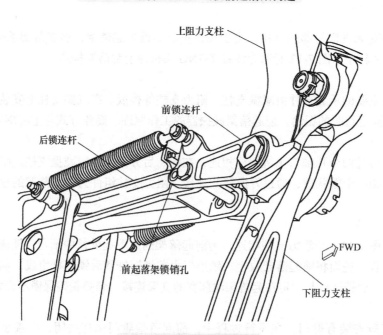

上阻力支柱

前锁连杆

后锁连杆

前起落架锁销孔

下阻力支柱

FWD

图 7-13 前起落架锁连杆

飞机在着陆接地时，要与地面剧烈碰撞；在滑行中，由于地面不平，也会与地面相撞。为了减小飞机在着陆接地和地面运动时所受的撞击力，并减弱飞机因撞击而引起的颠簸跳动，飞机必须设置减振装置。飞机减振装置由轮胎和减振器两部分组成，其中轮胎（尤其是低压轮胎）大约可吸收着陆撞击动能的30%，而其余的能量必须由减振器吸收并消散掉。随着飞机的不断发展，减振器也有了很大的发展，减振性能不断提高。现代飞机普遍采用油气减振器。

如果起落架减振器工作不良，飞机就会受到很大的撞击力，并产生强烈的颠簸跳动，对飞机结构和飞行安全都极为不利。因此，研究减振原理及油气减振器的工作特性，对飞机维护和修理具有十分重要的意义。

7.3.1 减振原理

飞机起落架减振装置种类很多，构造上有很大差别，但减小着陆撞击力和减弱飞机颠簸跳动的基本原理是一样的。物体相撞，总要产生撞击力。根据动量定理，物体撞击时的冲击力大小与撞击的时间成反比，与动量变化量成正比。当动量变化量一定时，撞击时间越长，由撞击产生的冲击力越小。

起落架减振装置减小撞击力的原理也是这样：飞机着陆接地时，轮胎和减振器像弹簧那样产生压缩变形，延长撞击时间，从而减小撞击力。然而，减振装置不但要减小着陆时的撞击力，还要将撞击动能耗散掉，减小撞击之后的颠簸跳动。如果起落架减振装置的耗能作用很差，飞机着陆接地后将产生比较强烈的颠簸跳动。因此起落架减振装置都有专门的装置，来提高消耗能量的能力。

减振原理的实质是：通过产生尽可能大的弹性变形来吸收撞击动能，以减小飞机所受撞击力；利用摩擦热耗作用尽快地消散能量，使飞机接地后的颠簸跳动迅速停止。

7.3.2 对减振缓冲装置的要求

一般的起落架缓冲装置在性能方面应满足以下几点要求：

1）缓冲装置在达到最大压缩量时，应能完全吸收规定的最大能量，而载荷不超过规定的最大值。如果载荷超过规定值，飞机各部分受力就会过大；如果不能完全吸收规定的最大能量，则会产生刚性撞击，同样会使飞机各部分的受力增大。

2）缓冲装置要有尽可能大的热耗作用。缓冲装置的热耗作用越大，就越能减弱飞机的颠簸跳动，而使飞机迅速平稳下来。

3）缓冲装置在压缩过程中承受的载荷，应随压缩量的增大而逐渐增大。如果在压缩量不大时，就承受很大的载荷，则缓冲装置即使在吸收较小的撞击动能（如飞机在不平的地面上滑行）时，也会使各部分经常受到很大的力，如果长期如此，飞机的某些结构就会因疲劳而提前损坏。

4）缓冲装置要有承受连续撞击的能力，因此它完成一次压缩和伸张的时间（称为工作周期）不能太长。

5）缓冲装置的工作性能受外界因素（如大气温度）变化的影响小，密封装置应保证缓冲装置不漏气、漏油，不因摩擦力过大而妨碍缓冲装置的正常压缩和伸张等。

7.3.3 油气减振器工作原理

简单的油气减振器主要由外筒、活塞、活塞杆、带节流孔的隔板和密封装置组成。内部灌充液压油和具有一定压力的气体。减振器利用气体的压缩变形吸收撞击动能，利用油液高速流过节流孔的摩擦消耗能量，如图 7-14 所示。

1. 压缩行程

飞机着陆过程中，机轮着地，机体下沉而压缩减振器。于是，减振器内隔板下面的油液受活塞挤压被迫经过节流孔高速向上流动，油面逐渐升高，使气体的体积缩小，气压随之增大。同时，油液高速流过节流孔时产生剧烈摩擦，还会产生一个压差，作用在活塞上的力就是气体压力与隔板上下压差之和。因此，飞机下沉速度会逐渐减小。在压缩行程中，撞击动能的大部分由气体吸收，其余则由油液高速流过节流孔时的摩擦和密封装置的摩擦转变为热能消散掉。

2. 伸张行程

飞机停止下沉时，减振器的压缩量较大，气体作用力大大超过了停机时作用在减振器上的力（停机载荷），所以减振器随即伸张，飞机向上运动的速度逐渐增大。这时油液在气体压力作用下，经节流孔高速向下流动，油面逐渐下降，气压降低，气体作用力随着减振器的伸张而逐渐减小。同时，油液流经节流孔产生的摩擦力和密封装置等的机械摩擦力会抵消一部分气体作用力，因此减振器的伸张力总是小于气体作用力，而且随着减振器不断伸张而减小。当减振器的伸张力小于其停机载荷时，飞机向上运动的速度逐渐减小。在伸张行程中，气体放出能量，其中一部分转变成飞机的势能，另一部分也由油液高速流过节流孔时的摩擦以及密封装置等的摩擦转变为热能消散掉。

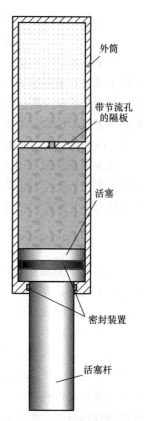

图 7-14 油气减振器原理

飞机停止向上运动时，减振器的伸张力已小于其停机载荷，飞机便开始第二次下沉，减振器重新被压缩。由于在第一次压缩和伸张行程中，已有很大一部分能量转变为热能消散掉，所以减振器在第二次压缩行程中吸收的能量比第一次少得多。经过若干次压缩和伸张，减振器就能将全部撞击动能逐步地转变成热能消耗掉，使飞机很快平稳下来。

飞机在不平的地面上滑行时，减振器的工作原理与上述情况相同。一般来说，飞机滑行时撞击动能较小，减振器压缩量也较小。

3. 油气减振器的工作特性

如图 7-15 所示，油气减振器在压缩行程中，压力特性曲线为 adb，在伸张行程中，压力特性曲线为 bea。

飞机着陆时下降速度太高，减振器的压缩速度一开始增加得特别迅速，如果通油孔面积比较小，油液作用力就会突然增大，减振器所受的载荷也突然增大；而后，因气体和油液大量吸收和消耗撞击动能，减振器的压缩速度又迅速减小。这样减振器所受的载荷，在压缩行程之初会出现一个起伏，这种现象称为载荷高峰。在这种情况下，减振器所受的载荷可能超过规定的最大值，如图 7-16 所示。

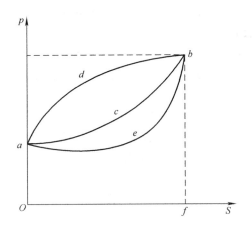

图 7-15　油气减振器压力特性曲线

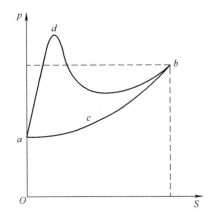

图 7-16　压缩过快造成压力峰值

当飞机以较大的滑跑速度通过跑道上的突起物（如小土堆等）时，通油孔面积较小的减振器也可能产生载荷高峰。因为这时飞机来不及向上运动，减振器的压缩速度很大，甚至还可能超过下降速度过大的着陆时的压缩速度。

4. 油针式减振器的基本原理

现代减振器广泛采用调节油针作为消除载荷高峰的有效措施，其实质就是使通油孔的面积随压缩量变化而改变，如图 7-17 所示。

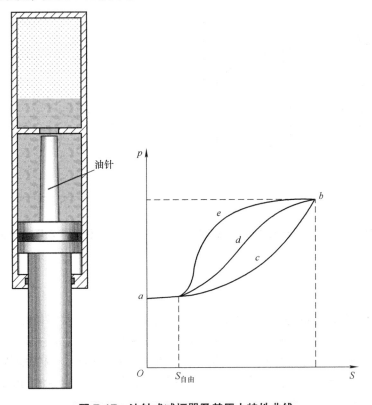

图 7-17　油针式减振器及其压力特性曲线

在压缩行程的最初阶段，通油孔面积很大，油液通过通油孔时基本上没有流动阻力，这段行程称为自由行程。随着压缩量的增大，油针使通油孔面积逐渐减小。在伸张行程中，由于通油孔面积逐渐变大，飞机上升加速较快，在伸张行程结束时，减振器已经完全伸张，但飞机仍具有上升速度，飞机将从跑道上跳起，重新离地，接下来会发生再次撞击。飞机往往需要多次反复才能停止上下振动。

因此，在飞机减振器里装有制动环（也称缓冲环），在伸张行程中，堵住一部分通油孔，使油液通过的节流面积大大减小，增大伸张行程阻力，使飞机上下振动快速停下来。图 7-18 和图 7-19 所示分别为带有反行程制动环减振器的工作原理和压力特性曲线。

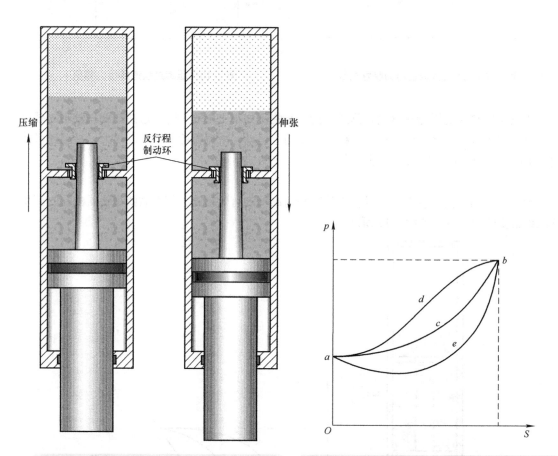

图 7-18　带有反行程制动环减振器的工作原理　　**图 7-19　带有反行程制动环减振器的压力特性曲线**

7.3.4　典型油气减振支柱的结构

油气减振器的具体构造是多种多样的，但它们的工作原理却有很多相似之处。下面以一种常见的减振器——典型飞机减振支柱为例进行介绍，如图 7-20 所示。其主要特点如下：

1）锥形调节油针与内管底部的圆孔构成油液流通的环形通道。内管安装在外筒的顶部，其管壁上开有供油液流动的孔。随着减振支柱的压缩，油针和环形通道的间隙逐渐减小，调节减振器的工作特性。

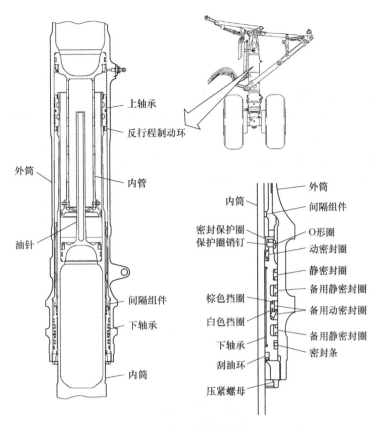

图 7-20　典型飞机减振支柱结构

2）外筒和内筒之间的空间可容纳油液，并且在内筒上轴承下面装有浮动式反行程制动环。在减振支柱工作时，油液通过制动环进出。制动环在外周开有面积较大的槽，在中间钻有小孔。当减振支柱伸张时，反行程制动环靠在上轴承上，堵住周边的槽，外筒和内筒间的油液只能通过制动环的小孔流出，限制了油液流动速度，从而大大减小了减振支柱的伸张速度，防止起落架反弹过快造成飞机"反跳"出现。

3）在外筒的上部装有充气嘴，用于测量监测减振支柱内的压力或者充气；外筒底部装有充油嘴，可在维护时将减振支柱内的油液放掉，也可用于减振支柱油液的灌充。

4）为减小维护时工作量，支柱下轴承装有备用密封圈。备用密封槽的深度比工作密封槽的深度大，密封圈被完全容纳其中，不受挤压变形。当维护减振支柱时，如果工作密封圈损坏，则可将其剪断，然后将备用密封圈放入工作密封槽，这样，便不会因为更换密封圈而将减振支柱完全分解，大大减小了维护工作量。

7.4　收放系统

为了减小飞行阻力，现代飞机的起落架大多是可以收放的，以提高飞机飞行速度、增加航程和改善飞行性能。现代飞机起落架收放系统一般以液压为正常收放动力源，以液压、冷气或电力等作为备用动力源。起落架收放系统能否正常工作直接影响到飞机和旅客的安全。

7.4.1 收放系统原理

1. 收放系统的主要组成

不同机型起落架收放系统的组成及工作情况略有不同，但主要组成部件基本相似，以下以波音 757 飞机主起落架收放系统为例进行分析。

收放系统的主要附件有起落架选择活门、收放作动筒、收上锁及放下锁作动筒、主起落架舱门作动筒、主起落架小车定位作动筒及小车定位往复活门、液压管路等。

起落架选择活门由起落架收放控制手柄作动，其作用是将收放的机械信号转换成液压信号，引导液压油通到起落架收放管路，从而实现起落架的液压收放。

主起落架舱门作动筒的作用是利用液压打开及关闭主起落架舱门，且将舱门锁定在关闭位置。在作动筒内有一个内部机械锁，可将舱门作动筒活塞杆锁定在缩入位置，即舱门关闭位置。舱门打开压力或外部机械传动机构可打开舱门锁。

小车定位往复活门组件的主要作用是将起落架收上或放下管路的压力输送到小车定位作动筒，如图 7-21 所示。

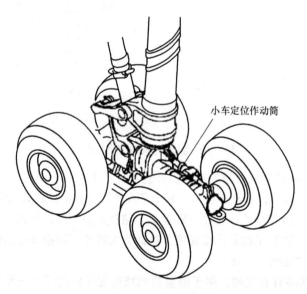

小车定位作动筒

图 7-21　小车定位作动筒

主起落架小车定位作动筒增压时，可使主起落架前轮轴升起而倾斜 9.6°，以使起落架顺利收进轮舱。当飞机着陆时，作动筒活塞缩入，强迫油液通过释压活门回油，此释压活门在 3600psi$^{\ominus}$ 时释压，在 3400psi 时复位。

主起落架舱门顺序活门的作用是提供顺序控制。此活门由舱门作动筒控制，它有三个位置："OPEN""TRANSIT"和"CLOSED"。当舱门完全关闭时，此活门在"CLOSED"位置；当舱门开始打开时，它移动到"TRANSIT"位置；当舱门完全打开时，它移动到"OPEN"位置。收上锁顺序活门及放下锁顺序活门分别由收上锁和放下锁作动筒控制，顺序控制起落架舱门以实现起落架的收进和放出。顺序活门油路的沟通情况见表 7-1。

$\ominus$　1psi=6.895kPa。

表 7-1 顺序活门油路沟通情况

顺序活门	符号	油路沟通情况		
舱门顺序活门	WS	"OPEN" 位	"TRANSIT" 位	"CLOSED" 位
		1⇔4, 5⇔3⇔6	1⇔4, 3⇔6	2⇔5, 6⇒4
收上锁顺序活门	US	起落架收上锁好		起落架未收上锁好
		2⇔6, 3⇔5		1⇔5, 3⇔6
放下锁顺序活门	DS	起落架放下锁好		起落架未放下锁好
		1⇔4, 3⇔5		1⇒5, 2⇔4

注：1⇔4 表示 1 号口与 4 号口双向沟通；6⇒4 表示 6 号口与 4 号口单向沟通，即只能从 6 号口流向 4 号口，反方向不能流动，其他含义相同。

2. 收放系统的工作

前起落架和主起落架的收放工作顺序分别如图 7-22、图 7-23 所示。现以波音 757 飞机起落架放下过程为例分析起落架收放系统的工作过程（图 7-24）。

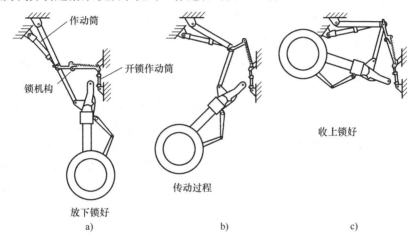

图 7-22 前起落架的收放工作顺序

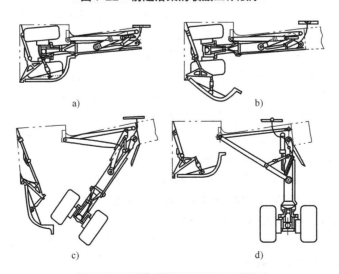

图 7-23 主起落架的收放工作顺序

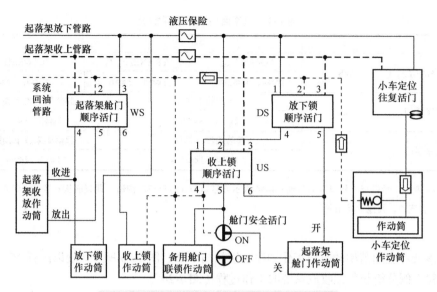

图 7-24 波音 757 飞机起落架收放系统框图

初始状态：起落架收上锁好，起落架舱门关闭。

将起落架收放控制手柄移动到"DOWN"位置，则选择活门将左液压系统液压油输送到起落架放下管路，而起落架收上管路通回油。其工作情况如下：

（1）开起落架舱门 起落架放下管路压力输送到起落架舱门顺序活门（WS）、起落架放下锁作动筒的"锁定"端、收上锁顺序活门（US）、放下锁顺序活门（DS）及小车定位作动筒（通过小车定位往复活门）。在起落架收上锁好的状态下，舱门顺序活门（WS）位于"CLOSED"位置，见表 7-1，油路沟通情况为：WS（2⇔5，6⇒4），DS（1⇒5，2⇒4），US（2⇔6，3⇒5）。

开起落架舱门

放下管路压力→DS（1→5）和 US（2→6）→起落架舱门作动筒的打开腔，舱门作动筒关闭腔→舱门安全活门→US（5→3）→起落架收上管路→回油，舱门作动筒在压差作用下开锁并开始打开舱门。

（2）开起落架收上锁 舱门开始打开时，舱门顺序活门（WS）移动到"TRANSIT"位置，WS（1⇔4，3⇔6）油路沟通。

放下管路压力→WS（3→6）→起落架收上锁作动筒的打开腔，进行开锁。当收上锁打开后，US（1⇔5，3⇔6）油路沟通，放下管路压力→DS（1→5）→舱门作动筒的打开腔，保持舱门打开压力。此时起落架收放作动筒的放下腔被封闭，以保证先开收上锁，后放起落架。

开收上锁

（3）放起落架并锁好 当舱门完全打开后，舱门顺序活门（WS）运行到"OPEN"位置，WS（1⇔4，5⇔3⇔6）油路沟通。

放下管路压力→WS（3→5）→起落架收放作动筒的放出腔，收上腔→WS（4→1）→起落架收上管路→回油，起落架收放作动筒在压差的作用下，起落架开始放出，直到起落架放下并锁好。

放起落架

（4）关起落架舱门 当起落架放下并锁好后，油路沟通情况为：DS（1⇔4，3⇔5），US（1⇔5，3⇔6）。

放下管路压力→DS（1→4）→US（1→5）→舱门安全活门→舱门作动筒的关闭腔，舱门作动筒打开腔→DS（5→3）→起落架收上管路→回油，舱门作动筒在压差的作用下，开始关舱门。当舱门完全关闭后，舱门顺序活门回到"CLOSED"位置。

（5）最终状态　起落架放下并锁好，起落架舱门关闭。

开始关舱门

7.4.2　收放指示和告警

驾驶舱需配备起落架位置指示系统，便于机组确认起落架位置。现代飞机起落架系统中均安装了大量接近传感器，监控起落架和舱门的位置状态，用于驾驶舱显示起落架位置并在位置不正确时产生相应的告警。在一些机型上还保留了机械指示，可以在驾驶舱和客舱的观察窗口直接通过机械指示观察到起落架是否放下锁定。

放起落架完成

1. 接近传感器

主起落架下位锁接近传感器（图7-25）通常安装在主起落架锁连杆上，用于探测起落架是否放下锁定。

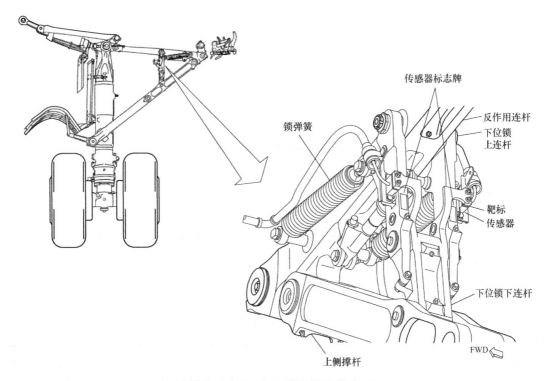

图7-25　主起落架下位锁接近传感器

前起落架上通常有两个接近传感器（图7-26），提供前起落架下位锁指示。传感器安装在后锁连杆的支架上，标靶安装在前锁连杆上。

2. 告警系统

为了确保飞机安全着陆，当飞机处于某种着陆状态而起落架的位置不正确时，告警系统会发出告警提醒驾驶员。告警系统一般包括灯光告警和音频告警。

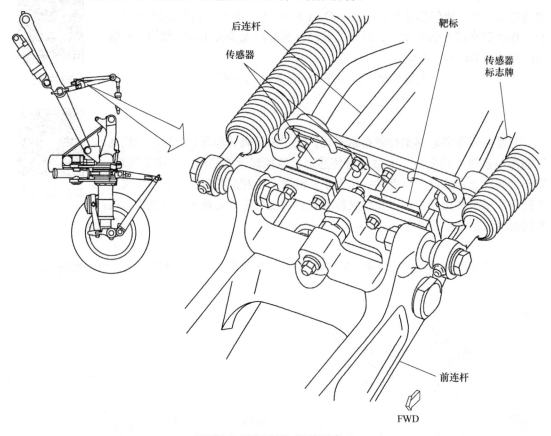

后连杆　　　　　　　　　　靶标

传感器

传感器
标志牌

前连杆

FWD

图 7-26　前起落架接近传感器

（1）灯光告警　现代大型民航飞机，其红色指示灯不但指示起落架的位置，同时也是非安全着陆告警灯。红灯点亮的条件为：收放手柄位置与起落架位置不一致（正常指示），任一发动机油门操纵杆处于着陆状态而起落架不在放下锁好位（告警信号）。

（2）音频告警　为了进一步提醒驾驶员飞机处于较危险的状态，飞机上除了灯光告警，还有音频告警系统，即着陆告警系统。

着陆告警系统根据飞机襟翼位置、油门操纵杆位置和飞机的无线电高度判断飞机是否处于着陆状态。当飞机处于着陆状态且任意一个起落架没有放下锁好时，系统会发出音频告警信号。

图 7-27 所示为波音 737 飞机着陆告警系统启动条件。从图中可看出，飞机着陆告警有不同级别：当飞机高度较高，襟翼放下角度较小时，若发出音频告警，可人工关闭；当高度下降到一定值后，音频告警将重新响起，且不可停响；当襟翼角度放下较大时，无论油门处于多大角度，音频告警均会响起。为保证飞机安全着陆，当飞机在着陆状态而起落架不在正确位置时，起落架音频告警系统会提醒驾驶员将起落架放下，防止未放起落架着陆，危及飞行安全。

7.4.3　备用放下系统

如果正常起落架收放系统失效，备用放下系统必须保证放下起落架。现代飞机的驾驶舱一般都有备用放起落架操纵手柄（或开关）。当操纵手柄时，即打开舱门锁及起落架收上锁，舱门及起落架依靠气动力和自身重力自由下落。应急开锁的方式主要有人工、电动及液压、气压作动。备用放下系统独立于正常起落架收放系统。

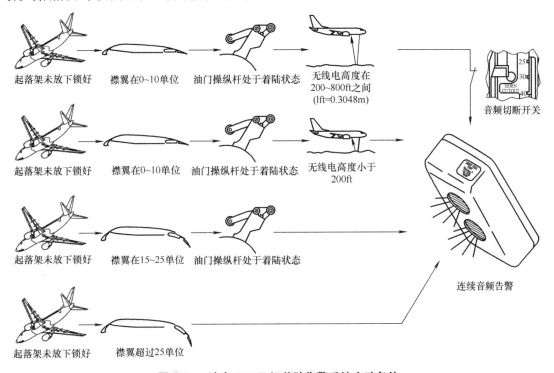

起落架未放下锁好 　 襟翼在0~10单位 　 油门操纵杆处于着陆状态 　 无线电高度在200~800ft之间(lft=0.3048m)

音频切断开关

起落架未放下锁好 　 襟翼在0~10单位 　 油门操纵杆处于着陆状态 　 无线电高度小于200ft

起落架未放下锁好 　 襟翼在15~25单位 　 油门操纵杆处于着陆状态

起落架未放下锁好 　 襟翼超过25单位

连续音频告警

图 7-27 波音 737 飞机着陆告警系统启动条件

注意：当起落架收放系统发生故障时，首先将起落架收放控制手柄扳到"OFF"（关断）位置，然后打开应急释放起落架手柄的接近盖板，此时接近盖板底部的开关使起落架收放选择活门中的旁通活门将起落架收放作动筒两端油液旁通，防止起落架放下时产生液锁。

图 7-28 所示为人工机械开锁的备用放下系统。打开驾驶舱地面上的临近口盖，有三个应急放起落架手柄，分别控制前起落架及两个主起落架的应急放下。用力拉出手柄，此动作依次输送到操纵钢索→扇形轮→操纵杆→曲柄→收上锁机构→打开上位锁，收上锁打开后，起落架可以在重力和气动力的作用下放下并锁好。此种形式的应急放起落架系统完全依靠人力，通过传动机构打开上位锁，因而在操纵时需要较大的力（一般需要 260~360N）。

电动助力应急放起落架系统由应急开关控制。当将应急开关作动到"放下"位置时，电力供往电作动器，电作动器带动扭力轴转动，通过扇形轮及机械连杆，将动力输送到前起落架及两个主起落架，打开起落架舱门锁及收上锁，使其在重力及气动力作用下自由放下并锁好。

单靠重力或空气动力完成的起落架应急放下动作，某些飞机是办不到的。对这样的飞机，还备有一套强有力的应急放下机构，利用液压或压缩空气提供必要的压力。

7.4.4 地面防收上安全措施

飞机在地面停放时，要有地面防收上安全措施，防止因起落架意外地收起而造成人员伤亡和飞机损坏。起落架的防收上措施有以下几种：

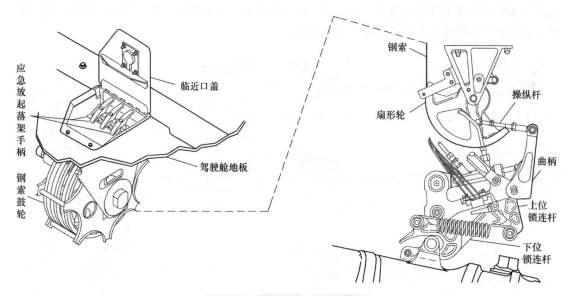

图 7-28　起落架人工放下原理

1）起落架收放控制手柄不能直接扳动。如图 7-29 所示，起落架收放控制手柄在"UP"（收上）、"DOWN"（放下）或"OFF"（关断）位置时，都有卡槽使之固定，防止由于无意识地触碰而收起起落架。操作人员收起起落架时，要拉出手柄才能扳动。

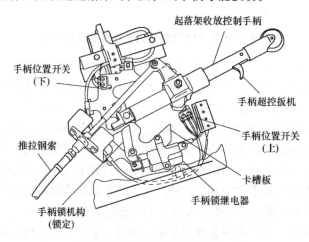

图 7-29　起落架收放控制手柄

2）利用手柄锁，起落架收放控制手柄在地面不能扳到"收上"位。手柄锁的继电器由飞机的空／地开关控制，当飞机在地面停放时，空／地开关发出信号，手柄锁继电器断电，手柄锁机构弹起，使起落架收放控制手柄只能扳到"DOWN"（放下）和"OFF"（关断）位。

为了防止因手柄锁机构发生故障而不能在空中收起起落架，手柄上装有超控扳机，该装置可在手柄锁机构弹起时，使手柄绕过手柄锁机构被扳到"UP"（收上）位。

3）地面机械锁。起落架的地面机械锁是防止起落架收起的最后防线，如图 7-30 所示。飞机落地后，将锁销插入起落架下位锁的定位孔内，并挂上红色标签，提醒人们注意。标签上有"REMOVE BEFORE FLIGHT"（起飞前拆下）标志。

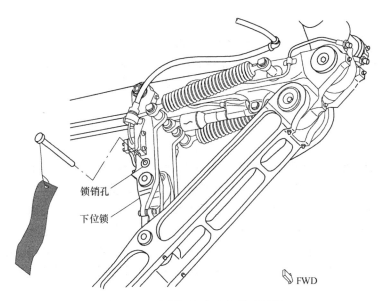

锁销孔

下位锁

FWD

图7-30　前起落架下位锁地面插销

有些飞机上采用地面套筒锁，如图7-31所示。套筒可将起落架收放作动筒伸出的活塞杆夹住，并用销钉固定，以防止收放作动筒的活塞杆缩入。

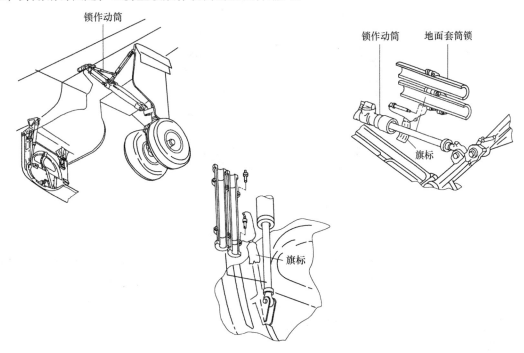

锁作动筒

锁作动筒　　地面套筒锁

旗标

旗标

图7-31　某型飞机主起落架地面套筒锁

起飞前应将地面机械锁拆下，并举示给机组人员验看。如果忘记解除地面机械锁，飞机离地后将因起落架不能收起而返航。

7.5 制动系统

飞机着陆接地时，具有较大的水平分速，滑跑过程中，气动阻力与机轮滚动阻力对飞机的减速作用却比较小。如果不设法增大飞机的阻力，使之迅速减速，则着陆滑跑距离与滑跑时间势必很长。现代飞机都装有着陆减速装置。目前，机轮制动装置是最主要的、应用得最广泛的一种。

7.5.1 制动减速原理和制动效率

制动减速原理如图 7-32 所示。驾驶员操纵制动时，液压油进入固定在轮轴上的制动作动筒，推动制动片，使动片和静片压紧。由于摩擦面之间的摩擦作用，增大了阻止机轮滚动的力矩，所以机轮在滚动中受到的地面摩擦力显著增大，飞机的滑跑速度随之减小。驾驶员制动越重，进入制动作动筒内的油液压力就越大，制动片之间也就压得越紧，阻止机轮滚动的力矩越大，因而作用在机轮上的地面摩擦力也越大。可见，驾驶员可以通过加大制动压力的办法有效地缩短飞机的着陆滑跑距离。飞机沿水平方向运动的动能主要是通过制动装置摩擦面的摩擦作用，转变为热能逐渐消散掉的。

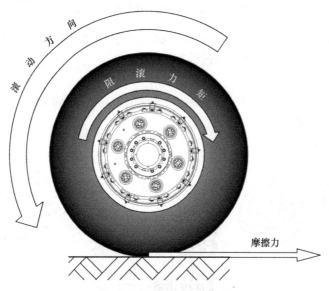

图 7-32 制动减速原理

但是，地面摩擦力的增大是有限度的。随着制动压力的增大，地面摩擦力增大到某一极限值时，即使继续增大制动压力，它也不会再增加。这时机轮与地面之间产生相对滑动，即出现"拖胎"现象。机轮刚要出现拖胎时的这个极限地面摩擦力，称为机轮与地面之间的结合力。飞机在着陆滑跑过程中，如果因制动过猛而产生拖胎，不仅不能有效地缩短滑跑距离，而且会使轮胎过度磨损。

为了防止拖胎，驾驶员应该适当地控制制动压力，使地面摩擦力尽量接近结合力。机轮与地面压得不紧，或地面越光滑，结合力就越小。着陆滑跑过程中，飞机的升力会随着滑跑速度的减小而减小，即机轮压紧跑道的程度会随着滑跑速度的减小而增加。所以，着陆滑跑过程中，正确的制动方法是：随着飞机滑跑速度的减小而逐渐增大制动压力。如果跑道上有积水或结了冰，就变得比较光滑，结合力减小，在这种情况下使用制动，就应该更缓和地增加制动压力。

着陆滑跑过程中，必须准确控制制动压力，使制动力矩在每一时刻都非常接近但又不超过当时的结合力矩。这样的制动过程就是获得了最高制动效率的过程。

7.5.2 独立制动系统

独立的制动系统应用在小型飞机上。这种系统有自己的油箱并且与飞机的主液压系统完全无关。

如图7-33所示，独立的制动系统是由主作动筒供压。此系统由1个油箱，1~2个主作动筒，连接在每个主作动筒与相应制动脚蹬之间的机械连杆、液压管路，以及在每个主起落架机轮内的制动装置组成。

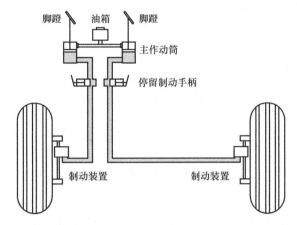

图7-33 典型独立制动系统

踩下制动脚蹬时，使活塞向右移动（图7-34）。活塞稍向右移动封闭了补偿口，产生压力，并传递到制动作动筒。

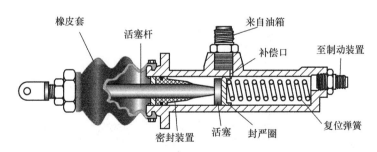

图7-34 主制动作动筒

当放松脚蹬时，主作动筒活塞被一个复位弹簧返回到不制动位置，已流入制动装置的油液将被制动装置里的活塞推回到主作动筒内。

典型的主作动筒都有一个补偿口，当温度变化使制动管路超压时，容许油液从制动腔回到油箱中去。这能保证主作动筒不被锁死而引起制动滞动。而且通过补偿口，油箱内的油液可充满主作动筒。如果补偿口被堵死，制动将不能松开。

7.5.3 增压制动系统

增压制动系统中，主液压系统的压力并不进入制动装置。主系统压力仅用于协助脚蹬给主作动筒油液增压。

如果驾驶员需要比仅用脚蹬产生更大的压力时，驾驶员就继续作动，滑阀过量移动，引导液压系统的压力压向活塞的后面，迫使油液流向制动装置。当放松制动时，滑阀向后回到初始位置，使活塞顶部面积上的油液回到系统油箱中。

7.5.4 液压动力制动系统

现代大中型民航客机大多采用液压动力制动系统，飞机主液压系统常作为制动的动力源。图 7-35 是液压动力制动系统框图。

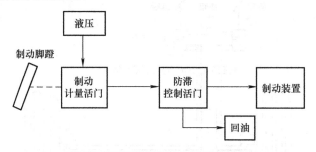

图 7-35 液压动力制动系统框图

液压动力制动系统的主要组成部件有制动脚蹬输入机构（图 7-36）、停留制动手柄、制动计量活门（动力制动控制活门）、防滞控制活门、自动制动控制组件、制动减压器、液压保险、液压往复活门、单向活门、制动装置、防滞传感器、停留制动关断活门、液压选择活门等。

不同飞机的制动系统的组成部件会有所不同，这里只分析典型飞机制动系统。

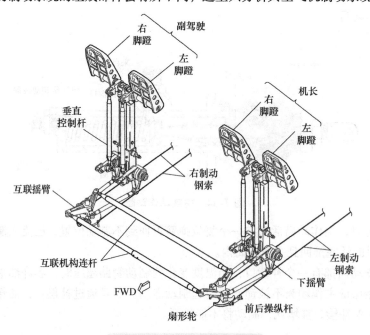

图 7-36 制动脚蹬输入机构

1. 制动计量活门（动力制动控制活门）

制动计量活门的作用是根据驾驶员踩制动脚蹬的输入信号，调节压力口、回油口与制动管路的沟通情况，获得输出与输入信号成正比的制动压力。图 7-37 所示为一典型制动计量活门，它由壳体、输入轴、输入摇臂、输入套筒、输入柱塞、滑阀、反馈柱塞、感觉弹簧和复位弹簧组成。滑阀可以移动，打开或关闭制动管路的供压口或回油口。滑阀装有两个弹簧，感觉弹簧用于提供制动感觉力，复位弹簧用于推动滑阀返回到松制动的位置。输入柱塞可以克服感觉弹簧的弹簧力相对输入套筒运动。

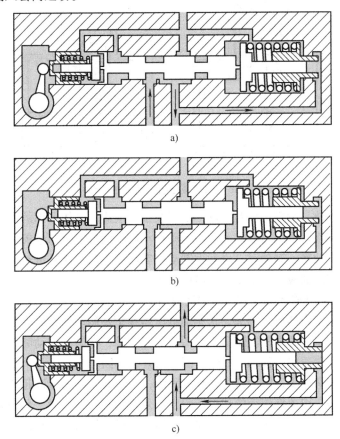

a)

b)

c)

图 7-37 制动计量活门

当踩制动脚蹬时，输入信号通过输入轴→输入摇臂→输入套筒→感觉弹簧（此时被压缩）→输入柱塞→滑阀向右运动（复位弹簧同时被压缩），关闭回油口，油液进入制动管路。当油液流过滑阀后，通过另一个通道流到反馈腔。当压力管路的压力足够大时，反馈腔的压力足以通过反馈柱塞推动滑阀左移（此时输入套筒不动，输入柱塞相对套筒左移），继续压缩感觉弹簧，在制动脚蹬上产生感觉力。随着滑阀的左移，逐渐关闭压力口，但还没有使回油口打开，从而保持制动压力不变。松制动脚蹬时，复位弹簧推动滑阀返回并打开回油口，制动管路的油液经回油口通回油。

2. 制动减压器（流量放大器）

制动减压器主要用于具有高压而制动又需要低压的飞机，它可降低供给制动的压力，且增大油液的流量，故也称为流量放大器。采用制动减压器可增加制动灵敏度，松制动脚蹬时可使制动装置快速松开。现代大中型民航客机的制动系统大多是高压制动系统，因而较少采用制动减压器。

制动减压器一般安装在动力制动控制活门与制动作动筒之间的管道上。其基本组成如图 7-38 所示。

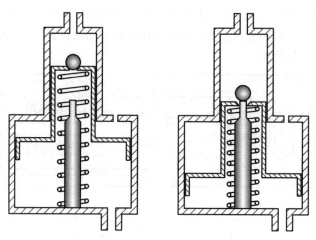

图 7-38　制动减压器（流量放大器）

制动减压器由壳体、活塞、弹簧、球形活门及顶杆组成。壳体上部的进油接头与动力制动控制活门的出油口相连，下部出油接头通向制动作动筒。活塞上下两端的面积不一样，它把壳体内部隔成上下两个油室。制动时，由动力制动控制活门来的油液从进油接头进入上室，并向下推动活塞，把下室的油液挤到制动作动筒中。由于活塞下端的面积比上端的面积大，因此被挤入制动作动筒的油液比进入制动减压器的油液多。

解除制动时，上室内的压力消失，在制动减压器弹簧及制动作动筒恢复弹簧的作用下，活塞迅速向上移动，上室内的油液经制动控制活门流回油箱，在制动作动筒内的油液则流回制动减压器的下室。活塞快速向上移动，在通向制动装置的油路中会产生一个吸力，而上室流回制动控制活门的油液流量较小，回油阻力较小。因此，制动减压器还可以起到迅速解除制动的作用。制动减压器有一个用顶杆作动的球形活门，如果管路有一处泄漏，允许通过此球形活门补充油液。如果制动减压器向下运动到足以使顶杆推动球形活门离开底座，油液在压力作用下将进入下室，补充泄漏的油液。一旦有足够的油液流入下室，活塞将上移，球形活门将复位。

在实际的制动减压器中，球形活门上还有使其保持在关闭位置的活门弹簧（图中未画出）。

此种制动减压器的恢复弹簧比较细长，在压缩过程中，可能产生侧向弯曲而使活塞卡滞，可能导致：开始制动时活塞不动，当液压压力增大到一定数值时，活塞突然移动，使制动压力急剧增大；解除制动后，活塞不能回到顶端，进入制动装置的油液不能完全返回制动减压器，以致制动片和制动套之间间隙过小，甚至仍然保持接触。

3. 制动装置

（1）弯块式制动盘　图 7-39 所示为一种弯块式制动盘的构造。它的主体与轮轴固定，弯块一端用螺栓铰接在主体上，另一端与作动筒相连。不制动时，弯块与制动套之间保持一定的间隙（制动间隙），间隙的大小可以通过调整螺钉进行调整。

制动时，高压油液推动作动筒内的带杆活塞，使弯块压住制动套，利用弯块与制动套之间的摩擦力形成制动力矩。解除制动时，压力消失，弹簧将弯块拉回到原来的位置。

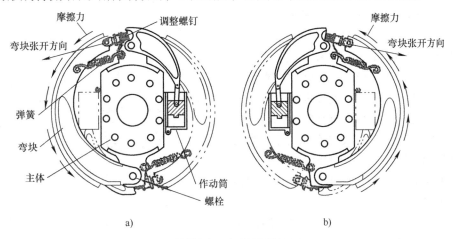

图 7-39 弯块式制动盘

从弯块式制动盘的工作过程中可以看出，如果机轮旋转方向与弯块张开方向一致，作用在弯块上的摩擦力是帮助弯块张开的（图 7-39a），它使弯块与制动套压得更紧，因而能加大制动力矩（称为助动式制动盘）。反之，如果机轮旋转方向与弯块张开方向相反，摩擦力就会阻碍弯块张开（图 7-39b），使制动力矩减小（称为直接作用式制动盘）。安装弯块式制动盘时，必须注意它的张开方向，不要装错。此外，注意保持制动间隙适当：间隙过小，弯块与制动套可能因振动等原因而自动接触，一旦接触，由于阻力作用，滑行中机轮就会发生卡滞现象；间隙过大，则会使制动工作的灵敏性降低。

（2）胶囊式制动盘　图 7-40 所示为一种胶囊式制动盘的构造。它由主体、胶囊、制动片及弹簧片等组成。主体由镁合金制成，固定在轮轴上，它的四周有带卡槽的外环。制动片利用弹簧片卡在外环的卡槽内。胶囊安装在主体与制动片之间。

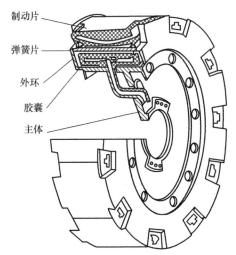

图 7-40 胶囊式制动盘

制动时，高压油液进入胶囊，使胶囊鼓起，把制动片紧压在制动套上，产生摩擦力，形成制动力矩。解除制动时，胶囊收缩，制动片靠弹簧片的弹力，恢复到原来的位置。

从胶囊式制动盘的工作原理与构造特点可以看出，它与弯块式（助动式）制动盘相比，具有摩擦面积大（在外廓尺寸相同的情况下）、磨损均匀、制动工作柔和且不易产生卡滞等优点。它的主要缺点是，制动时需要向胶囊内输送较多的油液，因而工作灵敏性较差（尤其是大型制动盘）。

随着飞机尺寸的增大，飞机着陆水平动能越来越大，对制动装置性能的要求越来越高，而上述制动装置由于自身结构特点的限制，不能提供更大的摩擦面积以达到所需的制动力矩，因此人们便发明了圆盘式制动装置。

（3）单圆盘式制动装置　如果飞机制动所必须消耗的动能相对较小时，可以采用单圆盘式制动装置。如图 7-41 所示，它由旋转盘、制动片及制动作动筒组成。旋转盘用滑键固定在转轴上，它随着机轮的转动而转动，而且它可相对于转轴移动。C 为旋转盘，A 为固定制动片，制动片 B 可由制动作动筒活塞杆推动。

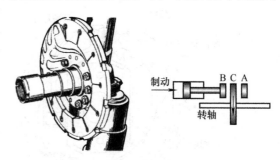

图 7-41　单圆盘式制动装置

制动时，制动作动筒推动制动片 B 移动，作用在旋转盘 C 上。由于旋转盘相对于转轴可以沿轴线运动，使 B、C、A 盘压紧贴合在一起，旋转盘的横向位移保证了作用在制动圆盘两侧的制动力相等。

（4）多圆盘式制动装置　多圆盘式制动装置采用多个制动片，从而增大了制动面积，故能产生更大的制动摩擦力。现代大中型飞机多采用此种制动装置。

多圆盘式制动装置常把多个制动部件组装在一起形成组件，因而也称为制动组件。如图 7-42 所示，它包括制动作动筒及制动间隙调节器、制动磨损指示销、制动片、扭力管、压力盘、液压接头、放气口等。制动片由多个动片和静片组成，动片和静片是间隔排列的。静片安装在制动装置的扭力管上，不随机轮转动，但可沿轴向运动。压力盘与制动作动筒活塞杆固连，支撑片（静片）固定不动。而动片可随机轮转动，也可沿轴向运动。制动组件固定在轮轴上，当安装上机轮时，所有动片键槽应与装在轮毂内的驱动键对正。图 7-43 所示为典型多圆盘式制动装置分解图。

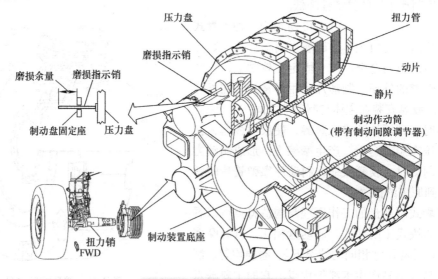

图 7-42　多圆盘式制动装置

对于采用多圆盘式制动装置的飞机，制动是通过制动装置内的动片与静片之间压紧产生摩擦而实现的。如果飞机经过多次制动后，会使制动片磨损而导致制动间隙过大，从而影响制动系统的正常工作。所以现代飞机的制动装置内都装有自动制动间隙调节器，它可以根据制动片的磨损情况自动调节制动间隙。

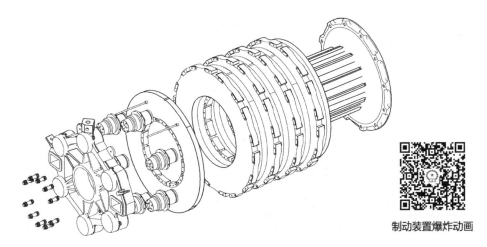

制动装置爆炸动画

图 7-43　典型多圆盘式制动装置分解图

　　根据制动间隙调节器与制动作动筒的安装关系，有两种型式的制动间隙调节器：一种是整体式，即调节器与制动作动筒为一体（图 7-44）；另一种是分离式，即调节器与制动作动筒分离（图 7-45）。

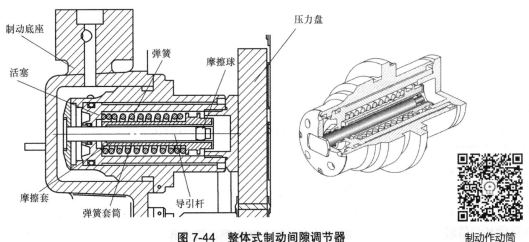

图 7-44　整体式制动间隙调节器　　　　制动作动筒

　　图 7-44 所示为一种典型的整体式制动间隙调节器，调节器位于制动作动筒活塞内部。正常制动时，液压油进入制动作动筒的左腔，活塞伸出，推动压力盘进行制动。此时弹簧被压缩，但弹簧座并未接触到衬套。如果制动片磨损，制动时，液压作动活塞杆伸出，直到活塞接触到弹簧套筒，仍没有使制动装置内的动、静片压紧，此时作动筒活塞继续伸出，作动力经弹簧套筒带动摩擦套相对摩擦球右移，使制动作动筒活塞伸出，直到将制动装置内的动片和静片完全压紧。摩擦套将定位在一个新的位置，活塞也定位在一个新的位置，从而补偿了由于制动片磨损导致的过大的制动间隙。

　　图 7-45 所示为一种典型的分离式制动间隙调节器。制动间隙调节器由摩擦管、摩擦销、弹簧及壳体等部分组成。摩擦销插入摩擦管内，在摩擦销的左端有一个球头，此球头的直径略大于摩擦管的内径。在正常情况下摩擦管和摩擦销是一体的，不会发生相对移动。如果作动力很大，会使得摩擦销的球头压入摩擦管内，从而使摩擦销从摩擦管中伸出，以补偿制动间隙。

压力盘与制动作动筒的活塞杆、制动间隙调节器的摩擦销是固定连接的。制动作动筒多采用单作用式作动筒，即制动时液压油通入制动作动筒，松制动时依靠弹簧力复位。

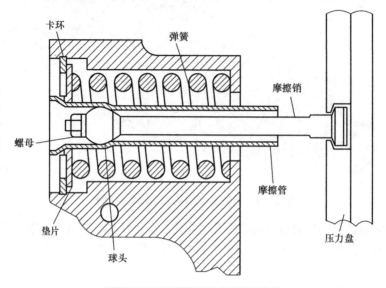

图 7-45　分离式制动间隙调节器

7.5.5　液压动力制动系统的工作

液压动力制动系统一般可分为人工制动、自动制动、停留制动、空中制动。现代飞机制动系统一般有三个制动压力源：两个来自飞机液压源系统，另一个来自制动蓄压器。有些飞机上还有应急压力源。现代飞机大多采用主轮制动，即仅在主起落架上有制动装置，如图 7-46 所示。

1. 人工制动

人工制动是指驾驶员通过操纵制动脚蹬而进行的制动，通常包括正常制动、备用制动和蓄压器制动。图 7-46 所示为一典型的现代飞机制动系统，正常制动和备用制动使用不同的液压源。正常情况下由 B 液压源供压，其压力可直接输送到正常制动计量活门；当 B 液压源的压力降低到某一值时，备用制动选择活门自动选择 A 液压源，将 A 液压源的压力输送到备用制动计量活门，同时关闭蓄压器隔离活门；当 A 和 B 液压源的压力都低时，蓄压器隔离活门打开，蓄压器的压力可以供往正常制动计量活门。制动压力可来自 B 液压源（正常制动）、A 液压源（备用制动）或制动蓄压器。正常和备用制动计量活门使用相同的输入轴。除了在起落架收进制动期间，仅有一个计量活门得到压力。备用制动选择活门和蓄压器隔离活门用于控制哪个计量活门得到压力。

当踩下制动脚蹬时，此机械信号通过传动机构传送到制动计量活门，正常制动计量活门和备用制动计量活门（使用相同的输入轴）同时被作动。正常或备用制动计量活门控制选定的压力源（B 液压源、A 液压源或制动蓄压器）向制动管路供压。

（1）正常制动　如果 B 液压源供压正常，当踩制动脚蹬时，B 液压源的压力→正常制动计量活门→自动制动往复活门→正常防滞控制活门→液压保险→制动往复活门→制动作动筒，利用 B 液压源的压力进行正常制动。

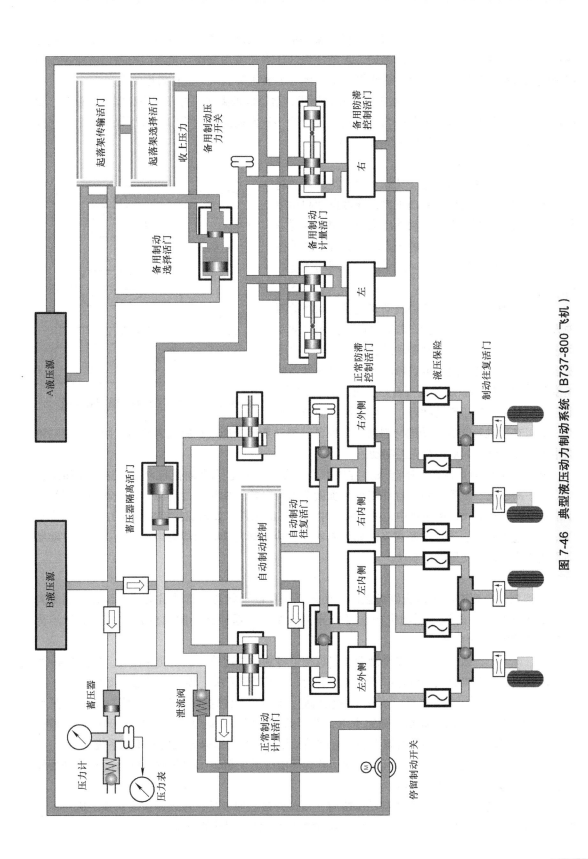

图 7-46 典型液压动力制动系统（B737-800 飞机）

（2）备用制动　如果 B 液压源压力低于某一值，备用制动选择活门将 A 液压源的压力供往备用制动计量活门，当踩制动脚蹬时，A 液压源的压力→备用制动计量活门→备用防滞控制活门→液压保险→制动往复活门→制动作动筒，利用 A 液压源的压力进行备用制动。

（3）蓄压器制动　如果 A 和 B 液压源都低压，蓄压器隔离活门打开，当踩制动脚蹬时，蓄压器压力→正常制动计量活门→自动制动往复活门→正常防滞控制活门→液压保险→制动往复活门→制动作动筒，利用蓄压器压力进行制动。

2. 自动制动

自动制动是指不需要驾驶员踩制动脚蹬，自动制动压力控制组件自动调节制动压力，通过自动制动往复活门接入正常制动系统。制动压力控制组件接受 B 液压源的压力，可将调节好的压力输送到自动制动往复活门→正常防滞控制活门→液压保险→制动往复活门→制动作动筒。

自动制动则包括着陆自动制动和起飞自动制动两种方式。着陆自动制动是指在着陆之前，使用自动制动选择旋钮（图 7-47）选择制动减速度。制动减速度要根据着陆机场的跑道长度选择。选择好自动制动减速度后，自动制动系统要进行自检，如果通过自检，则自动制动系统处于准备状态。一旦满足自动制动条

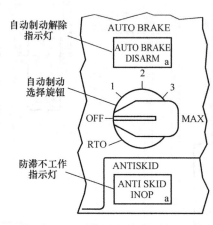

图 7-47　防滞／自动制动控制面板

件，则可在飞机着陆后自动进行制动。如果自动制动系统未通过自检或有故障，则自动制动解除指示灯亮，此时只能进行人工制动。

起飞自动制动是指在中断起飞过程中的自动制动。在起飞之前把自动制动选择旋钮旋至RTO（中断起飞）位置，随后自动制动系统就会进行自检，如果通过自检，则自动制动系统处于准备状态。在起飞滑跑过程中，如果满足中断起飞的条件（如地面扰流板打开），则可以自动以最大减速度制动，迅速中断起飞。如果未通过自检，则自动制动解除指示灯亮，表示自动制动不能工作，只能使用人工制动。

3. 停留制动

停留制动主要应用于地面停机制动。要想保持住制动状态，驾驶员必须持续踩住制动脚蹬，如果松开制动脚蹬，制动机构在复位弹簧的作用下返回到松制动位置。图 7-48 所示为B737 飞机停留制动系统。

（1）停留制动锁定机构　停留制动锁定机构可将制动脚蹬锁定在制动的位置，如图 7-49 所示，停留制动的基本组成部件有：停留制动手柄、停留制动开关、锁爪、复位弹簧等。

（2）停留制动机构的工作　当踩下制动脚蹬，向上拉出停留制动开关（图 7-49），卡爪接触制动脚蹬下摇臂上的止动销，锁定卡爪，使制动机构保持在制动位置。此时松开制动脚蹬，它会保持在制动状态。制动压力源大多来自制动蓄压器，也可以来自飞机液压源系统。

一个完全充压的压力蓄压器可保持制动装置被增压至少 8h。如果停放飞机超过 8h，使用轮挡放置在主起落架外侧机轮前后。

在停留制动状态下，向前踩制动脚蹬时，复位弹簧拉回卡爪，释放停留制动锁定机构；当松开制动脚蹬时，在复位弹簧的作用下，制动脚蹬返回到松制动的位置。

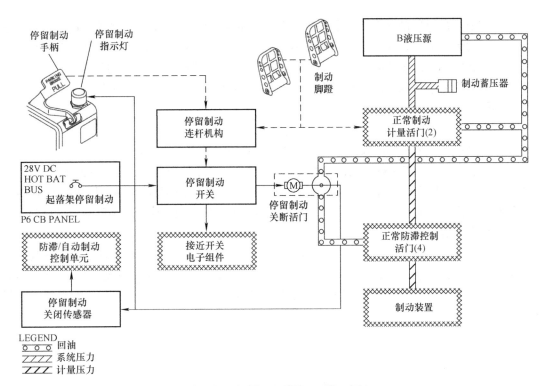

图 7-48 B737 飞机停留制动系统

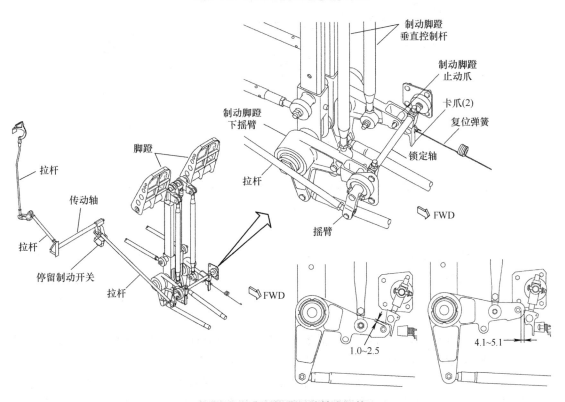

图 7-49 典型停留制动锁定机构

有些飞机上的停留制动系统与上述情况不同。如 A320 飞机上的停留制动手柄控制一个选择活门，通过此选择活门控制通往制动作动筒的油液（并不是通过将制动脚蹬固定于制动位置）。在操纵停留制动手柄的同时，控制一个选择活门以切断防滞控制活门的回油路。

停留制动优先于其他任何一种制动方式。另外，停留制动不仅用于地面停机，而且可作为应急制动使用。

4. 空中制动

空中制动是指为使机轮在收进轮舱之前使其停止转动而进行的制动。主起落架的空中制动借助于备用制动系统。当飞机离地，起落收放手柄置于"收上"位置时，在起落架收进过程中，起落架收上管路的压力作动备用制动计量活门（有些飞机通过起落架收进制动作动筒），同时将收上管路的压力通过备用制动计量活门、备用防滞控制活门、液压保险、往复活门最后输送到制动作动筒进行阻止机轮转动的制动。

由于现代飞机大多仅在主轮上有制动装置，因而主轮的空中制动可以直接利用其制动系统。但前起落架没有制动装置，因而前轮的空中制动通常使用制动板（或制动带）。前起落架收进轮舱后，前轮轮胎即与制动板（或制动带）接触，产生机械摩擦力以阻止前轮转动，如图 7-50 所示。

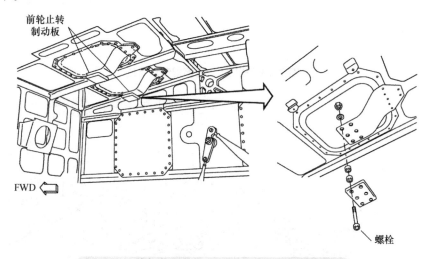

图 7-50　前起落架的空中制动（前起落架舱顶部）

7.5.6　防滞制动系统

防滞制动系统的功用是在着陆滑跑过程中使制动压力按照临界制动压力的变化规律变化，以获得高的制动效率。

飞机上主要有两种类型的防滞制动系统：惯性防滞制动系统和电子式防滞制动系统。

1. 惯性防滞制动系统

惯性防滞制动系统包括传感器和防滞控制活门两个主要附件。传感器固定在制动盘或者轮轴上，防滞控制活门（电磁活门）安装在制动部分的工作管路中。

（1）工作情况　在着陆滑跑过程中进行制动时，从制动部分输出的油液，经防滞控制活门进入制动作动筒。当制动压力过大而使机轮拖胎时，机轮便具有较大的负角加速度；传感器感受到机轮的负角加速度以后，即操纵一个开关，将防滞控制活门线圈的电路接通。活门便在电磁吸力作用下，打开回油路，堵住来油路。于是，制动盘内的油液的压力迅速降低。待拖胎解除，机轮恢复正常滚动后，被传感器接通的电路立即断开，电磁吸力消失，一活门在弹簧力作用下恢复原位，重新打开来油路，关闭回油路，制动压力重新增大。当机轮再次进入拖胎时，传感器又操纵防滞控制活门减小制动压力。如此周而复始，便可使制动压力围绕临界制动压力做有规律的变化，断续控制制动压力松制动，保证不产生拖胎，获得高的制动效率，如图7-51所示。

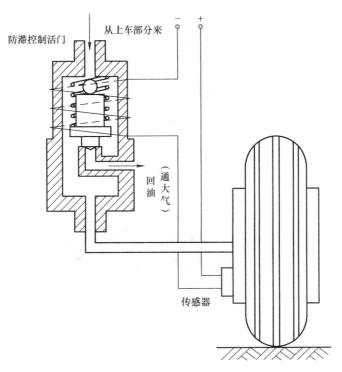

图 7-51 惯性防滞制动系统工作原理

（2）惯性传感器 惯性传感器基本构造如图7-52所示，它是依据惯性原理制成的。惯性传感器感受机轮的负角加速度，及时将机轮拖胎信号输往防滞控制活门。

惯性传感器内，传动轴右端的传动齿轮与轮毂上的齿轮衔接，斜面筒套在传动轴外面；顶杆片插在传动轴的缺口内，其右端与斜面筒的两个斜面接触。当传动轴向一边旋转时，可以通过顶杆片推斜面筒上缺口的直边，带着斜面筒一起旋转；而当斜面筒相对于传动轴沿同一方向转动一个角度 $\Delta\varphi$ 时，则顶杆片会被斜面筒上的斜面顶出。套筒依靠其右边的两个凸齿卡在斜面筒右端底边的缺口内。飞轮套在套筒外面，并通过三个摩擦块与套筒接触。改变各摩擦块上径向弹簧的弹力可调整飞轮与套筒之间的结合紧度。这样，当套筒旋转时，由于摩擦块与套筒之间的摩擦作用，飞轮会被带着一起旋转；反之，飞轮旋转时，也可以通过这种摩擦作用带着套筒转动一个角度。

机轮旋转时，通过齿轮带动传动轴、顶杆片、斜面筒和套筒，并且通过摩擦块的摩擦作用，使飞轮一起转动。

如果制动压力超过临界制动压力而使机轮拖胎，机轮的旋转角速度就会急剧降低，传动轴的旋转角速度随之降低，也就是说，机轮和传动轴具有较大的负角加速度。这时，飞轮由于惯性作用，带着套筒与斜面筒相对于传动轴超前转动一个角度 $\Delta\varphi$，迫使顶杆片伸出，推动杠杆，克服弹簧张力，压下微动开关。于是，防滞控制活门线圈的电路接通，打开放气（回油）路，以减小制动压力，解除拖胎。当顶杆片伸出到极限位置（由杠杆上的限动螺钉限制）时，由于斜面筒在传动轴上的运动受到了限制，飞轮就不能再带着套筒相对于传动轴转动。这时，飞轮靠自身的动能相对于套筒超前旋转，依靠摩擦块的摩擦作用，将顶杆片保持在伸出位置，以便有一定的时间来解除拖胎。

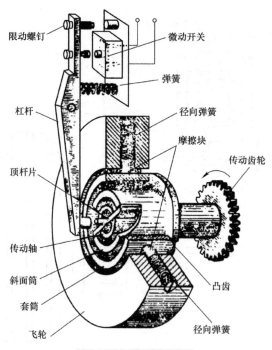

图 7-52　惯性传感器

在上述过程中，飞轮的转速在不断减小，而随着制动压力的减小，机轮的旋转角速度却在迅速增大。因此，传动轴的旋转角速度很快又大于飞轮的旋转角速度。于是，顶杆片在弹簧作用下缩回，转角 $\Delta\varphi$ 消失，微动开关随即断开，制动压力重新增大。直到制动压力上升到超过临界制动压力时，又重复上述的调节过程。

2. 电子式防滞制动系统

现代飞机大多采用电子式防滞制动系统。

（1）滑移率的概念　飞机的滑行速度 $v_{机}$ 与机轮的旋转线速度 $v_{轮}$ 不一定相同，这一偏差的大小可用滑移率表示，即

$$滑移率 = \frac{v_{机} - v_{轮}}{v_{机}}$$

当滑移率等于 0 时，飞机没有拖胎；而滑移率等于 1 时，飞机处于完全拖胎状态，轮胎将受到极大的损伤。无论外界条件如何变化，滑移率处于 15% ~ 25% 时，制动效率最高。如果飞机滑行时能够精确控制滑移率在这一范围内，就能保证足够高的制动效率。

（2）电子式防滞制动系统的组成　图 7-53 所示为电子式防滞制动系统原理。轮速传感器感受机轮滚动速度，送到防滞控制单元；防滞控制单元根据轮速、飞机滑行速度计算机轮的滑移

率，与理想滑移率比较，发出控制信号并送到防滞控制活门；防滞控制活门根据防滞控制单元的控制信号，连续控制供向制动装置的油液压力，使机轮的滑移率等于理想滑移率，从而达到最高的制动效率。

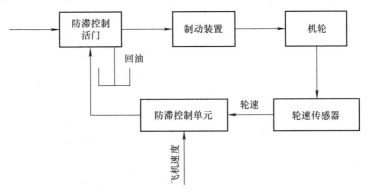

图 7-53 电子式防滞制动系统原理

电子式防滞制动系统由三个主要元件组成：轮速传感器、防滞控制单元和防滞控制活门。

1）轮速传感器。轮速传感器是测量轮速的敏感元件，它实际上是一个小的交流发电机。它装在机轮轴上，如图 7-54 所示，转子通过机轮的轮帽轴驱动。机轮转动时，轮速传感器发出电信号，并将此反映轮速的电信号输送到防滞控制单元。

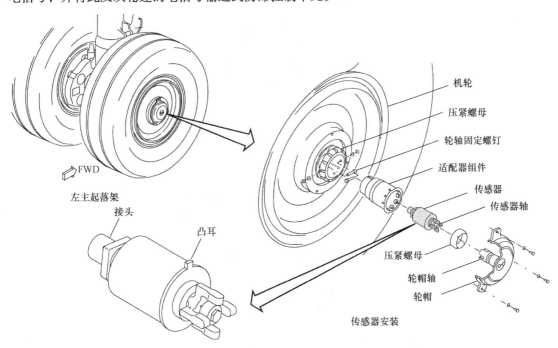

图 7-54 典型飞机的轮速传感器

2）防滞控制单元。防滞控制单元接收轮速传感器的轮速信号、飞机滑行速度信号，计算机轮的滑移率，与理想滑移率比较，发出控制信号并送到防滞控制活门，调节制动压力。

3）防滞控制活门。防滞控制活门是典型的电液伺服阀，典型防滞控制活门及其原理如图7-55、图 7-56 所示，其功用是根据防滞控制信号控制供向制动装置的油液压力。

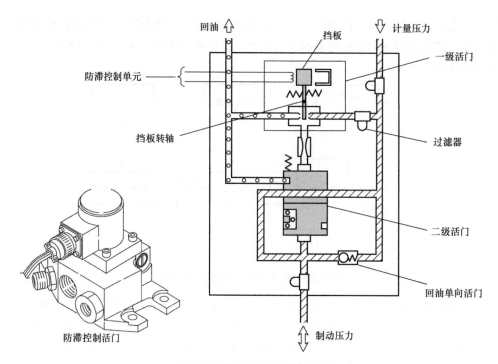

防滞控制活门

图 7-55 典型防滞控制活门

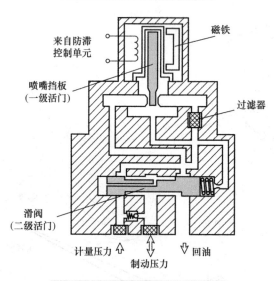

图 7-56 防滞控制活门工作原理

3. 电子式防滞制动系统的功用

飞机由下滑到在跑道上停稳的过程中，电子式防滞制动系统起着多种作用：接地保护功能、锁轮保护功能、正常防滞功能、人工制动功能。该系统工作过程如图 7-57 所示。

（1）接地保护功能 当飞机下滑即将接地时，轮胎是静止的，若此时驾驶员踩下制动，将使机轮瞬间严重拖胎。接地保护电路的功能是在飞机即将接地瞬间解除制动的作用（虽然已经实施制动）。当飞机主轮触地且机轮滚动速度达到制动允许速度时，接地保护电路断开。

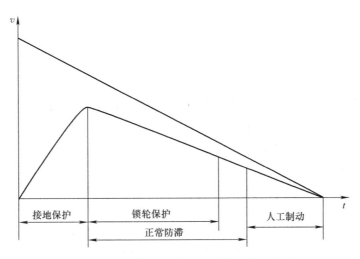

图 7-57 飞机着陆电子式防滞制动系统工作过程

（2）锁轮保护功能 当飞机通过局部积冰（水）的跑道时，由于机轮轮胎与地面的摩擦力不够而发生拖胎现象。如果正常防滞控制不能将其解除，就需要由锁轮保护电路发出超控信号，使制动管路释压，且释压时间比解除正常拖胎的时间要长，这是为了给这个机轮一个加速的时间。

锁轮保护电路监测两个同侧机轮的速度差，当两轮速相差一定值时，锁轮保护电路工作，释放低速机轮的制动压力，以使锁轮保护电路在轮速低于某一值后脱离工作。

（3）正常防滞功能 正常防滞控制是在机轮转速降低但还没有停转时进入工作的。当机轮减速到刚好开始打滑但还没有达到完全滑动的程度时，防滞控制活门就使供向机轮制动的液压力减小一些。这可使机轮转动稍快一点并使其停止打滑。滑动越严重，制动压力降低得也就越多。当轮速低于某一值时正常防滞控制电路脱离工作。

（4）人工制动功能 当轮速低于某一值时，正常防滞电路脱离工作，由驾驶员进行人工制动。在防滞制动过程中，驾驶员也可操纵防滞开关断开防滞制动系统。

4. 电子式防滞制动系统比惯性防滞制动系统效率高的原因

电子式防滞制动系统是根据机轮速度和飞机速度之差，利用直接控制滑移率连续调节制动压力，以保证最高制动效率。防滞传感器感受机轮的速度，并和基准速度比较，当产生一定偏差时，经信号放大，输送到电液伺服活门的输入端。

惯性传感器是感受机轮的负角加速度，断续控制松／刹以保证不产生拖胎。因此，电子式防滞制动系统比惯性防滞制动系统效率高。

7.5.7 制动温度的探测和冷却

飞机地面制动时，制动片之间剧烈摩擦，会使制动装置过热。因而，在某些飞机上有制动温度探测器，监控制动温度。它采用热电偶探测制动温度，当出现过热时，制动过热"HOT"指示灯会亮。此指示灯又是制动冷却风扇控制开关，可以控制制动冷却风扇的工作。当主起落架放下锁好时，按下制动冷却风扇控制开关，即可使制动冷却风扇工作，使制动装置迅速冷却。

7.6.1 机轮功用

机轮的主要作用是在地面支持飞机的重量，减少飞机在地面运动的阻力，吸收飞机着陆和地面运动时的一部分撞击能量。主起落架机轮上装有制动装置，可用来缩短飞机着陆的滑跑距离，并使飞机在地面具有良好的机动性。

机轮主要由轮毂和轮胎构成。

7.6.2 轮毂的分类和构造

轮毂通常用镁合金或铝合金制成。它们与同重量的钢制轮毂相比，具有较大的刚度，在同样的受热情况下，温度升高也较少。后一特点对高速飞机来说是很重要的。因为制动时有大量的热传给轮毂，如果轮毂温度升高得很多，就容易使轮胎（特别是内胎）受高温影响而损坏。

轮毂主要有三种类型：固定轮缘式轮毂、可卸轮缘式轮毂和分离式轮毂。

1. 固定轮缘式轮毂

中间下凹的固定轮缘式轮毂在早期飞机及某些轻型飞机上使用，并且必须配有内胎轮胎，其构造如图 7-58 所示。

由于轮缘固定，在装配轮胎时存在一定的困难，尤其是当飞机向大型化发展后，轮缘高度和轮胎钢丝圈的强度都相应增大，固定轮缘式轮毂便被拆装容易的可卸轮缘式轮毂替代。

2. 可卸轮缘式轮毂

可卸轮缘式轮毂构造如图 7-59 所示。轮毂由铸造的轮毂本体、可卸轮缘和止动卡环构成。可卸轮缘式轮毂一般配备低压轮胎。拆卸轮胎时，应将轮胎彻底放气，拆下止动卡环，将轮缘从轮毂本体上拉出，然后可将轮胎快速拆下。

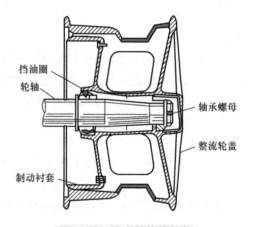

图 7-58 固定轮缘式轮毂

可卸轮缘式轮毂由止动卡环承受轮胎的压力，一旦卡环出现缺陷，机轮容易爆胎，对设备和人员造成伤害。因此，维护采用可卸轮缘式轮毂的机轮应格外小心，将机轮从飞机上拆卸前必须彻底放气，充气时要做好保护措施。

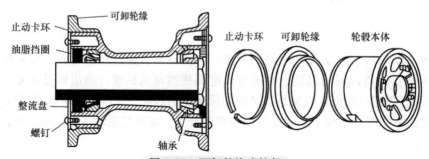

图 7-59 可卸轮缘式轮毂

目前，民航飞机已用安全性更高、维护性能更好的分离式轮毂取代了可卸轮缘式轮毂。

3. 分离式轮毂

分离式轮毂构造如图 7-60 所示。整个轮毂由内侧和外侧半轮毂通过高强度连接螺栓和自锁螺母连接在一起。分离式轮毂配合无内胎轮胎使用，靠轮胎的胎缘在内部气体压力作用下紧压在轮缘上，并在两个半机轮的分离处加装 O 形密封圈以增加密封效果。分离式机轮的充气嘴直接装在轮毂上，这样即使机轮错线，充气嘴也不会受到破坏。

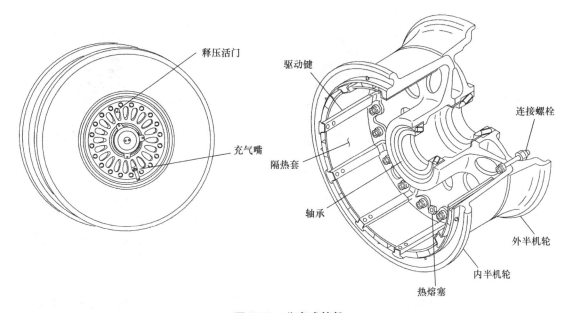

图 7-60　分离式轮毂

分离式轮毂上还装有热熔塞。热熔塞是一个空心螺钉，空心处浇注有易熔金属（熔化温度约为 150℃）。飞机猛烈制动时，制动装置产生大量的热，使轮胎内气体温度升高，压力增加。当气体温度达到一定值时，热熔塞熔化，缓慢将气体放出，防止飞机爆胎。因热熔塞熔化而放气的轮胎应报废，轮毂应进行硬度检查，以确定是否报废。

为了防止轮胎内气体压力过高，轮毂上还装有释压活门。当轮胎内压力过高时，释压活门打开，释放掉过高的压力，确保轮胎安全。

为了安装制动装置，内侧半轮毂上固定有制动盘动盘驱动键，同时装有减弱制动装置向轮毂辐射热量的隔热套。隔热套一般采用不锈钢材料制成。

7.6.3　轮胎的构造

轮胎构成了一个空气势层，主要有以下作用：支持飞机重量；减弱飞机滑行中的颠簸跳动；缓冲飞机着陆过程中的冲击，并帮助吸撞击能量；产生必要的制动摩擦力，以便飞机在着陆时使飞机停住。轮胎必须能承受巨大的静载荷、动载荷及热载荷。

1. 轮胎类型

轮胎分为有内胎和无内胎两种类型。有内胎轮胎的气密性由内胎保证，无内胎轮胎的气密性由轮胎内层气密橡胶层和轮毂及轮胎与轮毂接合面的压紧保证。目前飞机普遍采用性能更好的无内胎轮胎来配合分离式轮毂使用。相对于有内胎轮胎，无内胎轮胎更轻，轮胎刺穿后渗漏损失小，机轮滑跑时轮胎温度可下降约 10℃。这可使无内胎轮胎具有更长的使用寿命或更高的使用速度。

2. 轮胎结构

图 7-61 所示为两种飞机所用的无内胎轮胎的结构。轮胎主要由胎面、帘线层、侧壁、胎圈和内层构成。

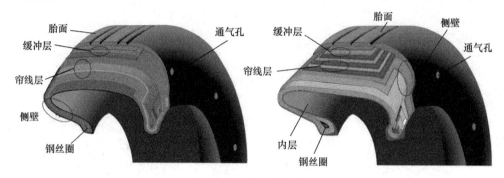

图 7-61　轮胎结构

（1）胎面　胎面由耐磨的合成橡胶制成，可保护内部的帘线层。为了提高轮胎的耐久性和抗冲击特性，胎面下是缓冲层及尼龙制成的保护层和加强层。为了提高轮胎在各种使用条件下与跑道之间的结合力，胎面上开有一定深度的胎纹：对于在铺装跑道上使用的轮胎，胎纹沿圆周方向，主要是防止轮胎出现滑水现象；而对于在非铺装跑道上使用的轮胎，一般可开菱形花纹（又称为全天候花纹）。

（2）帘线层　帘线层是轮胎受力的主要部分，又称胎体层，由多层涂胶的尼龙帘线构成。根据帘线缠绕形式，轮胎可分为斜交线轮胎和子午线轮胎。斜交线轮胎的各层帘线相交（相邻的两层帘线相交为一定角度，一般约为 90°），而子午线轮胎的帘线层相互平行。斜交线轮胎的强度大且抗割伤、抗穿刺能力较强，而子午线轮胎的速度特性较好。

（3）侧壁　轮胎侧壁是胎体侧壁帘线的主要保护层，它能防止帘线损坏和暴露，侧壁还可提高胎体的强度。对于某些安装在前轮上的轮胎，其侧壁上会有导流器，能使跑道上的水折向侧边，避免水泼溅到安装在后面的喷气发动机上。

对于无内胎轮胎，在轮胎侧壁靠近胎缘区域会发现轮胎通气孔，如图 7-61 所示。轮胎通气孔的作用是为胎体内的空气提供排出的通道。胎体内的空气可以是生产加工后存在胎体帘线中的残留空气，也可以是通过内衬层正常渗漏在胎体内积聚的空气。若没用通气孔作为空气排出的自由通道，胎体内的空气会导致轮胎胎面胶或侧壁橡胶的松弛或隆起。通气孔是在生产加工过程中使用直径约为 1.5mm 的锥子刺穿胎侧壁橡胶层形成的，并用绿色或灰色作为标记。

（4）胎圈　胎圈包括钢丝圈和胎缘涂胶包边布。钢丝圈是轮胎的骨架，有高的抗拉强度和刚度，通过它把载荷传递给轮毂。胎缘涂胶包边布形成胎口断面形状，防磨并与轮毂的轮缘紧密贴合，防止无内胎轮胎漏气。

（5）内层　优质橡胶构成的内层确保无内胎轮胎的气密性，其作用相当于内胎。取消内胎后，减少了内胎和外胎之间的摩擦，可使轮胎滚动时产生的热量减少，提高轮胎性能和使用寿命。

3. 轮胎标识

轮胎侧壁上有多种标识，如图 7-62 所示。这些标识随着制造厂家的不同而不同，通常包括零件号、轮胎规格标识、平衡标识、磨损标识、序号、生产日期、有内胎／无内胎标识。对于翻新的轮胎，还会存在轮胎翻新型式和次数标识。

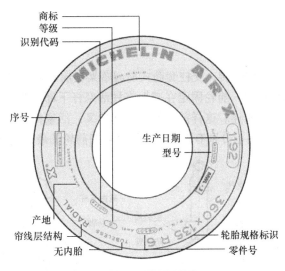

图 7-62 轮胎标识

（1）零件号和轮胎规格标识 零件号是识别轮胎的唯一正确的标准（如 4210N00034）。轮胎规格标识标明轮胎的尺寸规格，一般标识法为：外径 × 宽度 − 内径（如 19.5 × 6.75 − 8，标识轮胎外径为 19.5in[⊖]，宽度为 6.75in，内径为 8in）。

（2）平衡标识 外胎上用红色点表明轮胎重量较轻的一边，安装时要对准气门嘴（内胎上或无内胎的轮毂上），或对准内胎有重点（黄色）标识处。

（3）磨损标识 磨损标识用以观察胎面在使用中的磨损程度及更换轮胎的磨损标准。它是位于胎面纵向花纹底部的横隔橡胶条。一般外胎使用到表面与标识齐平时应更换（维护手册有另外规定除外）。

（4）其他标识 其他标识包括序号、生产日期、翻修标识、生产厂家、允许最大压力和最高使用速度等。

4. 轮胎的储存

强烈的光线和热量将导致橡胶出现裂纹和整体性能退化，必须保护轮胎免受过热、潮湿和强光。在存放时应将轮胎和内胎存放在阴凉、干燥的暗室中，并使它们远离散热器、蒸汽管线、电动机和其他热源。

避免润滑油、燃油、乙二醇或液压油对轮胎的侵蚀，因为这些液体对橡胶都是有害的。在使用中应该立即擦掉无意中溅到或滴到轮胎上的任何液体。

轮胎存放时，尽可能使用轮胎架，避免过多的堆放，防止引起钢丝圈扭曲变形。内胎应保持原包装储存。

⊖ 1in = 25.4mm。

前轮转弯系统提供飞机在地面的方向控制。现代飞机多采用前轮转弯，大型飞机还配备有主轮转弯系统。例如波音 B777 和 B747 等，同时配备有前轮和主轮转弯系统。在一些老式低速飞机上，往往使用尾轮转弯。

7.7.1　前起落架构造特点与前轮稳定距

1. 前起落架构造特点

为了使前轮能绕支柱轴线偏转，支柱套筒式前起落架在前轮上采取了一些措施。图 7-63 所示为一种支柱套筒式前起落架，前轮固定在减振支柱活塞杆下部的轮叉上，轮叉通过防扭臂与可绕支柱外筒转动的旋转筒相连。这样前轮便可连同轮叉、活塞杆、防扭臂和旋转筒等一起绕支柱轴线转动。支柱和旋转筒上分别有限动块，用来限制前轮的最大偏转角。

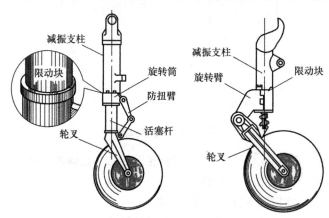

图 7-63　前轮绕支柱轴线偏转的前起落架

对于装备转弯机构的重型飞机的前起落架，其最大偏转角由转弯机构的行程限制而不采用限动块。

2. 前轮稳定距

在各种型式的前起落架上，前轮的接地点都在其偏转轴线与地面交点的后面。前轮接地点（即地面对前轮的反作用力着力点）至起落架偏转轴线的距离，称为稳定距 t，如图 7-64 所示。

有了稳定距，飞机滑行时，前轮的运动就可以保持稳定。当前轮因某种原因而偏转了一个角度时，作用于前轮的摩擦力对支柱轴线的力矩就能使前轮转回到原来位置。

为了使飞机在地面滑行时能够灵活地转弯，也需要前轮具有稳定距。例如飞机在滑行中，利用单制动使两边主轮的滚动阻力不等，形成转弯力矩而转弯时，如果前轮没有稳定距，前轮的侧向摩擦力对支柱轴线的力矩等于零，前轮不能偏转，只能被飞机带着向一侧滑动，这时前轮上的侧向摩擦力很大，转弯比较困难。如果前轮有稳定距，则当飞机转弯时，作用在前轮上的侧向摩擦力对支柱轴线产生一个力矩，使前轮相应地偏转，这样飞机就比较容易转弯，如图 7-65 所示。

稳定距的大小，对前三点式起落架飞机在地面运动的稳定性和前起落架支柱的受力有较大的影响：稳定距过小，地面运动的稳定性不好；稳定距过大，则支柱承受的弯矩会大为增加。

可见，稳定距过大、过小都是不好的。

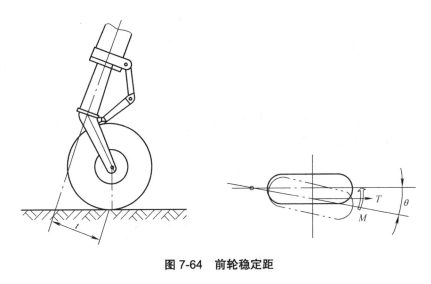

图 7-64 前轮稳定距

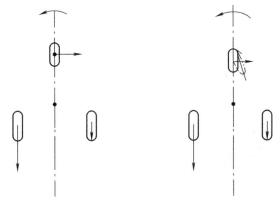

图 7-65 稳定距对飞机在地面转弯的作用

7.7.2 前轮转弯系统操纵

前轮转弯系统可通过前轮转弯手轮（手柄）或方向舵脚蹬来操纵，如图 7-66 所示。前轮转弯手轮主要用于飞机低速滑行且转弯半径较小的情况或用于拖飞机，此时前轮控制偏转角度较大。方向舵脚蹬主要在飞机起飞和着陆过程中高速滑跑时使用，此时前轮转弯与飞机方向舵同时被操纵，前轮控制偏转角度较小。采用两种前轮转弯操纵方式主要是为了操纵方便，避免倾翻，适应小转弯半径和满足拖行的需要。各类飞机前轮转弯角度见表 7-2。

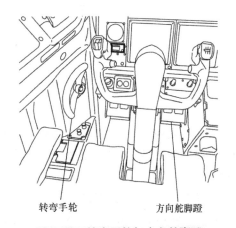

图 7-66 转弯手轮与方向舵脚蹬

表 7-2　各类飞机前轮转弯角度

操作方式	波音 737	波音 757	波音 767	波音 777	空客 320
方向舵脚蹬操作	7°	7°	7.5°	7°	6°
转弯手轮	78°	65°	65°	70°	74°

7.7.3　前轮转弯系统的组成

　　飞机转弯系统包括输入机构、控制钢索、方向舵脚蹬转弯互联机构、转弯计量活门、转弯作动筒、转弯环和比较机构等，如图 7-67 所示。

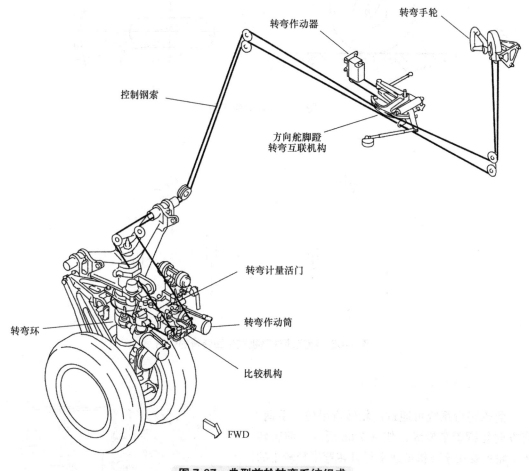

图 7-67　典型前轮转弯系统组成

1. 方向舵脚蹬转弯互联机构

　　在地面操纵方向舵脚蹬转弯时，方向舵也随着偏转；在空中时，方向舵脚蹬转弯互联机构将脚蹬与转弯系统脱开，使脚蹬只能操纵方向舵，防止在飞行中转弯系统与方向舵操纵发生干扰。

　　如图 7-68 所示，方向舵脚蹬转弯互联机构是一个由空/地开关控制的机构，由旋转作动器、转弯摇臂、转弯扇形轮、离合器摇臂、定中弹簧、偏心轮组成。

当飞机在空中时，来自空/地系统的信号为旋转作动器提供动力。旋转作动器使偏心轮转到空中位，将离合器摇臂从转弯摇臂上推开，不会让方向舵脚蹬的任何运动到达离合器摇臂。方向舵脚蹬输入不再驱动转弯扇形轮。当飞机在地面时，旋转作动器使偏心轮转到地面位，推动离合器摇臂与转弯摇臂止动块接触。这允许方向舵脚蹬驱动离合器摇臂，从而驱动转弯扇形轮。

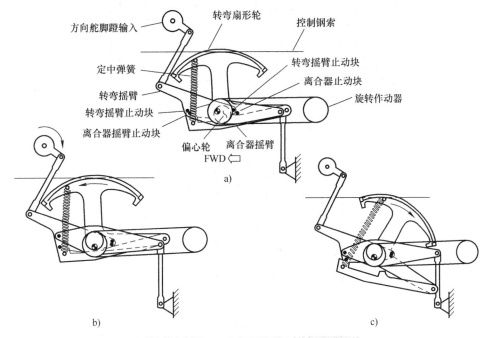

图 7-68 波音 737 方向舵脚蹬转弯互联机构

a）飞机在空中 b）飞机在地面用方向舵脚蹬左转弯 c）飞机在地面用转弯手轮右转弯

2. 转弯计量活门

转弯计量活门是典型的机械液压伺服阀，如图 7-69 所示。计量活门通过比较机构（一般为杠杆机构）接收控制钢索的操纵信号和反馈钢索的反馈信号，其差值使液压伺服阀阀口开度产生变化，控制通往转弯作动筒的液压动力。

3. 转弯作动筒

转弯作动筒是前轮转弯的驱动机构。空客系列飞机采用齿轮-齿条式转弯作动筒直接驱动内筒实现转弯，如图 7-70 所示。波音飞机多采用两个转弯作动筒驱动转弯环，通过防扭臂带动前轮转弯，如图 7-71 所示。

7.7.4 典型前轮转弯系统

现代民航客机的前轮转弯系统大多采用机械液压伺服系统，而对于某些电传飞机，则采用电液伺服系统。

如图 7-71 所示，前轮转弯作动筒铰接于转弯固定板上，转弯固定板则固定于减振支柱的外筒上。转弯环也安装于减振支柱外筒上，它可以相对于外筒转动。前轮转弯作动筒的活塞杆端头铰接于转弯环上，上防扭臂铰接于转弯环上，同时上防扭臂又与下防扭臂铰接，下防扭臂铰接于减振支柱内筒上。当转弯作动筒的活塞杆推动转弯环转动时，转弯环通过上下防扭臂带动减振支柱内筒转动，从而带动前轮转动。

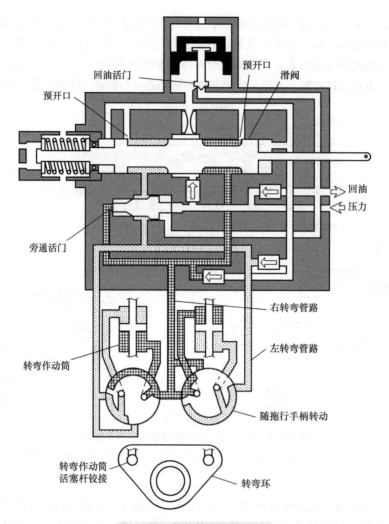

图 7-69　前轮转弯计量活门

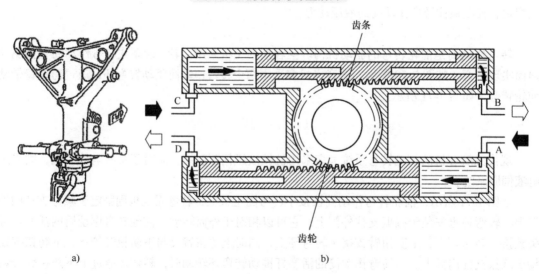

a)　　　　　　　　　　　b)

图 7-70　空客 300 飞机前轮转弯作动筒

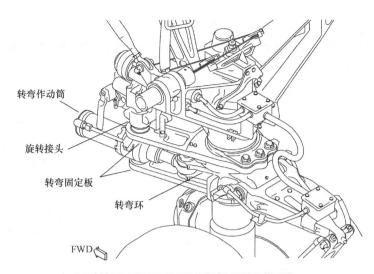

图 7-71 波音 737 飞机前轮转弯作动筒

前轮转弯动力的传递路径是：减振支柱外筒→转弯动作筒活塞杆→转弯作动筒外筒→转弯环→上防扭臂→下防扭臂→减振支柱内筒→前轮。

机械液压式前轮转弯系统由前轮转弯手轮（手柄）和方向舵脚蹬、转弯计量活门、传动机构、转弯作动筒、空/地感应机构、自动定中机构、超压活门、拖行卸压（旁通）活门等组成。

如图 7-72、图 7-73 所示，当操纵前轮转弯手轮或方向舵脚蹬时，通过钢索、鼓轮、滑轮将信号传递到输入摇臂，输入摇臂的转动作动转弯计量活门的滑阀（或称机械液压伺服活门）移

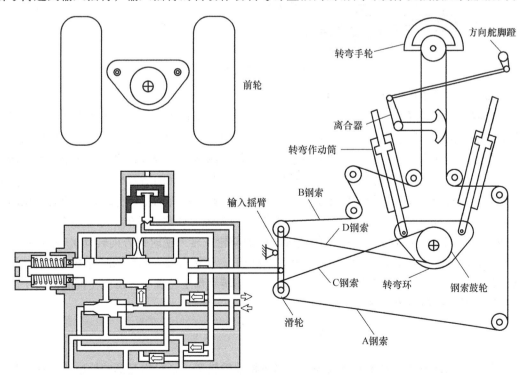

图 7-72 典型机械液压式前轮转弯系统组成

动。滑阀的移动使得液压油供往前轮转弯管路（左转弯管路或右转弯管路），直到前轮转弯作动筒。转弯作动筒的一个工作腔通液压油，同时另一腔通回油，使转弯作动筒的活塞杆伸出（或缩入），推动转弯环转动，从而带动前轮转动。钢索的另一端固定于转弯环上的一个钢索鼓轮上，当前轮转动时，此钢索鼓轮带动钢索运动，以提供反馈信号。

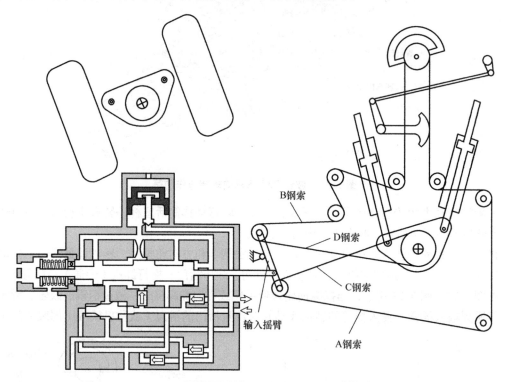

图 7-73　左转弯工作情况

左转弯时系统工作情况如图 7-73 所示。

初始状态，前轮转弯计量活门在中立位置。当左转前轮转弯手轮时，A 钢索被拉紧，同时 B 钢索放松（注意：钢索相对于鼓轮不滑动），使前轮转弯输入摇臂绕支点逆时针方向转动，滑阀（伺服活门）向右移动，偏离原来的中立位置，打开油路，左转弯管路通液压油，而右转弯管路通回油。左作动筒的前腔通液压油，后腔通回油，左作动筒的活塞杆向后伸出，即向后推动转弯环；而右作动筒的后腔通液压油，前腔通回油，右作动筒的活塞杆缩入，即向前拉动转弯环。即一个作动筒"推"，另一个作动筒"拉"，作动转弯环向左偏转，带动前轮向左转弯。随着前轮向左偏转，固定于转弯环上的钢索鼓轮随前轮左转（逆时针方向转动），使 C 钢索放松，同时 D 钢索拉紧（注意：钢索相对于鼓轮不滑动），使转弯输入摇臂顺时针方向转动，导致滑阀（伺服活门）通油孔的开度逐渐关小。当前轮偏转到预定位置时，滑阀（伺服活门）回到中立位置，通油孔被堵死，整个控制过程结束。

7.7.5　现代前轮转弯系统的作用

现代飞机的前轮转弯系统并不仅限于操纵飞机前轮转弯，还可以起到前轮减摆、拖行释压和超压释压等作用。

1. 前轮减摆功能

飞机在直线滑跑中，如果由于跑道不平或操纵上的原因，使前轮偶尔受到一个外力或外力矩，它会向一方偏转一个角度，前轮便可能围绕着飞机运动的轴线不停地摆动。前轮摆振可使轮胎撕裂，折断支柱，造成严重事故。

现代飞机上使用的前轮转弯系统中，往往不单独安装减摆器附件（图7-74），因为这种前轮转弯系统本身就能起到减摆作用。

在前轮转弯系统中，转弯计量活门的分油活门上采取预开口的方法。当活门处于中

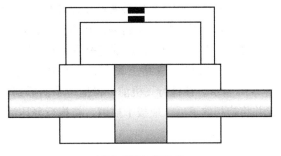

图7-74　减摆器

立位置时，作动筒两端可通过预开口互通并经补偿器回油，起到减摆阻尼作用。此预开口相当于节流孔的情况（图7-69），使前轮转弯作动筒两腔通过一个节流孔（由伺服活门的预开口形成）连通。当发生摆振时，油液被强迫流过节流孔，产生热耗作用，消耗摆振的能量。

当滑阀（伺服活门）处于中立位置，即前轮位置偏转到与转弯手轮或方向舵脚蹬操纵所要求的对应位置，并停止继续偏转时，前轮即可起到减摆作用。

有些小型飞机上前轮转弯没有专门的驱动机构（图7-75），而是利用主轮的制动力不同和前起落架的稳定距实现转弯。

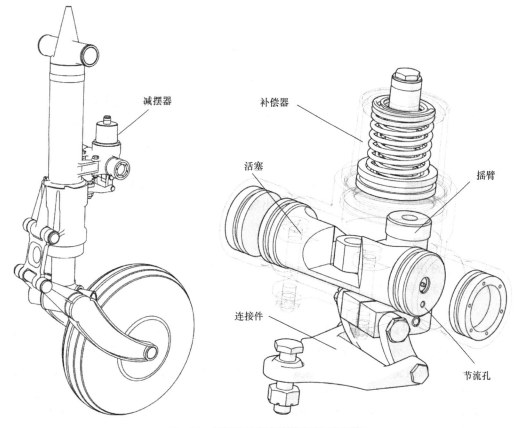

图7-75　某型飞机前起落架及减摆器

2. 拖行释压功能

前轮转弯系统本来是用来帮助驾驶员进行前轮转弯的，但是当拖行飞机时，前轮转弯液压压力又会对被拖行飞机的转弯产生阻碍作用。当拖行飞机时，若拖车带动飞机转弯，则机轮偏转带动转弯套筒上的钢索转动，转弯计量活门将在比较机构连杆的作用下打开，若此时转弯系统管路中有液压压力，高压油将驱动转弯作动筒使前轮向相反方向转动，导致起落架结构损坏。

应在系统供压管路上设置拖行释压活门，拖行释压活门的控制手柄称为拖行手柄，如图 7-76 所示。在拖行飞机前，将拖行手柄扳到"拖行"位，并插入插销将其锁定。飞机拖行完成并将拖把取下后，应拔下插销，将拖行释压活门复位，否则，飞机将不能实现转弯操纵。

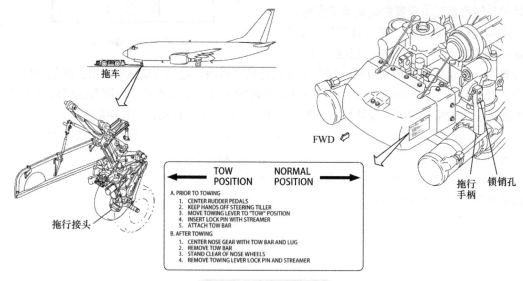

图 7-76　飞机地面拖行

维护手册中规定，当前起落架减振支柱镜面高度超过规定值时，不允许拖行飞机。这是因为此时飞机重心太靠后，拖行可能造成飞机后倾；减振支柱内上、下轴承距离太近，拖行会造成前起落架弯矩过大，发生损坏。另外，前轮的自动定中机构也可能受到破坏。

3. 超压释压功能

前轮转弯系统中转弯作动筒内的油液，通过转弯计量活门内的旁通阀，从连接作动筒的一个管路流到另一个管路中，避免了转弯作动筒出现超压情况，即具有超压释压功能。

7.7.6　前轮定中机构

现代飞机上常用的前轮定中机构主要有内置式和外置式两种。其功用是在前轮离地后和接地前，使前轮保持在中立位置，以便顺利地收放起落架和正常接地。

1. 内置式前轮定中机构

图 7-77 所示为一种内置式前轮定中机构，它由一组内部的定中凸轮组成，其中一个凸轮安装于减振支柱外筒上，另一个凸轮安装于减振支柱内筒上。在飞机离地后，在重力及支柱内气体压力的作用下，减振支柱伸张，内筒上的定中凸轮与外筒上的定中凸轮接触并沿其表面滑动，使前轮定中到对准正前方的位置，此时不能进行前轮转弯。在飞机接地后，前起落架减振支柱压缩，内筒上的定中凸轮与外筒上的定中凸轮脱离，减振支柱内外筒之间可以相对转动，可以进行前轮转弯。

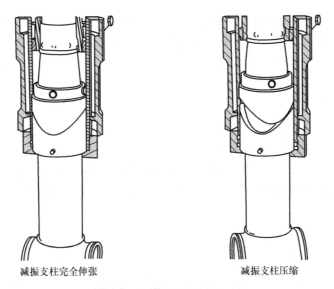

减振支柱完全伸张　　　　　　　　　减振支柱压缩

图 7-77　内置式前轮定中机构

2. 外置式前轮定中机构

图 7-78 所示为波音 777 飞机上的外置式前轮定中机构。它的作用是当前起落架收进时，将前轮定中机构锁定在中立位置，由弹簧筒、摇臂和扭力轴、驱动装置、导杆、凸轮组件和钢索鼓轮组成，位于前起落架的顶部。

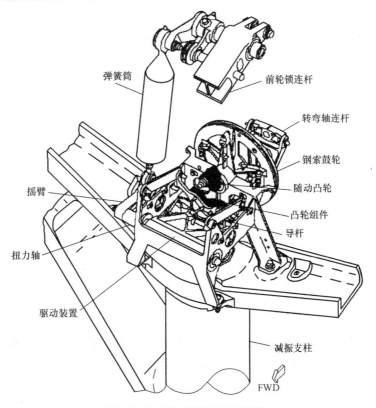

图 7-78　外置式前轮定中机构

当飞机离地、前起落架收进时，前轮锁连杆作动弹簧筒。弹簧筒通过摇臂带动扭力轴转动，作动驱动装置及凸轮组件升起。驱动装置和凸轮组件作动随动凸轮到中立位置，使前轮转弯手轮（转弯钢索）返回并锁定到中立位置。

7.7.7　主起落架转弯系统

有些重型飞机的主起落架也可以转弯。主起落架转弯主要是为了减小在飞机转弯时刮擦轮胎、减小转弯半径和操纵飞机转弯的力。主起落架转弯主要有两种形式：一种是主起落架后轮轴转弯，如波音 777 飞机；另一种是主轮小车整体转弯，如波音 747 飞机的机体起落架。

图 7-79、图 7-80 所示为前轮右转弯时主轮的转弯情况。主起落架转弯系统是跟随前轮转弯系统而工作的。

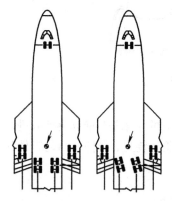

图 7-79　波音 777 飞机主起落架转弯

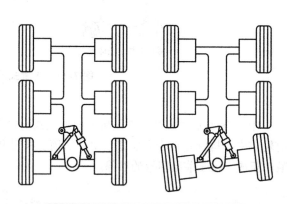

图 7-80　波音 747 飞机主起落架转弯

7.8　空 / 地系统和尾橇

7.8.1　空 / 地系统

空 / 地系统为飞机系统提供空中模式及地面模式的信号。

空 / 地系统由以下部件组成：起落架压缩传感器、接近开关电子组件、空 / 地继电器、空 / 地离散系统。图 7-81 所示为波音 737 飞机空 / 地系统。

在波音 737NG 飞机上共有两套空 / 地系统监控起落架减振支柱的压缩状况。每个起落架都有两个压缩传感器，分别向两个空 / 地系统提供输入。接近开关电子组件处理来自三个传感器信号，然后向飞机其他系统提供空 / 地信号。当接近开关电子组件储存器储存了一个故障信号，或者任何一个空 / 地系统处于超控模式时，"PSEU"灯被点亮。

1. 前起落架压缩传感器

前起落架的两个压缩传感器，给空 / 地系统提供前起落架减振支柱的压缩位置信号。

起落架压缩传感器是感应式传感器。每个传感器都有一个金属靶标和一个接近开关。如图 7-82 所示，传感器固定在上防扭臂的左右两侧的支架上。靶标固定在转弯环两侧的支架上。

当飞机在地面时，前起落架减振支柱压缩，靶标接近传感器，这个信号传送至接近开关电子组件。当接近开关电子组件探测出传感器感应变化时，判定为靶标接近了传感器；当飞机离开地面，减振支柱伸张，标靶远离传感器。如果探测一个传感器失效时，传感器的状态被默认为远离靶标。

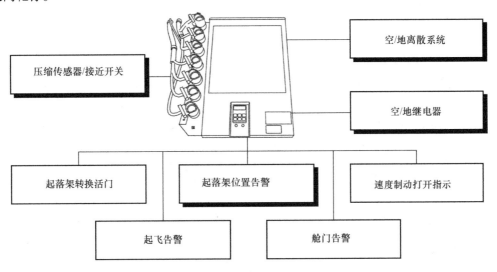

图 7-81 波音 737 飞机空 / 地系统

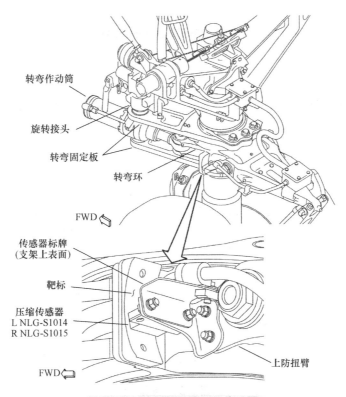

图 7-82 前起落架的压缩传感器

2. 主起落架压缩传感器

每个主起落架上各有两个压缩传感器，为空 / 地系统提供主起落架减振支柱的压缩状态。主起落架压缩传感器同样是由一个金属靶标和一个接近开关组成的，如图 7-83 所示。

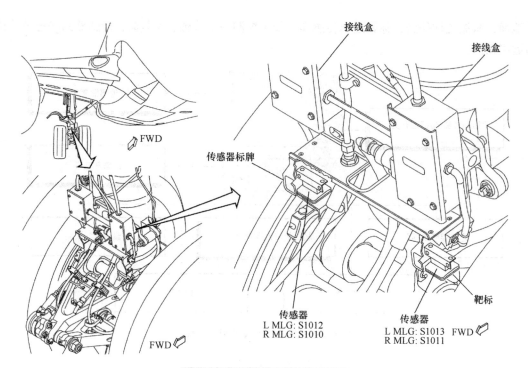

图 7-83　主起落架压缩传感器

7.8.2　尾撬

尾撬（图 7-84）的作用是当飞机起飞抬头角度过大导致飞机擦尾时，对安定面隔框提供保护。

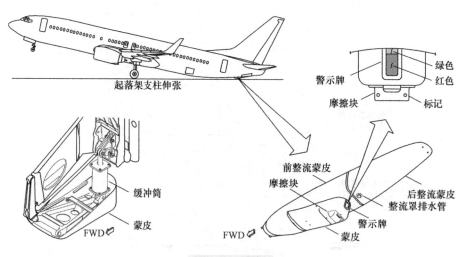

图 7-84　尾撬

当机尾擦地造成的撞击较小时，冲击力被尾撬缓冲筒吸收。摩擦块上有 4 个磨损标记，当摩擦块磨损达到磨损标记时，需要更换摩擦块。尾撬上还有一块警告牌，警示牌上部是绿色的，而下部是红色的。正常情况下两种颜色都可以看到，但当看到只有红色时，说明尾撬受到了较大的撞击，使相应的吸收撞击力的缓冲筒受到了破坏，需要进行更换。

第8章
飞行控制系统

8.1 飞行控制系统基础

8.1.1 飞行控制系统概述

飞行控制系统可用来保证飞行器的稳定性和操纵性、提高完成任务的能力与飞行品质、增强飞行的安全性及减轻驾驶员负担、增强乘坐的舒适性。

飞机的飞行控制主要是稳定和控制飞机的角运动（偏航、俯仰与滚转）以及飞机的重心运动（前进、升降与左右）。飞机飞行控制采取的是反馈控制原理。飞机是被控制对象，自动控制系统是控制器。飞机和自动控制系统按负反馈的原则组成闭环回路（飞行控制回路），实现对飞机飞行的稳定与控制。

如图8-1所示，飞行控制系统是传递操纵指令，驱动舵面运动，控制飞机飞行姿态的系统。它包括三个部分：指令环节、传动环节和被控制对象（飞机飞行姿态）。

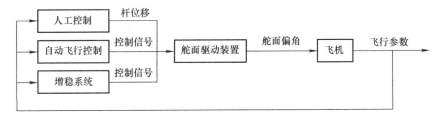

图8-1 飞机飞行控制系统回路框图

1. 人工控制模式

人工控制模式是驾驶员通过中央操控机构（驾驶盘、脚蹬、中央操纵台、侧杆等输入机构）控制飞机的运动。

2. 自动飞行控制模式

自动飞行控制模式是指通过飞行自动控制系统操纵舵面和油门操纵杆，自动控制飞机的飞行，这时驾驶员只进行监控，不直接参与对飞机的控制。

自动飞行控制包括速度保持、高度保持、航线保持、自动着陆等。

3. 增稳系统

由于现代高空、高速或者超音速飞机飞行包线不断扩大，飞机的稳定性变差。另外将飞机设计成静不稳定或稳定性不足，可以减小飞行阻力、增大升力以及减小飞机重量，大大提高了飞机的经济性。这些都使飞机飞行产生不易衰减的激烈振荡，靠驾驶员人工控制非常困难。飞机飞行阻尼器的出现可以大大改善飞机的动稳定性，它引入角速度负反馈，使舵面产生与飞机振荡相反的运动，这样，可以提高阻尼力矩，使振荡快速衰减下来。增稳系统和控制增稳系统可以提高飞机的静稳定性和操纵性。

8.1.2　坐标轴和运动姿态

飞机在空中的运动可分解为飞机各部分随重心一起的移动和各部分绕重心的转动。为便于研究飞机的转动，可假想通过飞机的重心设定一个坐标系，该坐标系有三根互相垂直的轴：纵轴（OX）、立轴（OY）和横轴（OZ）。

纵轴：飞机绕纵轴的运动称为横滚或滚转，因此纵轴也称为横滚轴。操纵副翼可使飞机产生横滚（滚转）运动。

横轴：通过飞机重心与纵轴垂直，伸向两翼。飞机绕横轴的运动称为俯仰，因此横轴也称为俯仰轴。操纵升降舵可使飞机产生俯仰运动。

立轴：通过飞机重心并与纵轴和横轴垂直。飞机绕立轴的转动称为偏航，因此立轴又称为偏航轴。操纵方向舵可使飞机产生偏航运动。

飞机绕三个轴的运动如图 8-2 所示。

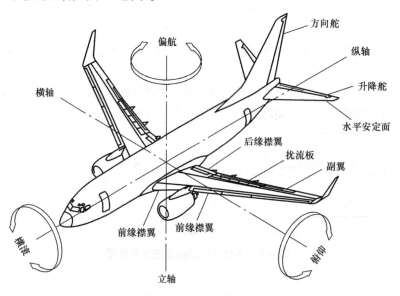

图 8-2　飞机绕三个轴的运动

8.1.3　主飞行控制系统和辅助飞行控制系统

主飞行控制系统可使飞机沿三个轴（横向、纵向和垂直方向）运动。它包括副翼控制系统、方向舵控制系统和升降舵控制系统。

辅助飞行控制系统主要包括增升装置、增阻装置和水平安定面的控制装置。

增升装置控制包括后缘襟翼、前缘襟翼和缝翼的控制，主要用于飞机在低速飞行时产生足够的升力，以保证飞机顺利地起飞和着陆。增升装置仅应用于飞机的起飞和着陆过程，当飞机进入正常巡航飞行时，增升装置完全收进，退出工作。

增阻装置控制主要指扰流板的控制，包括飞行扰流板和地面扰流板的控制。飞行扰流板可在空中和地面使用，而地面扰流板只能在地面使用。飞行扰流板也称为减速板，地面扰流板又称为卸升板。它们主要通过增大阻力和减小升力，起到减速、卸除升力和配合副翼进行横侧操纵的作用。

现代飞机的水平安定面大多是可以偏转的，用于飞机的纵向配平。

8.2 中央操纵机构

飞机飞行控制操纵机构是由中央操纵机构和传动机构两大部分组成的。由驾驶员手脚直接操纵的部分，称为中央操纵机构。

8.2.1 主飞行控制操纵

1. 驾驶盘

现代民航客机上大多采用驾驶盘式手操纵机构，两个驾驶盘采用并列式，左侧为机长驾驶盘，右侧为副驾驶驾驶盘。图 8-3 所示为机长驾驶盘。

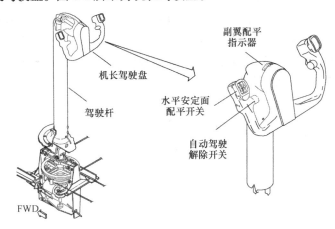

图 8-3　机长驾驶盘

前推或后拉驾驶盘时，可带动扇形轮转动，通过钢索等部件，即可操纵升降舵偏转。前推驾驶盘时，升降舵下偏，使水平尾翼的升力增大，从而使飞机下俯（低头）；后拉驾驶盘时，升降舵上偏，使水平尾翼的升力减小，甚至产生向下的升力，从而使飞机上仰（抬头）。

左右转动驾驶盘时，通过锥形齿轮、万向节等带动钢索鼓轮转动，可操纵副翼偏转。左转驾驶盘时，左侧副翼向上偏转，同时右侧副翼向下偏转，使左侧机翼的升力减小，而右侧机翼升力增大，从而使飞机向左滚转；向右转动驾驶盘时，右侧副翼向上偏转，同时左侧副翼向下偏转，使右侧机翼的升力减小，而左侧机翼的升力增大，从而使飞机向右滚转。驾驶盘式手操纵机构能保证操纵升降舵与操纵副翼时互不干扰。

2. 脚蹬

脚蹬机构（图 8-4）主要用于操纵方向舵，现代飞机在地面还可用方向舵脚蹬操纵前轮转弯。蹬左脚蹬，方向舵向左偏转，垂直尾翼上的空气动力产生对飞机立轴的力矩，使机头向左偏转；蹬右脚蹬，则方向舵向右偏转，机头也向右偏转。

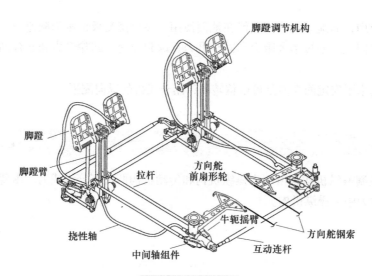

图 8-4　脚蹬机构

3. 侧杆

所谓侧杆是侧杆操纵机构的简称。它是一种输入力信号、输出电信号的小型侧置手操纵机构，如图 8-5 所示。这种手操纵机构可以代替驾驶杆（或驾驶盘）。它前后、左右摆动发出互不干扰的电信号，通过电传操纵系统使飞机产生纵向和横向运动。其具体结构、力特性与驾驶员的生理特点、操纵感觉和飞机操纵性能有关。

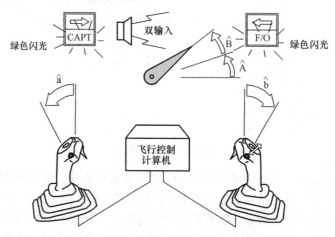

图 8-5　电传操纵系统的侧杆操纵机构

由于侧杆操纵机构重量轻、空间尺寸小，改善了驾驶员观察仪表的工作条件，克服了重力加速度给驾驶员带来不必要的困难。在操纵时，侧杆的位移和舵面偏转角一一对应，机长和副驾驶的操纵信号在舵面上产生叠加效果。

8.2.2　辅助飞行控制操纵

辅助操纵机构用于操纵辅助操纵系统舵面的偏转。如图 8-6 所示，速度制动手柄用于操纵扰流板，襟翼控制手柄用于操纵后缘襟翼和前缘装置（前缘缝翼和襟翼）的工作，配平手轮用于操纵水平安定面的偏转。

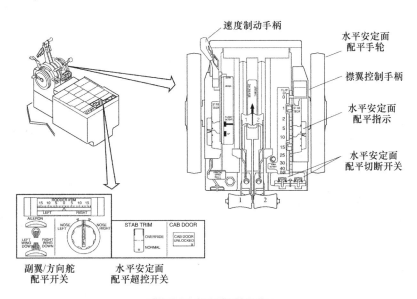

图8-6 辅助操纵机构

8.3 传动机构

8.3.1 机械传动

1. 钢索传动

由于钢索只能传递拉力，操纵力只能依靠钢索的张力传递，因此必须有两根钢索构成回路，才能实现双向操纵。

单钢索传动只能传递拉力，用于简单的操作，如关闭活门或解开门锁。

起落架应急放下系统中，通过钢索打开上位锁，利用锁弹簧恢复到初始状态，如图8-7所示。

钢索传动机构主要由钢索、滑轮、扇形轮、钢索鼓轮、扭力管、钢索导向装置、松紧螺套、张力补偿器等组成。

（1）钢索 飞机上的操纵钢索通常是用碳素钢或不锈钢制成的。不锈钢钢索的耐蚀性好，用于水上飞机和农用飞机。碳素钢钢索的抗拉强度大，民航客机通常都使用此种钢索。

钢索的单体结构是钢丝。把一束钢丝按螺旋形编织成股，然后以一股为中心，其余数股绕其编织而成为钢索。最常用的钢索是7×7和7×19两类。

如图8-8所示，7×7钢索由7股编织而成，每股又包含7根钢丝。这种钢索具有中等柔曲度，一般用于辅助飞行操纵系统、发动机操纵系统等。

如图8-9所示，7×19钢索由7股编织而成，每股包含19根钢丝。这种钢索柔曲度很好，通常用于主飞行操纵系统以及要在滑轮上经常运动的地方。

为了改善软式操纵的灵敏性，操纵系统中的钢索在安装之前必须用相当于设计强度50%～60%的作用力进行预拉伸处理。装到飞机上的钢索也要预加载，把钢索拉紧，具有一定的预加张力。这样在操纵时传动钢索就不容易产生伸长变形，保证操纵系统的灵敏性。

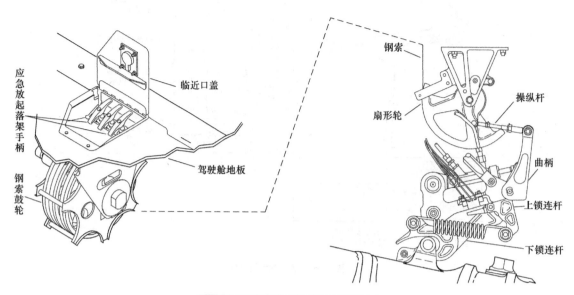

图 8-7　起落架应急放下钢索传动

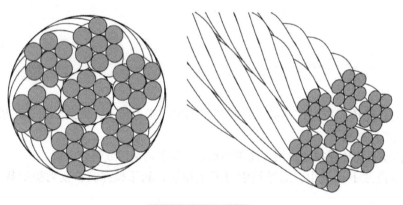

图 8-8　7×7 钢索

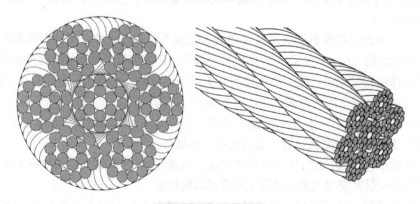

图 8-9　7×19 钢索

钢索在使用中常见的损伤是断丝和锈蚀。断丝主要发生在钢索通过滑轮或导向器的位置

（图 8-10），检查时可用抹布沿着钢索长度方向擦拭，若抹布被钩住即说明此处有断丝。出现断丝的钢索必须更换。钢索锈蚀可以目视检查，若发现钢索表面有锈斑，则要卸除钢索张力，将钢索反向扭转，使之张开，以判断是否有内部锈蚀。若有内部锈蚀，说明钢索已经损坏，必须更换；若没有内部锈蚀，可用塑料或纤维刷子清除外部锈蚀，进行彻底清洁后涂上防锈剂，还可继续使用。

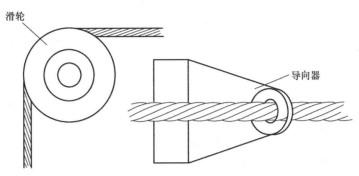

图 8-10　钢索常见断丝的位置

（2）滑轮、扇形轮和钢索鼓轮　滑轮用来支持钢索和改变钢索的走向。它通常用胶木或硬铝制成，为了减小摩擦力，在支点处装有滚珠轴承，如图 8-11 所示。

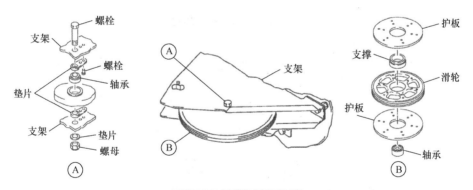

图 8-11　典型滑轮结构

扇形轮多用硬铝制成，在支点处也装有滚珠轴承。扇形轮能支持钢索和改变钢索走向，钢索接头通常固定在扇形轮上。另外，扇形轮常固定在扭力管上，使得钢索可驱动扭力管转动。

钢索鼓轮与钢索的连接情况与扇形轮与钢索的连接相似，也是通过钢索球头或圆柱头固连，钢索相对于鼓轮不会滑动，如图 8-12 所示。

钢索可以驱动扇形轮或鼓轮，同样扇形轮、钢索鼓轮也可以带动钢索传递动力。这一点与滑轮不同。

（3）扭力管　扭力管广泛应用于飞行操纵系统中需要传递角位移和转动之处。

在操纵系统里通常需要钢索进行远距离传递动力到液压助力器，如图 8-13 所示，扇形轮和输入杆摇臂固定在扭力管上。

钢索动力传递到扇形轮，扇形轮带动扭力管转动，并带动输入杆摇臂，推动输入杆移动，最终将钢索传送来的机械信号传递到液压助力器。

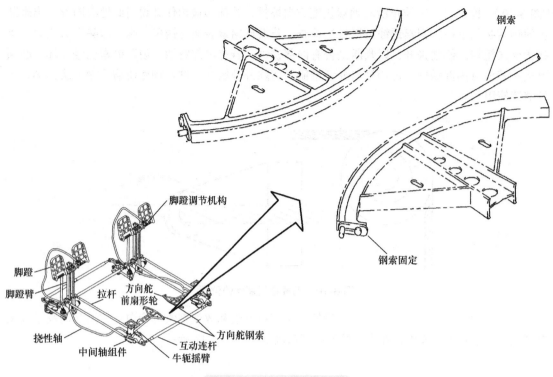

图 8-12　方向舵前扇形轮

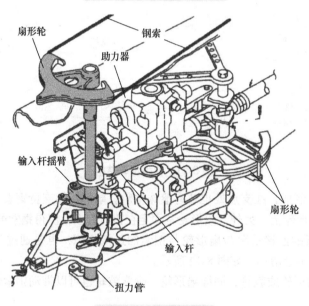

图 8-13　典型扭力管

（4）钢索导向装置　图 8-14 所示为几种常用的钢索导向装置。图 8-14a 所示为分离式导向器。图 8-14b 所示导索环可以由非金属材料或金属材料制造。在钢索通过隔板或其他金属零件上的孔时，导索环将钢索包起来，保护钢索。导索环轴线与钢索轴线之间的偏斜不能大于 3°。图 8-14c 所示密封导索装置安装在钢索穿过增压隔框等需要密封的地方。密封导索装置紧紧地夹住钢索，足以防止过多的泄漏，但又不阻碍钢索的运动。此装置必须定期检查，看是否出现过度磨损以及固定卡环是否脱出。图 8-14d 所示导向滑轮用以给钢索导向。护挡装置把通过滑轮的钢索保持在应有的位置上，以防止钢索松脱、卡阻。

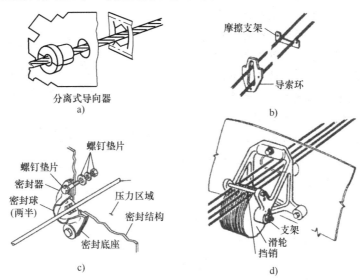

分离式导向器
a)

摩擦支架
导索环
b)

螺钉垫片
螺钉垫片
密封器
密封球
（两半）
压力区域
密封结构
密封底座
c)

支架
滑轮
挡销
d)

图 8-14 钢索导向装置

（5）松紧螺套 松紧螺套用来调整钢索的预加张力。螺套的两端都有螺纹和钢索接头配合，且一端是正螺纹，另一端是反螺纹。转动螺套可以使两端旋入或旋出相等距离，以调整预加张力。对松紧螺套进行维护时要注意，在螺套内不能使用润滑油，调整后两端外露螺纹不得超过 3 圈，且必须打上保险针，如图 8-15 所示。

（6）张力补偿器 张力补偿器可以在一定范围内保证钢索张力不受温度变化的影响。

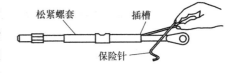

松紧螺套
插槽
保险针

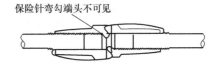

保险针弯勾端头不可见

图 8-15 钢索松紧螺套

图 8-16 所示为一种类型的张力补偿器。它由滑管、滑架、摇臂和补偿弹簧等组成。滑管由销固定在壳体中间。两个补偿弹簧自下而上装在壳体两侧的弹簧筒内，并且通过两根螺杆与滑架相连。滑架和摇臂都是松套在滑管上的。滑架与摇臂之间有一个支点衬套，作为摇臂转动的一个支点。摇臂的两端通过两根小连杆分别与两个钢索扇形块连接。壳体前部和前轴承座上各有一个白色校装标记，校装时两个标记应对齐。滑管的顶端有一个钢索张力指示孔，这个指示孔刚好全部露出时，张力是正确的。

钢索张力补偿器的工作情况如下：

1）在静止状态时，两个补偿弹簧的弹力通过螺杆向下拉滑架和摇臂，再通过两根小连杆使两个钢索扇形块张开而钢索绷紧，使张力保持正确。

2）正常操纵副翼时，一路钢索拉紧，另一路钢索放松，此时，两个钢索扇形块的转动方向是相同的，松套在滑管上的摇臂在绕支点衬套转动之后就歪斜着卡在滑管上。于是，整个钢索张力补偿器就像普通的钢索滑轮一样绕安装轴转动，壳体上的输出传动摇臂就把操纵的动作传送出去。

3）当温度发生变化，钢索张力随之发生变化时，两路钢索要同时拉紧或同时放松，此时，两个钢索扇形块的转动方向是相反的。若温度升高，钢索要拉紧，使两个扇形块都向内合拢，此时摇臂和滑架被向上顶，两个补偿弹簧被进一步压缩，弹簧的弹力略有增大，钢索张力也随之略有增大。若温度降低，钢索要放松，此时，两个补偿弹簧向下拉动滑架和摇臂，使两个扇形块都向外再张开些，以保持钢索的紧度，这样，弹簧的弹力略有减小，钢索张力也随之略有减小。由于补偿弹簧的作用，虽然钢索张力会略有增减，但变化量不大，故可看作基本保持不变。

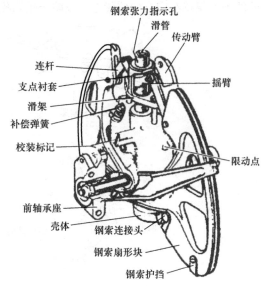

图 8-16　钢索张力补偿器

2. 拉杆传动

（1）传动杆　传动杆大多用硬铝管制成，在一些受力较大或者空间较小的部位也有用钢管制成的。传动杆的两端装有接头，一端的接头通常是可调的，用来调整传动杆的长度，如图 8-17 所示。在调整时应注意不使接头的调整螺杆退出过多，在传动杆的端头有检查孔，螺杆末端不能超出小孔位置，否则，由于螺纹的结合圈数过少，受力时接头就容易脱落。

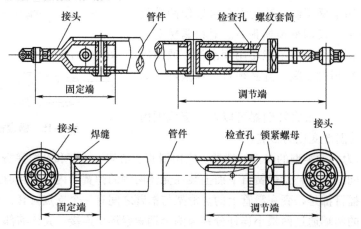

图 8-17　典型传动杆

（2）摇臂　摇臂通常是用硬铝制成的，在连接处装有轴承。摇臂可分为单摇臂、双摇臂和复摇臂。单摇臂有的仅起支持传动杆的作用，如图 8-18a 所示，有的还可以改变力的大小，如图 8-18b 所示。固定在扭力管上的单摇臂用来驱动扭力管转动，如图 8-18c 所示。双摇臂的两臂之间可以成 180° 或其他角度，它们除了支持传动杆，还可以改变传动杆的运动方向和力的大小，如图 8-18d、e 所示。复摇臂除了具有与双摇臂相同的作用，还可用来传动多根传动杆，如图 8-18f 所示。三角形摇臂实际也是双摇臂，它的斜边对两个臂起支承作用，增大了它承受弯矩的能力，常用在传递较大作用力的地方。

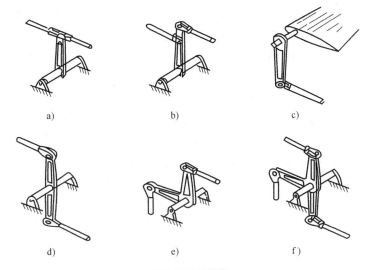

图 8-18 摇臂

有些飞机的副翼是差动的，也就是说，当驾驶盘左右偏转同一角度时，副翼向上偏转角度比向下偏转角度大。这样做的目的是消除由于副翼偏转造成的两机翼阻力差，避免不必要的偏航。因为副翼在上下偏转相同角度时，副翼下偏一侧机翼的阻力会大于上偏一侧机翼的阻力，从而造成左、右两机翼的阻力差。副翼差动使得副翼偏转时，上偏转角度会大于下偏转角度，从而消除两机翼的阻力差。

差动作用通常是利用一种双摇臂来实现的，也把这种摇臂称为差动摇臂。差动摇臂的工作原理如图 8-19 所示，图中差动摇臂的一个臂 OA 经传动杆 AC 与驾驶盘相连，另一个臂 OB 经传动杆 BD 与舵面相连。当驾驶盘在中立位置时，OA 臂和 AC 杆垂直，OB 臂与 BD 杆夹角小于 90°，此时舵面在中立位置。

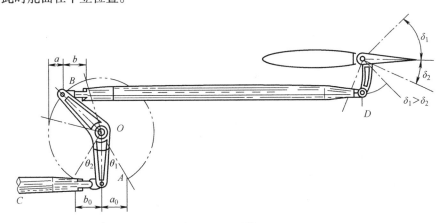

图 8-19 副翼差动原理

当驾驶盘向左或向右偏转相同角度时，AC 杆驱动 OA 臂前后偏转相同的角度（$\theta_1 = \theta_2$），此时 OB 臂也同样前后偏转相同角度。由于 OB 和 BD 不垂直，因此 B 点前后移动的水平距离不相等，即传动杆 BD 前后移动的量不相等（$a < b$），舵面向上和向下偏转的角度也就不一样（$\delta_1 > \delta_2$），达到差动的目的。

如果驾驶盘不在中立位置，传动杆 AC 与 OA 臂也不成直角，那么当驾驶盘左右偏转相同角度，AC 杆前后移动相同距离时，OA 臂向前、向后偏转角度是不相等的。此时 OB 臂向后、向前的偏转角也不相等，这样会使得 B 点前后移动的水平距离相差更多，即差动作用增强。由此可见，双摇臂之所以能起差动作用，是因为驾驶盘在中立位置时，它的两个臂中至少有一个臂与传动杆不成直角。对于同一个差动摇臂来说，如果改变它与传动杆之间的角度，就会使它的差动作用发生变化。因此，在维修工作中，尤其是在调整操纵系统时，必须注意保持摇臂与传动杆的正常连接关系，以免改变舵面的差动角度，影响飞机的操纵性能。

（3）导向滑轮　导向滑轮由三个或四个小滑轮及其支架组成，如图 8-20 所示。它的功用是：支持传动杆；提高传动杆的抗压稳定性，使传动杆在受压时不易弯曲；增大传动杆的固有频率，防止传动杆发生共振。在传动杆运动时，要与导向滑轮摩擦，故维护工作中要注意检查，以防过度磨损。

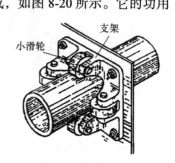

图 8-20　导向滑轮

3. 其他机械传动

（1）齿轮传动　齿轮传动比较准确、效率高、结构紧凑、工作可靠、寿命长，在飞机上使用较多。如图 8-21 所示，在波音737 飞机襟翼系统中使用大量的齿轮传动。当动力从一个扭力管传输到另一个扭力管时，角型齿轮箱可以改变其传输方向。角型齿轮箱也称为锥齿轮箱。

襟翼驱动机构内部也是通过锥齿轮将扭力管的扭矩传递给滚珠丝杠，通过丝杠驱动襟翼收放。

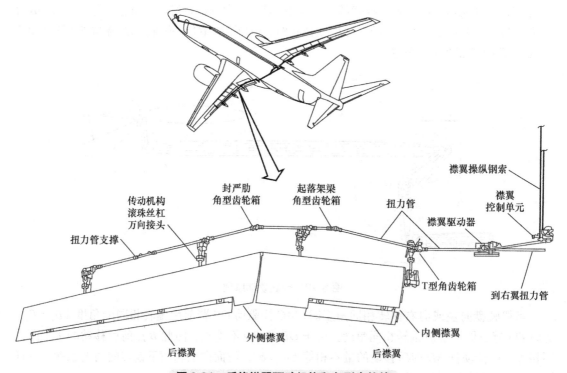

图 8-21　后缘襟翼驱动机构和角型齿轮箱

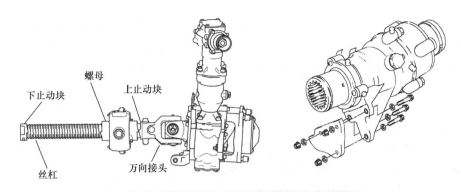

图 8-21 后缘襟翼驱动机构和角型齿轮箱（续）

（2）链传动　链传动由链条和齿轮等组成。链传动有许多优点：无弹性滑动和打滑现象，平均传动比准确，工作可靠，效率高；传递功率大，过载能力强，相同工况下的传动尺寸小；所需张紧力小，作用于轴上的压力小；能在高温、潮湿、多尘、有污染等恶劣环境中工作。

图 8-22 所示为波音 737 飞机安定面配平操纵机构。当驾驶员转动配平手轮，带动链轮和链条并驱动前钢索鼓轮转动，前钢索鼓轮通过钢索带动后钢索鼓轮转动并驱动齿轮箱、丝杠和安定面。

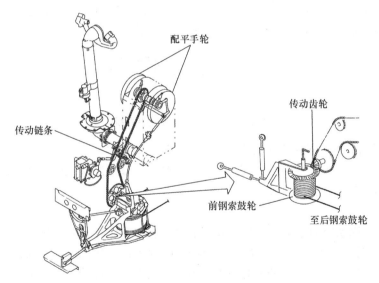

图 8-22 典型安定面配平操纵机构

8.3.2 电传操纵

1. 电传操纵的提出

（1）机械传动系统的缺点　由于在机械传动系统中存在着摩擦、间隙和弹性变形，始终难以解决精微操纵信号的传递问题。20 世纪 70 年代初，电传操纵系统问世，它取代不可逆助力操纵系统而成为新型操纵系统形式。电传操纵系统是控制增稳系统发展的必然产物。若把操纵权限全部赋予控制增稳系统，并使用电信号替代机械信号工作，机械系统处于备用地位，这就是准电传操纵系统；若再把备用机械操纵系统取消，就成为纯电传操纵系统，简称为电传操纵系统。

（2）电传操纵系统的可靠性问题　电传操纵系统遇到的最大问题是可靠性较低：单通道电传操纵系统故障率 $\lambda = 1 \times 10^{-3}$/飞行小时，而机械传动系统的可靠性较高。为使电传操纵系统具有不低于机械传动系统的可靠性，目前世界各国均以 1×10^{-7}/飞行小时的故障率作为电传操纵系统的可靠性指标。

为了保证电传操纵系统的可靠性，需要采用余度技术，引入多重系统。根据可靠性计算，若电传操纵系统具有四余度，则故障率可满足要求。

可见电传操纵系统是现代技术发展的综合产物，微电子技术和计算机科学的发展，可靠性理论和余度技术的建立为电传操纵系统奠定了基础，余度系统赋予它较高的安全可靠性。电传操纵系统在现代民航飞机中获得了广泛应用。

2. 电传操纵系统的组成及原理

（1）电传操纵系统的组成　电传操纵系统主要由驾驶杆或侧杆（含杆力传感器）、前置放大器（含指令模型）、传感器、计算机和执行机构组成，如图 8-23 所示。

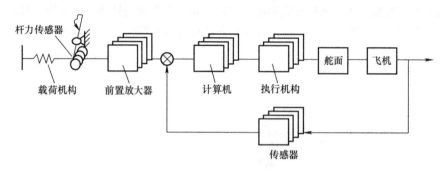

图 8-23　四余度电传操纵系统

电传操纵系统是把驾驶员发出的操纵指令，变换为电信号并与飞机运动传感器返回来的信号综合，经过计算机处理，把计算结果通过电缆（导线）输送给操纵面作动器，对飞机进行全权限操纵的一种人工飞行操纵系统。

（2）电传操纵的特点

1）缩减了操纵系统的重量、体积，节省了操纵系统设计和安装时间。电传操纵系统用电缆替代了钢索、滑轮（传动杆、摇臂）等机械元件，操纵系统的重量、体积随着减小。另外，设计操纵系统的重点工作转向飞行控制计算机和飞行控制律的设计，不用考虑机体空间和相对位置（这是设计机械传动机构必须考虑的环节）的影响，节省了系统设计、安装和校装的时间。

2）消除了机械操纵系统中的摩擦、间隙、非线性因素以及飞机结构变形的影响。电传信号消除了机械操纵系统中的摩擦、间隙和非线性因素，从而改善了精微操纵信号的传递。此外，机械操纵系统对飞机结构的变化是非常敏感的，设计师必须尽最大努力使这种影响减到最小，采用电传操纵系统后，这种影响自然消失。

3）简化了主操纵系统与自动驾驶仪的组合。因为电气组合简单，所以电传操纵系统与自动飞行控制系统（自动驾驶仪）的结合是很方便且易于实现的。

4）电传操纵系统成本较高。由于单通道电传操纵系统中的电子元件质量和设计因素关系，故单通道系统的可靠性不够高。所以目前均采用三余度或四余度电传操纵系统，并利用非相似余度技术设计分系统，所有这些导致电传操纵系统成本高于普通的机械操纵系统。

5）系统易受雷击和电磁脉冲波干扰影响。电传操纵系统需要解决雷击和电磁脉冲干扰的损害问题。此外，由于现代飞机越来越多地采用复合材料，其使用率可达 30% 左右，这样系统中的电子元件失去飞机金属蒙皮的屏蔽保护，故抗电磁干扰和抗辐射问题更为突出。目前唯一能彻底解决这些问题的办法是采用光纤作为传输线路。因为光纤不向外辐射能量，不存在金属导线所固有的环流及由此产生的瞬间扰动，对核辐射电磁干扰不敏感，可以隔离通道之间故障的影响。随着光纤技术和数字式电传操纵系统的发展，未来飞机上将出现光传操纵系统。按功能来说，光传操纵系统就是应用光纤技术实现信号传递的操纵系统。当然，这种系统还有强度、成本、地面环境试验问题及光纤维和飞机结构组合等问题有待进一步解决。

8.3.3 传动系数与非线性机构

1. 操纵系统的传动系数

驾驶杆（或脚蹬）移动的距离，简称为杆（脚蹬）位移，又称杆（脚蹬）行程。它与舵面偏转角度有一定的对应关系。这个对应关系是用传动系数 K 来表示的。

传动系数 K 是指舵偏角 δ 与杆行程 X 的比值（图 8-24），即

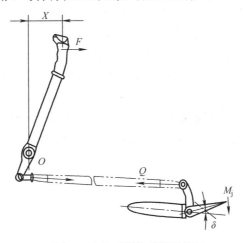

图 8-24 操纵系统的传动系数

$$K = \frac{\delta}{X}$$

驾驶杆杆力和舵面铰链力矩之间也存在一定的关系，如果不计系统的摩擦力，驾驶杆输入的功等于克服铰链力矩使舵面偏转的功，即

$$FX = M_j\delta$$

由此可得传动系数的另一个表达式为

$$K = \frac{F}{M_j}$$

根据上述传动系数可以看出：传动系数大，飞机操纵灵敏性好，操纵飞机费力；操纵系数小，飞机操纵灵敏性差，操纵飞机省力。

2. 非线性传动机构

操纵系统中，如果没有特殊的机构来改变传动系数，舵偏角 δ 随杆行程 X 的变化近似地呈直线关系（图8-25中直线1、2），即线性关系。

线性传动的操纵系统对低速飞机比较合适，但往往不能满足高速飞机的操纵性要求。因为高速飞机的飞行速度范围很大，传动系数较大的操纵系统只能满足小速度飞行时的操纵性要求，而不能满足大速度飞行时的要求；传动系数较小的操纵系统只能满足大速度飞行时的操纵性要求，而不能满足小速度飞行时的要求。

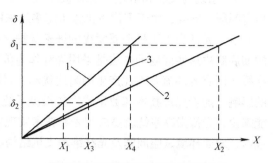

图8-25　杆行程与舵偏角的关系

例如，在小速度飞行时，由于动压较小，舵面效能比较低，需要较大的舵偏角才能操纵飞机做一定的机动动作，对于采用如直线2那样的传动系数的操纵系统来说，需要的杆行程很大，操纵显得过于迟钝，只有采用如直线1那样的传动系数的操纵系统，需要的杆行程才较合适。

在大速度飞行的情况下，由于动压较大，舵面效能比较高，不需要很大的舵偏角，对于采用如直线1那样的传动系数的操纵系统来说，需要的杆行程很小，操纵显得过于灵敏，很难准确操纵，只有采用如直线2那样的传动系数的操纵系统，需要的杆行程才较合适。

而现在的飞机上不可能安装多套传动系数各异的操纵系统来满足上述需要，因此在操纵系统中设置了专门的非线性传动机构，来改变整个操纵系统的传动系数，以满足高速飞机的操纵性要求。装有非线性传动机构的操纵系统，杆行程与舵偏角之间呈曲线关系。曲线的形状通常如图8-25中曲线3所示。这样，在舵偏角较小时，杆行程较大（$X_3 > X_1$），便于驾驶员准确地操纵飞机，而在舵偏角较大时，杆行程又不至于过大（$X_4 < X_2$）。

8.4　舵面驱动装置

早期飞机操纵系统靠驾驶员的体力克服铰链力矩，即利用钢索或传动杆将驾驶员作用在驾驶杆或脚蹬上的力传递到舵面的操纵摇臂，克服铰链力矩从而驱动舵面偏转。众所周知，舵面铰链力矩随着飞机舵面尺寸和飞行速度的增大而增大，当铰链力矩达到一定程度，驾驶杆（或脚蹬）上的力将超过驾驶员能够承受的范围。

目前几乎所有的飞机都采用助力驱动机构，以满足操纵系统对操纵力的要求。助力驱动装置主要有液压驱动装置、电液驱动装置和电动驱动装置。

8.4.1　液压驱动装置

1. 助力操纵系统类型

采用液压助力协助驾驶员克服舵面铰链力矩的操纵系统称为助力机械操纵系统。助力机械操纵系统分为可逆助力机械操纵系统和不可逆助力机械操纵系统。可逆助力操纵系统又称有回力的助力操纵系统。助力器工作时，为使驾驶员感觉到飞行速度和高度的变化，要将舵面上的一部分空气动力载荷通过回力连杆传到驾驶杆上去。不可逆的助力操纵系统又称无回力助力操纵系统。

（1）有回力的助力操纵系统 有回力的助力操纵系统通常是利用回力连杆把舵面传来的一部分载荷传给驾驶杆的。

如图8-26所示，舵面传来的载荷 p 传到摇臂 CD 以后，在 D 端把一部分力 p_2 传给液压助力器，在 C 端则将一部分力 p_1 通过四力连杆及其他传力机构传给驾驶杆。

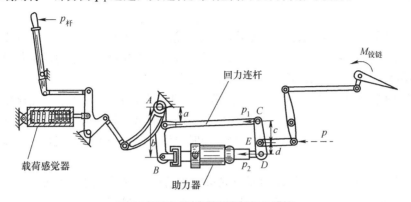

图 8-26　有回力的助力操纵系统

根据杠杆原理不难看出，摇臂 CD 上的接点 E 越靠近 D，则助力器承受的力越大，而回力连杆传递的力就越小。如果 E 点与 D 点重合，则力 p 全部由助力器承受，回力连杆不起作用。这样，助力操纵系统就变成无回力操纵系统。

回力的大小是由传动机构中的摇臂和传动杆的连接关系决定的。小的回力比可以在舵面铰链力矩很大的情况下（如低空、高速飞行中急剧偏转舵面），保证驾驶杆力不致过大，但在舵面铰链力矩较小时，会使驾驶杆变得过"轻"，这对驾驶员凭杆力来操纵飞机是不利的。因此，在有回力的助力操纵系统中，往往还安装载荷感觉器，来适当增加驾驶杆力和起到自动定中作用。

有回力的助力操纵系统在松杆飞行时，如果飞机遇到强烈的不稳定气流，则舵面在突加的阵风载荷作用下，可以自动偏转，因而能避免结构受力过大。

（2）无回力的助力操纵系统 在无回力的助力操纵系统中，液压助力器的一端直接与通向舵面的传动机构相连（图8-27），舵面传来的载荷全部由助力器承受。这种操纵系统的驾驶杆力是由载荷感觉器产生的。载荷感觉器和其他一些附件配合工作，能使驾驶杆力随舵面偏转角、飞行速度、高度等条件的变化而变化。

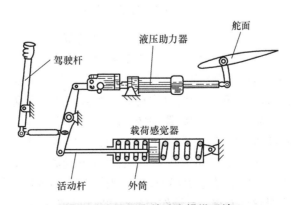

图 8-27　无回力的助力操纵系统

装有无回力助力操纵系统的飞机，在飞行中即使放松驾驶杆，舵面在空气动力的作用下也不能自由偏转。因此，只要将液压助力器安装在舵面附近，减少助力器以后的传动机构的连接点，就可减小舵面的活动间隙，从而有效地防止机翼或尾翼颤振。但是，舵面受阵风载荷后不能自动偏转，这对于结构受力是不利的。

2. 液压助力器

现代大中型飞机的重量较重，飞行速度较快，舵面上的气动载荷较大，因此常采用液压助力器进行助力操纵。如果仅使用作动筒与选择活门进行助力操纵，只能将舵面作动到有限的几个位置，而不能实现输入与输出信号的一一对应关系。

机械液压伺服助力器的输入是一个机械信号（位移或力），此输入信号经比较机构与输出反馈信号进行比较，所得偏差信号推动液压伺服活门，输出与偏差信号成正比的液压功率到作动筒，作动筒产生一个放大的机械输出信号，同时提供反馈信号到比较机构，使输出与输入信号一一对应。

图 8-28 所示的机械液压伺服助力器由双重输入摇臂、控制活门、旁通活门、作动筒等组成。作动筒的活塞杆与飞机结构固定，外筒可移动产生输出位置信号。

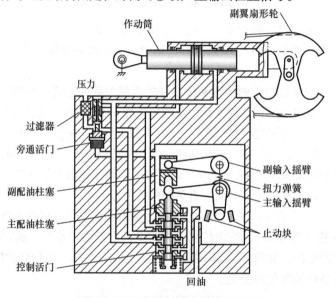

图 8-28 典型机械液压伺服助力器

当液压系统压力足够高时，液压油通过旁通活门的中心通道流入上腔，克服弹簧力使旁通活门下移。旁通活门打开，液压油可通到控制活门和衬套。

正常工作时，如果双重输入摇臂输入逆时针方向转动信号，控制活门及衬套离开中立位置下移，使液压油通往作动筒右腔，而同时作动筒左腔通回油。作动筒两腔的压差使作动筒外筒右移，输出放大的机械信号，推动副翼偏转。随着外筒的右移，反馈作用推动柱塞和套筒上移。当副翼到达预定位置时，控制活门和套筒回到中立位置，堵塞油路，控制过程结束。

如果双重输入摇臂输入顺时针方向转动信号，柱塞及套筒离开中立位置向上移动，使液压油通往作动筒左腔，而同时作动筒右腔通回油。由于作动筒两腔的压差使作动筒外筒左移，输出放大的机械信号。随着外筒的左移，反馈作用推动柱塞和套筒下移。当副翼到达预定位置时，控制活门和套筒回到中立位置，堵塞油路，控制过程结束。

当控制活门故障卡阻时，输入信号作动衬套打开油路，使作动筒两腔产生压差，作动筒外筒移动，输出放大的机械信号，推动副翼偏转。

当液压助力器进口压力过低时，旁通活门在弹簧力的作用下向上移动，使作动筒左、右两腔沟通。人工输入信号可推动输入摇臂转动，由于作动筒两腔无压差，输入摇臂继续转动，直到接触到止动块，直接推动作动筒外筒移动，实现人工操纵。

3. 载荷感觉器

在助力操纵系统中，为了使驾驶员操纵飞机时能从驾驶杆上感受到力，都装有载荷感觉器。另外，在驾驶员松杆时，载荷感觉器会将驾驶杆拉回中立位置，同时整个操纵系统也回到中立位置。因此，载荷感觉器有定中作用，有时也称为感觉 / 定中机构。

载荷感觉器的类型有气压、液压和弹簧等载荷机构，前两种是按动压来调节载荷机构的载荷梯度。

图 8-29 所示是弹簧载荷感觉器构造。载荷感觉器的外筒固定在机体上，活动杆连接在操纵系统的摇臂上。当驾驶杆前后运动时，一方面通过助力器去操纵舵面，另一方面带动载荷感觉器的活动杆向一边移动，使载荷感觉器的一个弹簧受到压缩。弹簧受压缩时，其张力反过来传到驾驶杆上，就使驾驶员有力的感觉。驾驶杆偏离中立位置的行程越大，弹簧压缩得就越多，杆力也就越大。当驾驶员松杆飞行时，载荷感觉器还可以使驾驶杆保持在中立位置。

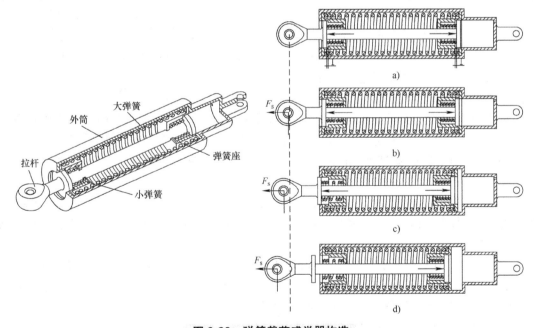

图 8-29　弹簧载荷感觉器构造

图 8-29a 所示拉杆与弹簧座均有 1mm 间隙，拉杆行程为零时，大弹簧作用在外筒上，小弹簧作用在拉杆上。

图 8-29b 所示杆行程为 0 ~ 1mm 时，右边小弹簧压缩，左边小弹簧伸长，载荷感觉器总的刚度为 128N/mm。

图 8-29c 所示杆行程为 1 ~ 4.4mm 时，大弹簧被压缩，左边小弹簧继续伸长，载荷感觉器总的刚度为 109N/mm。

图 8-29d 所示杆行程大于 4.4mm 时，左边的小弹簧完全伸长，只剩下大弹簧被压缩，载荷感觉器刚度为 45N/mm。

如图 8-30 所示，弹簧载荷感觉器在小行程内，刚度大，有利于驾驶杆回中；在大行程时，刚度小，不至于使杆力过大。

现代民航飞机的感觉/定中机构如图 8-31 所示，由支架、定中凸轮、滚轮、滚轮臂、弹簧、摇臂组成。当驾驶杆输入运动时，带动凸轮转动，滚轮从凸轮中央沿凸轮向外运动。运动过程要克服弹簧力，在驾驶杆上形成感觉力。松杆时，滚轮在弹簧力的作用下，返回到凸轮中央，同时带动驾驶杆回中，整个操纵系统也回到中立位置。

图 8-30 弹簧载荷感觉器的力学特性

8.4.2 电静液驱动

电静液作动器（Electro-Hydrostatic Actuator，EHA）是最早被研究开发的一种电作动器，另外一种电作动器——机电作动器（Electro-Mechanical Actuator，EMA）也在快速发展之中。美国空军、NASA、霍尼韦尔分别资助 Ai Research、Johnson 空间中心等进行了电作动器的实验研究，洛克希德公司在 C141 和 C130 运输机上对电作动器进行了飞行测试，包括多种功率级别和原理架构的 EHA 和 EMA。

20 世纪 90 年代，美国在积累了多种电作动器研究经验之后，重点在 F-18 战斗机上测试了定排量变

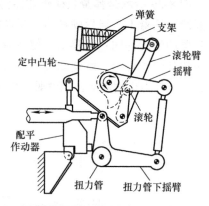

图 8-31 波音 737 飞机方向舵操纵系统感觉/定中机构（俯视）

转速 EHA 和双电动机-减速器-滚珠丝杠式 EMA，取得了良好的效果。欧洲也开展了电作动器研发项目，将 EHA 装在 A321 副翼上进行了飞行测试。21 世纪初，欧美最新服役的飞机都不同程度正式应用了电作动技术，美国 F-35 战斗机主飞行控制舵面全部采用 EHA 作动，B787 民航机在次飞行控制舵面应用了 EMA。欧洲的 A400M 和 A380 在主飞行控制舵面都采用了 EHA 作为备份舵机。

如图 8-32、图 8-33 所示，集成电动静液作动系统由 EHA 控制器、电动机驱动模块、液压泵、增压油箱及集成阀块、作动筒等组成，系统接收飞机控制器的控制指令，并反馈电流信号、转速信号、液位信号、负载压力信号、位移信号等关键传感器信息至控制器，电动机按照 EHA 控制器和伺服驱动模块发出的驱动控制信号正反向旋转，驱动液压缸正反向运动。

电静液驱动执行器作为一种作动方式，可以有效地对飞机舵面进行控制，并且为多电/全电飞机的发展打下了良好的基础。针对无人飞机的特点，电静液驱动执行器由于不需要庞大的液压辅助系统，更适合于小尺寸无人飞机的灵巧布局及控制需求。此外，与多电飞机用的另一种机电作动器（EMA）相比，EHA 还具有以下优势：

1）电静液作动器功率密度大，是 EMA 的 10～30 倍。

2）电静液作动器的电动机和泵可以做成一体，泵的泄漏油液可直接对电动机进行润滑、冷却，与 EMA 相比，可以更好地解决系统发热问题。

3）电静液作动器对飞机系统现有结构改动量小，在有限空间内可以随控布局，而 EMA 的电动机、减速器和丝杠位置相对固定，不能随意改变。

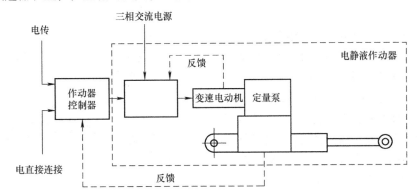

图 8-32　集成电动静液作动器基本工作原理

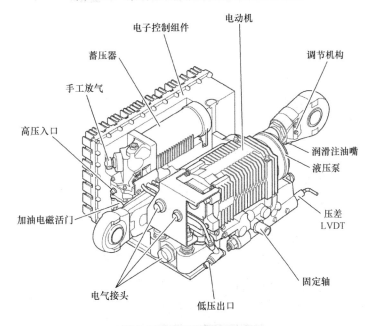

图 8-33　A380 副翼作动器

8.5　典型主飞行控制系统

8.5.1　副翼操纵系统

副翼操纵系统用于控制飞机绕纵轴的横滚运动。副翼分别位于左右机翼后缘靠近翼尖的区域，如图 8-34 所示。驾驶员通过转动驾驶盘手动操纵副翼，一侧副翼向上转动，另一侧副翼向下转动，在两侧气动力差别的情况下实现飞机的横滚运动，也可以通过自动驾驶功能自动控制副翼，并且在自动驾驶工作期间，副翼的移动会反馈到驾驶盘。

在大型飞机的组合横向操纵系统中，常常有 4 块副翼（2 块内副翼和 2 块外副翼）。在低速飞行时，内外副翼共同进行横向操纵；在高速飞行时，外侧副翼被锁定而脱离副翼操纵系统，仅由内副翼进行横向操纵。

1. 典型副翼操纵系统

图 8-35 所示为一典型副翼操纵系统，它采用并列驾驶盘式操纵机构。两驾驶盘通过互联鼓轮柔性相连。转动任何一个驾驶盘，操纵信号都可以向后传递。其传递路径是：驾驶盘→左侧副翼鼓轮→钢索→副翼扇形轮→副翼输入扭力管→输入摇臂→输入杆→副翼助力器→输出摇臂和输出扭力轴→输出鼓轮→钢索→扇形轮→传动杆→副翼。

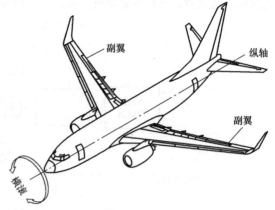

图 8-34　副翼操纵

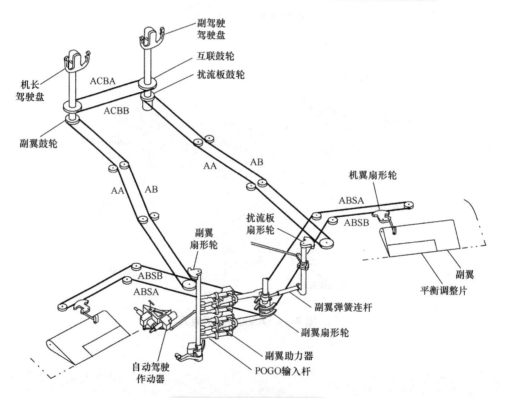

图 8-35　典型副翼操纵系统

2. 驾驶盘柔性互联机构

现代飞机并列式操纵机构两个驾驶盘并不是固定连接的。此种操纵机构可以在一个驾驶盘卡滞后，另一个驾驶盘仍能操纵，以保证飞机的横向操纵。

图 8-36 所示为一种典型的驾驶盘柔性互联机构。其左互联鼓轮和副翼鼓轮都与左驾驶盘扭力轴固定连接。而右互联鼓轮空套在右驾驶盘扭力轴上。右驾驶盘扭力轴通过扭力弹簧与右互联鼓轮连接。

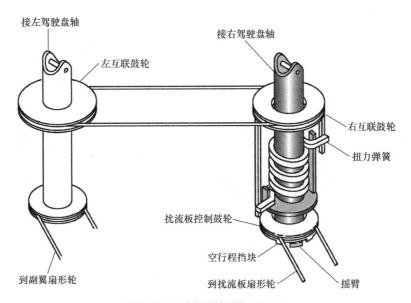

接左驾驶盘轴

左互联鼓轮

接右驾驶盘轴

右互联鼓轮

扭力弹簧

扰流板控制鼓轮

空行程挡块

到副翼扇形轮

到扰流板扇形轮

摇臂

图 8-36　驾驶盘柔性互联机构

正常工作情况下，当转动左驾驶盘时，通过互联鼓轮和扭力弹簧，使右驾驶盘也转动；当转动右驾驶盘时，右驾驶盘扭力轴通过扭力弹簧、互联鼓轮，使左驾驶盘同时转动。在此种情况下，左、右驾驶盘相当于刚性连接。

如果右驾驶盘由于卡滞不能转动，机长可克服扭力弹簧力和感觉 / 定中凸轮机构的弹簧力，操纵左驾驶盘转动，此时只能通过左钢索系统操纵副翼偏转。

如果左驾驶盘由于卡滞不能转动，副驾驶可克服扭力弹簧力，操纵右驾驶盘转动。只有当右驾驶盘转过一定角度时，安装于右驾驶盘扭力管上的摇臂才会接触到空行程装置的挡块，驱动扰流板控制鼓轮转动，从而可操纵飞行扰流板，进行应急横侧操纵。

3. 副翼助力器

如图 8-37 所示，波音 737 飞机有两个副翼助力器，上部助力器使用液压系统 B 的压力，下部使用液压系统 A 的压力。其工作原理见 "8.4.1 液压驱动装置"。

正常工作时，两个助力器同时工作，驱动副翼扇形轮并带动副翼偏转，实现横侧操纵。

如果一个助力器不能提供液压压力，其旁通活门移到旁通位，将作动筒两端接通，而防止出现液锁。当驾驶员转动驾驶盘时，另一个助力器正常工作，带动相应的副翼扇形轮并回传到失效的助力器作动筒壳体。失效的助力器由于没有液锁作用，处于随动状态。这样只要有一个助力器有压力，都可以实施副翼操纵。

如果液压系统 A 和 B 都失效，两个助力器的旁通活门都移到旁通位，使两个助力器都不出现液锁现象，处于随动状态。当驾驶员转动驾驶盘超过 3° 时，带动输入摇臂转动，消除与挡块的间隙后，带动助力器外筒移动，此时只能通过人力直接驱动副翼偏转。

4. 自动驾驶作动器

如图 8-37 所示，当接通自动驾驶时，副翼自动驾驶作动器接收飞行控制计算机的电信指令，通过液压动力转化成机械输出，通过一个自动驾驶输入杆驱动副翼输入轴转动，带动副翼助力器对系统进行操纵。副翼位置传感器将信号传给自动驾驶系统，提供反馈信号。

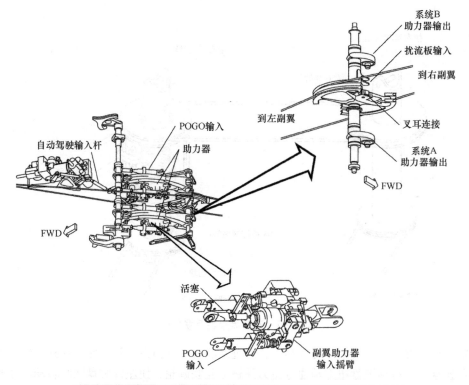

系统B
助力器输出

扰流板输入

到右副翼

到左副翼

叉耳连接

系统A
助力器输出

FWD

POGO输入

自动驾驶输入杆

助力器

FWD

活塞

POGO
输入

副翼助力器
输入摇臂

图 8-37　副翼助力器、副翼自动驾驶作动器和副翼机身扇形轮

5. 副翼感觉 / 定中机构与副翼配平

　　助力操纵系统中，驾驶员的感觉力来自于副翼感觉 / 定中机构。典型的副翼感觉 / 定中机构如图 8-38 所示，感觉 / 定中机构主要由定中凸轮、滚轮、滚轮臂和定中弹簧组成，定中凸轮固定在扭力轴上，扭力轴由传动机构驱动。滚轮臂上的滚轮在感觉弹簧力的作用下压紧在定中凸轮中心。

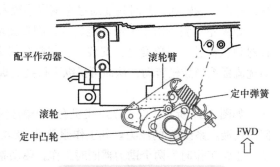

配平作动器

滚轮臂

定中弹簧

滚轮

定中凸轮

FWD

图 8-38　副翼感觉 / 定中机构

　　当操纵机构有输入时，传动机构驱动定中凸轮偏转，不论向哪一个方向偏转，都要推开滚轮，定中弹簧被拉长。因而在操纵过程中要克服弹簧力，这就是所需要的感觉力。当驾驶员松开驾驶盘时，操纵力消失，在定中弹簧力作用下，滚轮回到定中凸轮中心处（型面半径最小位置），整个操纵系统都被返回到中立位置。

　　配平作动器连接在滚轮臂上，由一个可逆电动机驱动。当驾驶员操纵副翼配平开关（图 8-39）时，副翼配平作动器输出杆伸出或缩入，通过支架、滚轮臂和拉紧的弹簧驱动定中凸轮转动（定中凸轮固定在扭力轴上），操纵副翼偏转，并使驾驶盘转动。整个副翼操纵系统的中立位置都发生变化（运动过程中滚轮一直贴紧于定中凸轮型面半径最小的位置）。

　　副翼配平指示器一般位于驾驶盘上。

6. 飞行扰流板配合副翼进行横侧操纵

　　为了增加副翼的操纵效能，在正常操纵副翼时，扰流板会配合副翼偏转。当转动驾驶盘超过一定角度时，副翼上偏一侧的飞行扰流板打开，以协助副翼进行横侧操纵。

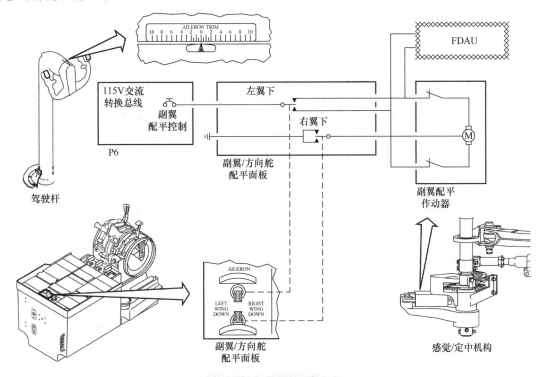

图 8-39　副翼配平操纵

8.5.2　升降舵操纵系统

飞机的升降舵位于水平安定面的后缘，驾驶员靠驾驶杆的前后移动，操纵升降舵偏转，使飞机绕横轴做俯仰运动，如图 8-40 所示。当自动驾驶仪接通时，可自动操纵升降舵。在自动驾驶仪工作期间，自动驾驶作动器的输入信号通过升降舵操纵系统回传到驾驶杆，使驾驶杆移动。同时在水平安定面配平时和马赫配平时，升降舵也要相应偏转。

图 8-41 所示为波音 737 飞机升降舵操纵系统。当推或拉驾驶杆时，其传力路径为：驾驶杆→扭力管→前扇形轮→钢索→后扇形轮→输入扭力轴→摇臂→POGO 传动杆→液压助力器输入摇臂→液压助力器输出端→输出扭力管→升降舵。

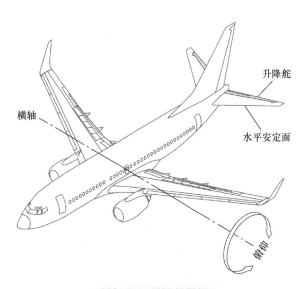

图 8-40　升降舵操纵

当操纵驾驶杆时，输入的机械信号通过传动机构传递到液压助力器的输入端，经液压助力器放大后，由助力器的输出端输出，作动升降舵偏转。

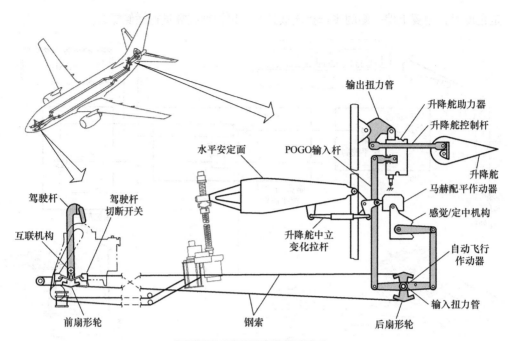

图 8-41 升降舵操纵系统组成

1. 驾驶杆柔性互联机构

现代客机手操纵机构的两个驾驶杆是通过扭力管互联的。但左、右驾驶杆通常不是刚性连接的，它们通过柔性互联机构将左、右两段扭力管连接起来。

如图 8-42 所示，驾驶杆柔性互联机构安装于前输入扭力管。柔性互联机构将扭力管分成左、右两部分。此种设计允许在一个驾驶杆卡滞的情况下，仍然可以操纵升降舵。

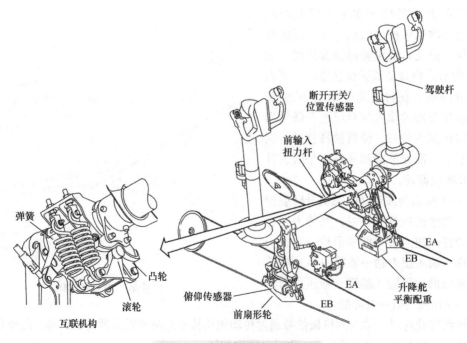

图 8-42 驾驶杆柔性互联机构

柔性互联机构通常采用凸轮滚轮型机构。凸轮连接于机长一侧扭力管，滚轮连接到副驾驶一侧扭力管的一个摇臂上。弹簧的一端固定在左侧扭力管上，而另一端固定在右侧扭力管上，两个弹簧保持滚轮在凸轮型面半径最小的位置。

正常情况下，推、拉任何一个驾驶杆，两段扭力管共同转动，此时相当于刚性连接。操纵机构的输入信号可通过左、右钢索实现远距离传递。

如果右驾驶杆卡滞，前推或后拉左驾驶杆，左段扭力管可使凸轮相对于滚轮运动，此时需要克服两个弹簧的额外弹簧力，通过左侧钢索驱动升降舵偏转。

如果左驾驶杆卡滞，前推或后拉右驾驶杆，右段扭力管可使滚轮相对于凸轮运动，此时需要克服两个弹簧的额外弹簧力，通过右侧钢索驱动升降舵偏转。

2. 升降舵感觉／定中装置

图 8-43 所示为波音 737 飞机升降舵操纵系统的感觉／定中装置，此种感觉装置与前述副翼感觉／定中机构有较大的不同。它由感觉／定中凸轮机构、双重感觉作动筒和感觉控制器组成。其感觉／定中凸轮机构与一般的凸轮机构相似，由壳体、定中凸轮、滚轮和滚轮臂、定中弹簧、定中连杆和摇臂等组成。双重感觉作动筒由壳体和两个活塞杆组成，液压系统 B 和 A 的压力可分别引到每个活塞杆。一个活塞杆端铰接于定中机构壳体，另一个活塞杆端与一个摇臂铰接，此摇臂通过传动杆铰接于定中凸轮。感觉控制器（图 8-44）用于调节通往双重感觉作动筒的液压压力，此压力与飞机飞行速度和水平安定面的位置有关。

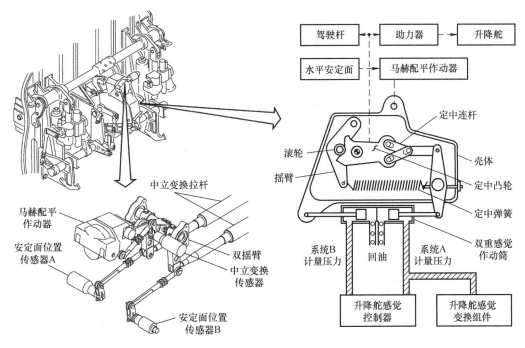

图 8-43　升降舵操纵系统感觉／定中装置

感觉控制器内薄膜上下腔可感觉大气总压和静压的压差，此压差反映了空速的大小，因而与飞机的飞行速度有关。

当飞机飞行速度增大时，薄膜向下鼓胀，推动力平衡活门向下移动，将通油口开度增大，使通往双重感觉作动筒的压力增大，从而使感觉力增大。当飞机飞行速度减小时，力平衡活门的通油口开度减小，使通往双重感觉作动筒的压力减小，感觉力减小。

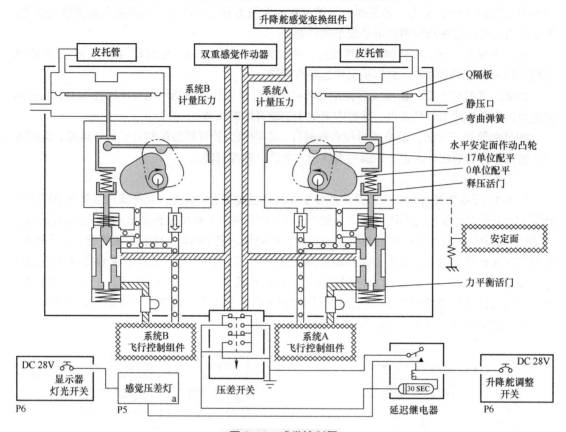

图 8-44 感觉控制器

水平安定面作动凸轮的位置会影响薄膜移动的范围。当水平安定面从 0 ~ 17 单位时，凸轮逆时针方向转动，因而限制了感觉力随飞行速度的增大。当水平安定面配平到 0 单位时，凸轮运动到最大感觉力位置。

可以看出，操纵升降舵的感觉力不仅与驾驶杆操纵行程有关，还与飞机的飞行速度和水平安定面的位置有关。

3. 马赫配平

对于某些现代飞机，当飞行速度大到机翼上出现局部超声速区与局部激波时，由于超声速区大部分在机翼后段，机翼后段的升力增大，总升力着力点（压力中心）势必后移，飞机的低头力矩增大。如果此时驾驶盘不随马赫数的增大而减小推杆力，飞机将自动减小迎角，升力也随之减小，飞机便会自动进入下俯状态，这就是飞机的自动下俯现象。马赫配平装置是一套自动控制装置。当飞行马赫数达到产生自动下俯现象的数值时，马赫配平装置自动操纵升降舵向上偏转一个角度，从而避免自动下俯现象。

8.5.3 方向舵操纵系统

方向舵安装在垂尾后缘，驾驶员通过蹬踏方向舵脚蹬，操纵副翼偏转，控制飞机偏航运动，如图 8-45 所示。

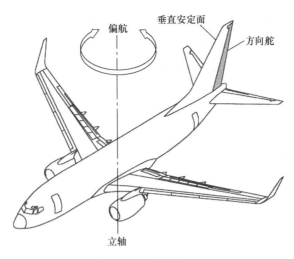

图 8-45 方向舵操纵

图 8-46 所示为波音 737 飞机的方向舵操纵系统。当操纵方向舵脚蹬时，其传力路径为：方向舵脚蹬→脚蹬臂→拉杆→前扇形轮→传动钢索→后扇形轮→后扭力轴→变比器→传动杆→液压助力器→助力器输出端→方向舵。

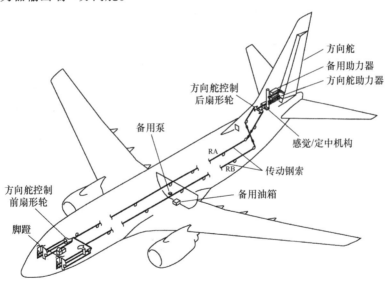

图 8-46 方向舵操纵系统组成

1. 方向舵脚蹬

如图 8-47 所示，每副脚蹬中每个脚蹬的运动方向相反。当脚蹬移动时，带动拉杆和中间轴架，从而带动中间轴和前扇形轮，也带动互动连杆并使另一副脚蹬做相同运动。

可根据驾驶员的身体情况调整方向舵脚蹬。当转动调节曲柄时，扭转挠性轴带动丝杠滑块机构，使牛轭摇臂前后移动，带动脚蹬前后移动。

2. 方向舵感觉 / 定中机构

如图 8-48 所示，方向舵感觉 / 定中机构由支架、定中弹簧、定中凸轮、滚轮、滚轮臂组成。定中弹簧将滚轮保持在定中凸轮中央，当方向舵脚蹬移动时，定中凸轮随扭力轴转动，滚轮克服弹簧力脱离中心，脚蹬就会产生感觉力。当驾驶员松开方向舵脚蹬，弹簧力使滚轮重新回到定中凸轮中央位置，系统回到中立位置。

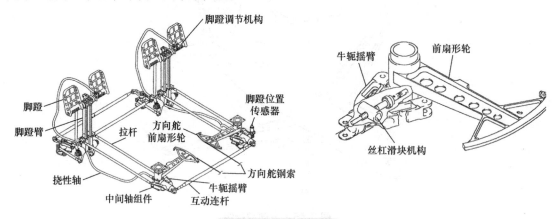

图 8-47　方向舵脚蹬

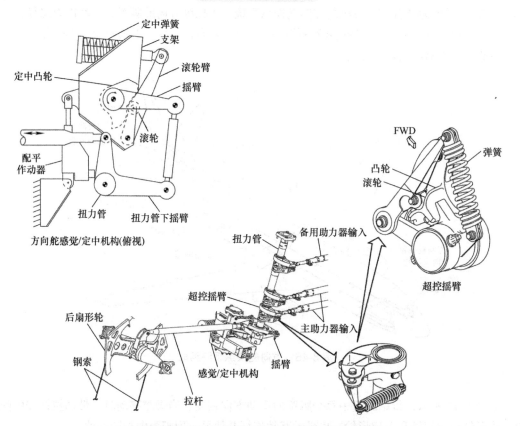

图 8-48　方向舵后部组件和感觉／定中机构

如图 8-49 所示，当转动方向舵配平旋钮时，配平作动器伸缩运动，驱动整个定中机构转动，带动扭力管转动，驱动舵面运动，以实现配平作用。在配平过程中，滚轮始终保持在定中凸轮中央位置，同时脚蹬移动，整个方向舵系统的中立位置发生改变，并在操纵台上显示方向舵配平量。

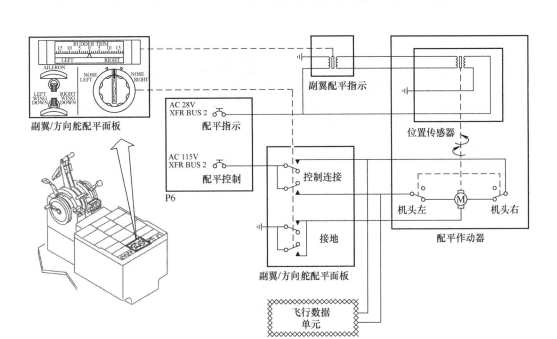

图8-49 方向舵配平操纵

3. 方向舵助力器

波音737方向舵操纵系统有两个助力器：主助力器和备用助力器。主助力器同时使用液压系统A和B的压力，备用助力器使用备用液压源的压力。

（1）主助力器 方向舵主助力器由壳体、活塞、输入杆、加法杆、偏航阻尼器电磁活门、偏航阻尼器EHSV、载荷限制电磁活门组成，如图8-50所示。

当液压系统接通时，液压系统使旁通活门处于旁通位，来自液压系统A和B的压力供给控制活门，如图8-51所示，当驾驶员踩方向舵脚蹬时，方向舵输入杆移动，作动外部加法杆和输入摇臂，给助力器提供输入信号，控制活门A和B移动，并给串联作动筒提供压力，外部活塞移动，并推动方向舵偏转。当方向舵达到指定位置，加法杆使控制活门回到中立位置，使助力器停止运动。

当系统A或B失效时，相应的旁通活门处于关闭位，使失效活塞两腔相通，防止产生液锁，而正常系统的液压力单独送去方向舵。

当驾驶员输入反馈给偏航阻尼器作动筒时，释压阀打开，防止产生液锁，避免对助力器内部连杆造成损坏。

（2）备用助力器 方向舵备用助力器由壳体、活塞、输入杆、外部加法杆、电磁阀、偏航阻尼器EHSV组成，如图8-52所示。备用助力器使用备用液压源的压力，当系统A和B飞行操纵开关设置在备用方向舵位置时，备用液压泵提供动力，关断活门接通助力器压力。

在下面情况出现时，备用液压泵自动给方向舵备用助力器提供压力：

1）液压系统A或B压力低。

2）飞机在空中或者轮速大于60knots（111km/h）。

3）后缘襟翼没有收上。

4）液压系统A或B的飞行控制开关设置在"ON"位。

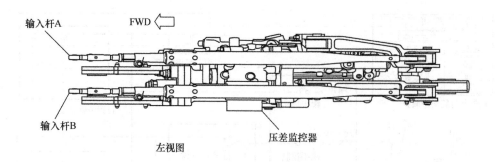

左视图

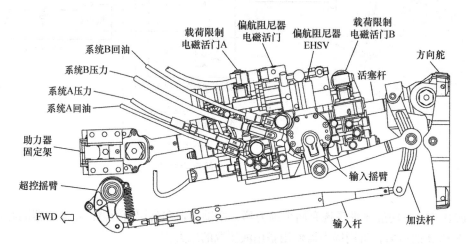

图 8-50　方向舵主助力器

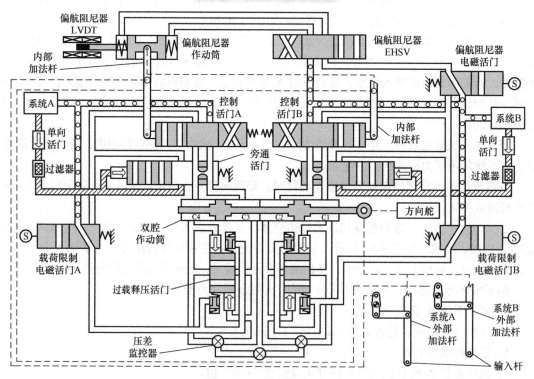

图 8-51　主助力器工作原理

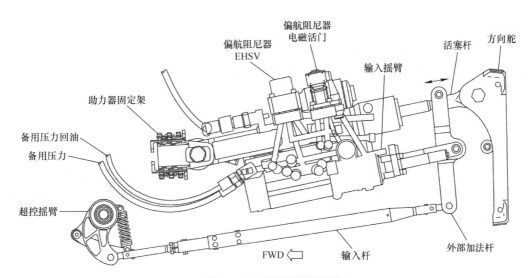

图 8-52　方向舵备用助力器

如图 8-53 所示，当备用液压系统接通时，旁通活门处于旁通位，接通控制活门，当驾驶员踩脚蹬时，方向舵输入杆移动，带动加法杆和输入摇臂，改变控制活门位置，使作动筒接通压力，驱动方向舵移动。当方向舵移动到指定位置，通过外部加法杆使控制活门回到中立位置，方向舵停止在指定位置。

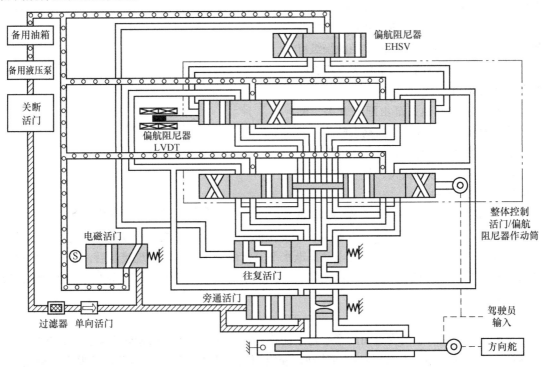

图 8-53　备用助力器工作原理

4. 载荷限制器

当空速大于 137knots（253.7km/h）时，载荷限制器功能限制方向舵的效能，当空速小于 132knots（244.5km/h）时重置。当载荷限制电磁线圈通电时，给载荷限制释压活门的锁定活塞提供压力，锁定活塞移动并松开调节活门，该活门将给作动筒系统压力减小到 2250psi（15.5MPa）。这时方向舵输出力减小 25%。可以在任何规定空速下减小方向舵力。

5. 偏航阻尼器

偏航阻尼器的作用是及时根据飞机姿态变化操纵方向舵，防止产生荷兰滚，增大偏航稳定性。

当接通时，偏航阻尼器系统给主助力器偏航阻尼器电磁线圈活门提供输入，该活门移动并将系统 B 的压力传给电液伺服活门（EHSV）。当 EHSV 移动时，提供压力并移动偏航阻尼器作动筒。偏航阻尼器的输入和驾驶员的输入通过内部加法杆共同控制活门移动，并给双腔作动筒提供压力，推动活塞杆移动，从而推动方向舵偏转。

8.6 典型辅助操纵系统

8.6.1 水平安定面操纵

现代大中型民航飞机由于纵向尺寸大，飞行中重心纵向位移量大，如果重心偏前或偏后量过大，单靠升降舵是不能完全实现纵向操纵的，因此，大多数飞机的水平安定面的安装角是可调节的。水平安定面的操纵可以控制飞机的俯仰运动，主要用于飞机纵向配平，如图 8-54 所示。

水平安定面操纵系统由配平开关、配平手轮、驾驶杆切断开关、前钢索鼓轮、钢索、后钢索鼓轮、齿轮箱、丝杠和配平作动器、安定面、配平限制开关、配平超控开关等组成，如图 8-55 所示。

水平安定面操纵系统工作原理如

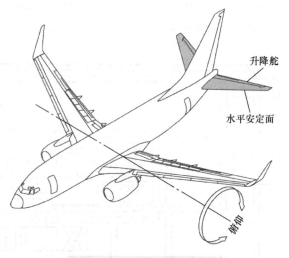

图 8-54　水平安定面的操纵

图 8-56 所示。驾驶员可以通过中央操纵台的安定面配平手轮人工机械操纵水平安定面，也可以通过驾驶盘上安定面配平开关人工电动操纵水平安定面，自动驾驶系统接通后，也可以自动操纵水平安定面。水平安定面的操纵优先顺序是：人工机械操纵优先，其次是人工电动操纵，最后是自动驾驶操纵。

1. 安定面配平手轮

驾驶员用操纵台上的安定面配平手轮手动移动前后钢索鼓轮。后钢索鼓轮移动齿轮箱和起重螺杆。当螺杆移动时，水平安定面移动。安定面通过中立变换杆也给升降舵提供机械输入。人工配平手轮的转动也带动安定面指示器指针指示。

2. 安定面配平开关

驾驶员使用两个安定面配平开关进行主电动配平操纵，开关在每个驾驶盘的外侧，开关控制给安定面配平作动器的电动输入，并给飞行数据采集组件传送信号。当配平作动器工作时，带动齿轮箱。当安定面齿轮箱运动时，带动安定面丝杠，从而移动水平安定面。齿轮箱运动也回传给安定面前后钢索鼓轮。前钢索鼓轮的运动带动人工配平手轮和安定面指示器指针。

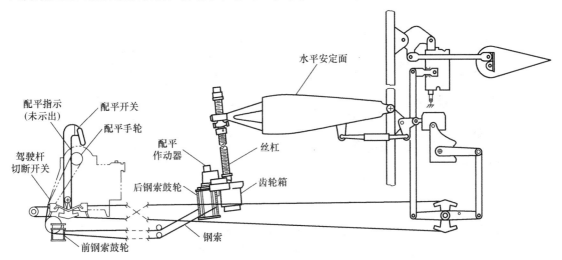

图 8-55　水平安定面操纵系统组成

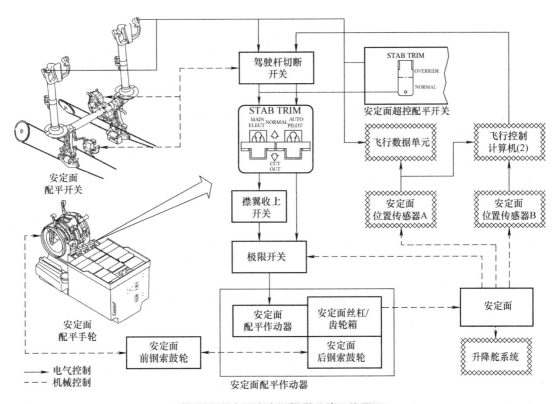

图 8-56　水平安定面操纵系统工作原理

8.6.2　襟/缝翼系统

前缘襟/缝翼与后缘襟翼是飞机的增升装置，在飞机低速时打开襟翼能增大飞机的升力，降低起飞速度和着陆速度，提高起飞和着陆的安全性。在巡航状态时，襟翼收起，以减小飞行阻力，如图 8-57 所示。

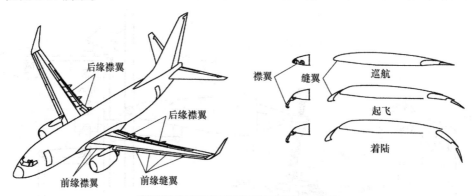

图 8-57　飞机襟 / 缝翼的位置和工作

根据增升原理，当后缘襟翼在放出时，虽然起到增大升力的作用，但也导致飞机的实际迎角增大，使飞机易发生失速。为避免出现失速，在工作时，前缘襟 / 缝翼和后缘襟翼相互配合，也就是前缘襟 / 缝翼随后缘襟翼工作而作动。

1. 襟翼的操纵机构

图 8-58 所示为襟翼操纵系统的中央操纵机构。

（1）襟翼手柄　在正常工作时，使用襟翼手柄完成襟翼操纵。操纵手柄将操纵信号通过钢索传递给襟翼作动器，带动襟翼运动。手柄有指示销，用来将手柄保持在卡槽盘的卡槽中。卡槽的位置和襟翼的位置一一对应。在卡槽盘上卡槽 1 和卡槽 15 有两个限动卡口，将操作分为三部分，即巡航区域、起飞区域和着陆区域。当移动手柄时，必须提起手柄，使指示销离开卡槽，才可以移动手柄。当手柄经过限动卡口时，不能直接通过，必须先放下手柄，使指示销落进卡槽，再重新提起手柄，让指示销绕过卡口才能继续移动手柄。卡槽 1 和卡槽 15 两个限动卡口可以使驾驶员在复飞时很容易找到这些位置。

（2）备用襟翼开关操纵　一般有备用襟翼预位开关、备用襟翼控制开关两个开关。备用襟翼预位开关是有保护盖的触发开关。位置包括"预位"位和"关断"位。当关上保护盖时，开关被保护盖拨回"关断"位。备用襟翼控制开关是一个三位置开关（"收上"位、"关断"位、"放下"位），当开关置于"收上"位时，开关停在该位置，当将开关置于"放下"位时，松开后开关仍回到"关断"位。

在使用备用襟翼开关进行操纵时，必须先将预位开关置于"预位"位，才可以进行操纵。返回正常操纵时，必须将预位开关置于"关断"位。

2. 襟翼操纵系统的传动

如图 8-59 所示，后缘襟翼系统传动包括襟翼操纵钢索、襟翼控制单元、襟翼作动器、扭力管、扭力管支架、角型齿轮箱、传动装置、丝杠、万向接头等组成。左右机翼传动部件相同，襟翼作动器驱动扭力管转动，通过角型齿轮箱的连接，带动所有的扭力管同时转动。然后经丝杠和万向接头（图 8-60）将转动变成直线运动，推动襟翼收上和放下。

3. 襟翼系统的工作

（1）正常工作模式　图 8-61 所示为飞机襟翼操纵系统原理图。当正常操纵时，襟翼控制手柄向后扳动，通过传动钢索、扇形轮和传动杆等机构，操纵襟翼控制活门偏离中立位置，将系统液压引到液压马达。液压马达转动，通过扭力管向襟翼传递扭矩。转换机构将沿翼展方向的转动信号转换为沿飞机纵轴方向的转动信号，通过丝杠螺母，再将转动信号转换为沿纵轴向后的运动，从而推动后缘襟翼放出。

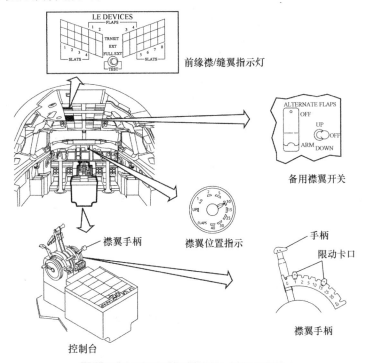

图 8-58　襟翼操纵系统的中央操纵机构

在输出扭力管转动的同时，反馈鼓轮将扭力管的输出信号反馈到输入端的凸轮。其中一个凸轮通过传动杆，作动襟翼控制活门向中立方向运动。当后缘襟翼到达预定位置后，襟翼控制活门返回中立位置，供往液压马达的油液被切断，液压马达停止转动，操纵过程结束。此时，后缘襟翼停在预定位置。

反馈鼓轮的反馈信号通过反馈钢索，同时带动另一个凸轮，该凸轮可作动前缘装置控制活门。前缘装置控制活门可将液压引到前缘装置作动筒，从而使前缘襟翼和缝翼放出。由以上控制可看出，前缘装置的位置是由后缘襟翼位置所决定的。

（2）备用工作模式　当采用备用操纵时，应通过备用襟翼开关操纵襟翼收放。首先，将备用襟翼预位开关置于"预位"位，使旁通活门处在旁通位，防止在传动过程中液压马达产生液锁；然后，操纵备用襟翼控制开关到"放下"或"收上"位，电动机转动，驱动输出扭力管转动，从而驱动襟翼放下或收上。

4. 襟翼保护

（1）不对称保护　由于后缘襟翼放出的角度大，如果放出时左、右两侧襟翼放出角度不同，出现不同步，则襟翼操纵系统会自动切断襟翼的工作，防止不同步的进一步严重。

（2）襟翼偏斜保护　飞机襟翼由两个驱动机构驱动，当放下襟翼时，如果两个驱动机构出现不同步，襟翼会出现偏斜现象。当偏斜过大时，会造成襟翼卡阻，严重时将导致襟翼结构损坏，影响飞行安全。襟翼偏斜保护可以在襟翼偏斜超出一定范围时，自动切断襟翼工作，防止偏斜量进一步增大。

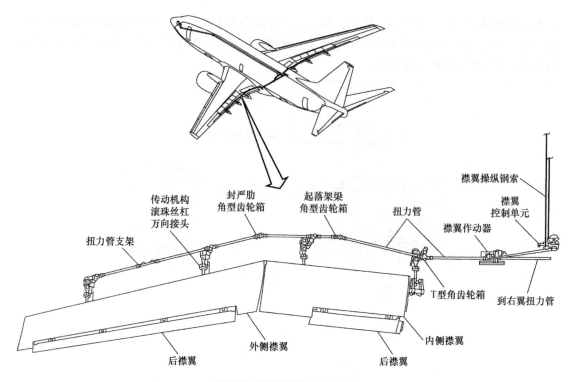

图 8-59　后缘襟翼系统传动

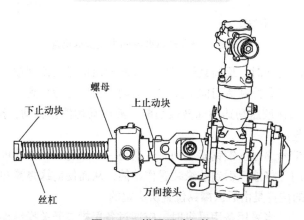

图 8-60　襟翼驱动机构

（3）过载保护　在襟翼驱动机构中设置了襟翼载荷限制器，用于保护襟翼结构，防止过大的气动载荷损伤襟翼。当后缘襟翼处于完全放出位置时，如果突然出现空速超过预定值的情况，后缘襟翼会自动收进一个稍小的角度，防止襟翼结构承受过大的气动载荷。

8.6.3　扰流板和速度制动

扰流板的作用是帮助副翼进行绕纵轴的飞机操纵，也可作为减速板在着陆或中断起飞期间降低升力并增加阻力。民航飞机在每侧机翼上表面装有多块扰流板，其中包括飞行扰流板和地面扰流板，扰流板在工作时均向上升起，如图 8-62、图 8-63 所示。

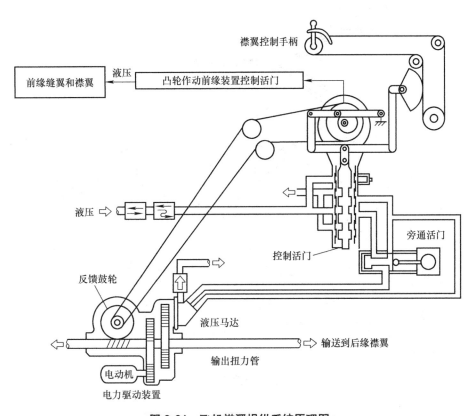

图 8-61 飞机襟翼操纵系统原理图

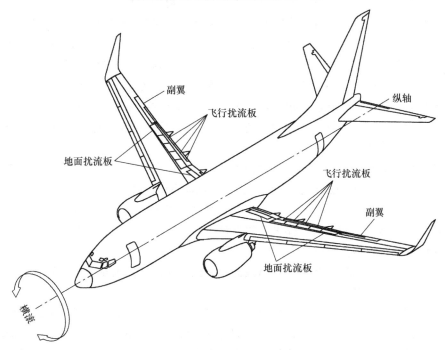

图 8-62 扰流板的横滚操纵

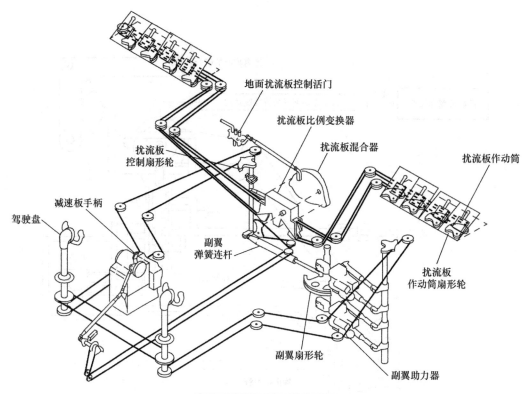

图 8-63 扰流板操纵系统

1. 飞行扰流板

飞行扰流板既可在地面使用，也可在空中使用，既可用于减速，也可用于协助副翼完成滚转操纵，这种设计可以提高飞机横侧操纵效能，并能防止副翼反效和有害偏航。具体功能如下：

（1）协助副翼操纵 副翼操纵系统可在飞行时对飞行扰流板进行操纵，使飞行扰流板配合副翼完成滚转操纵，如图 8-35、图 8-36 所示。以飞机向左滚转操纵为例：当驾驶员向左转动驾驶盘时，左副翼向上偏转，右副翼向下偏转，使左机翼的升力减小，右机翼升力增大，飞机绕纵轴向左侧滚转，当驾驶盘转动超过一定角度时，左侧飞行扰流板放出使左机翼升力进一步减小，增加飞机滚转力矩。在操纵过程中，副翼上偏一侧的飞行扰流板打开，从而配合副翼操纵飞机绕纵轴向左侧滚转。

当驾驶盘转动角度较小时，飞行扰流板不放出。当向右转动驾驶盘超过一定角度时，同样会使右侧飞行扰流板放出，配合副翼操纵飞机绕纵轴向右侧滚转。

（2）副翼卡阻时实现应急滚转操纵 当副翼操纵钢索卡阻时，机长驾驶盘不能转动，副驾驶操纵驾驶盘，克服扭力弹簧力，操纵右驾驶盘转动一定角度，安装于右驾驶盘扭力管下端的摇臂才会接触到空行程挡块，驱动飞行扰流板进行应急操纵。

（3）飞机减速 飞机减速是通过操纵减速板手柄实现的。操纵减速板手柄时，两侧的飞行扰流板同时打开，进行空中减速。

空中减速时，提起减速板手柄向后扳动，左、右侧的飞行扰流板同时放出，如果此时驾驶盘转动角度超过预定值，飞行扰流板仍可以配合副翼进行横侧操纵。此时减速板手柄的信号和配合副翼横侧操纵的信号都输送到混合器，混合器将两种信号叠加，然后输送到飞行扰流板。

2. 地面扰流板

地面扰流板只能在地面上起减速作用，其通常只有两个位置，即"抬起"位和"放下"位，因此作动装置为普通双向单杆液压作动筒。

飞机在空中时，空 / 地开关将地面扰流板内部锁活门置于"空中"位（图 8-64），切断供向扰流板作动筒的油液压力，将扰流板锁定在"放下"位；当飞机落地后，空 / 地开关将扰流板内部锁活门切换到"地面"位，使地面扰流板可在地面完全放出，从而卸除机翼的升力，提高制动效率，增大阻力，从而缩短飞机着陆滑跑距离。

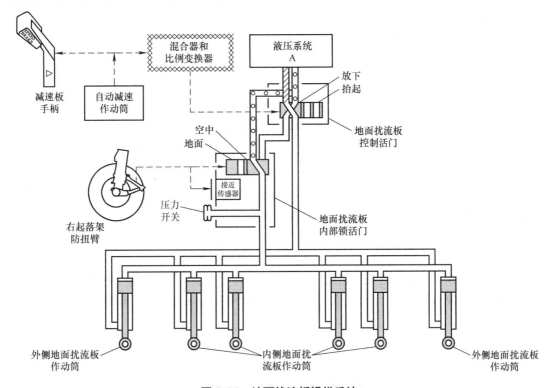

图 8-64　地面扰流板操纵系统

8.7　告警指示和失速保护

8.7.1　起飞告警系统

起飞告警系统用于当飞机处于不安全起飞状态时发出音频告警。起飞告警触发逻辑如图 8-65 所示。

当飞机在地面，任何一个油门操纵杆在"起飞"位，发生下列任一情况都会触发起飞告警：

1）减速板手柄未在"放下"位。

2）停留制动未松开。

3）地面扰流板有压力。

4）前缘缝翼未放出。

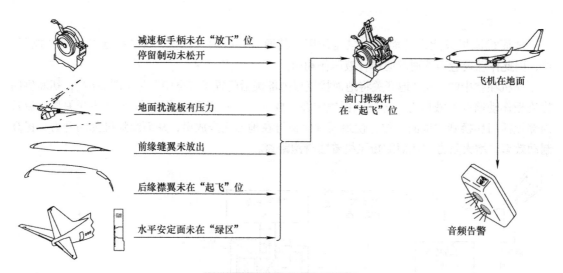

图 8-65 起飞告警触发逻辑

5）后缘襟翼未在"起飞"位。

6）水平安定面未在"绿区"（起飞区）。

起飞告警为间歇性告警，切断开关也不能消去音频，只有在飞行控制组件置于适当位置或油门操纵杆收回后，才能使音频停息。

8.7.2 失速告警系统

失速告警所指的就是临近或达到最大可用升力（即飞机接近失速状态）时的告警。一般飞机上多装音频告警和驾驶杆抖动器。失速告警系统包括信号输入、信号处理和信号输出三部分，如图 8-66 所示。

1. 信号输入

迎角探测器用来探测安装部位处（装在机身外侧）的气流方向，并将该处气流角度的变化情况以成比例的电信号传输给失速管理计算机。

飞机在飞行中因为飞机失速迎角与飞机姿态、气动外形的变化有关，所以除了迎角信号，还需把缝翼、襟翼位置信号及空 / 地转换信号也输入到失速管理计算机。

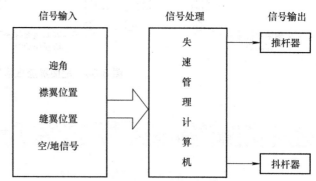

图 8-66 失速告警系统组成

2. 信号处理

失速管理计算机接收输入的信号后，做综合比较，输出电信号，经过控制放大器和解调器，再经过驱动放大器驱动抖杆器和推杆器。

3. 信号输出

（1）抖杆器 抖杆器接收来自失速管理计算机的信号，它是一个由电动机带动的不平衡重块（固定在驾驶杆上，见图 8-67）。当有信号时电动机起动，使驾驶杆抖动。其频率和振幅应配合，若频率过低，即使振幅相当大也提供不了足够刺激，若频率过高，结果会引起"嗡鸣"，振幅不明显。最适当的频率为 10～30 次 /s，并要有足够的振幅，能使杆抖动。

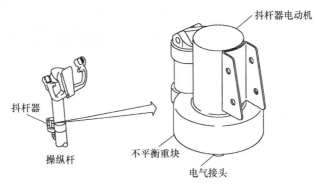

图 8-67　抖杆器

（2）推杆器　如图 8-68 所示，某型飞机推杆器安装在升降舵感觉装置上，由直流电驱动。当两台失速管理计算机都探测到飞机接近失速状态，而且襟翼和缝翼完全收进时，推杆器驱动杆伸出，重新定位感觉装置，施加一个使机头下俯的力，此力通过一个弹簧作动，因而驾驶杆可随时超控控制。当飞机迎角低于某一预定值或襟翼和缝翼工作时，推杆器复位。

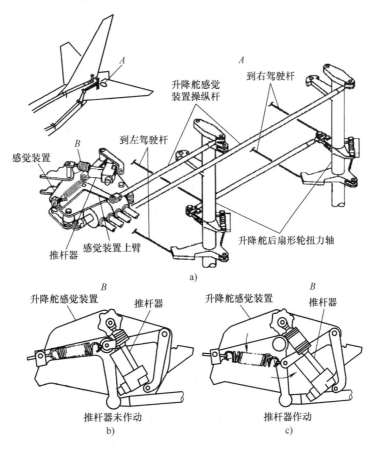

图 8-68　推杆器工作原理

第9章

飞机燃油系统

9.1 燃油系统概述

9.1.1 燃油特性

飞机燃油系统主要使用两种类型的燃油：涡轮发动机使用的航空煤油和活塞发动机使用的航空汽油。

航空煤油具有以下特点：

1）具有足够低的冰点。冰点就是燃油开始产生冰晶的临界温度点，飞机巡航高度外界的大气温度较低，如果燃油的冰点不够低，极易造成燃油内部产生冰晶，导致燃油流速减慢，影响发动机的正常供油。航空煤油的冰点必须低于 $-40℃$。

2）具有合适的闪点。闪点是燃油和外界空气形成的混合气体与火焰接触时立刻燃烧的最低温度。闪点过低，燃油的稳定性变差，飞机容易发生火情。闪点过高，燃油点燃困难，容易造成发动机熄火。

3）具有合适的汽化性能。航空燃油和其他液体一样，环境压力降低会导致燃油汽化，飞行高度越高，环境压力越低，越容易导致燃油汽化。较高的燃油汽化性有利于在寒冷环境或者空中起动发动机，但是汽化性过高会造成燃油在汽化过程中的损失增加。因此，飞机燃油需要具有合适的汽化性能。

4）具有良好的润滑性。燃油除了燃烧，还用于润滑燃油系统里的活动部件（如油泵）。为了保证燃油系统的正常工作，燃油的润滑性能就显得特别重要。

5）具有较差的吸水性能。航空燃油必须不容易保持水分，以减少燃油的污染。如果水分在油箱中聚集，会滋生微生物，导致油箱结构腐蚀。

航空汽油具有足够低的冰点（$-60℃$以下）和较高的发热量，以及良好的汽化性能和足够的抗爆性。航空汽油有两种常见牌号：一种为95号，含有四乙基铅，主要用于有增压器的大型活塞式航空发动机；另一种为75号，水白色无铅汽油，主要用于无增压器的小型活塞式航空发动机。

9.1.2 安全措施

1. 燃油系统工作的安全程序

燃油系统工作的安全程序包括三个部分：防火、灭火和保障人员安全。

防火是移除产生或者支持起火的因素。燃烧三要素包括可燃物、助燃物和着火源。在飞机燃油系统维护过程中，不得出现暴露火源，不得吸烟，在做氧气瓶的加注或者更换工作时，不能进行加油或者抽油工作。

除了起火危险，燃油系统工作还有其他潜在的风险：过量吸入燃油蒸汽会影响人体健康，甚至使人失去意识；接触燃油还会对皮肤和眼睛造成伤害，工作时需严格遵守安全规定。

2. 安全区域

工作中发生燃油泄漏或产生燃油蒸汽均容易导致起火甚至爆炸，为保证安全，在进行相关工作前，必须划定安全区域，如图9-1所示。需要注意的是：安全区域永远是禁烟区；飞机加油的一侧必须开阔、无遮挡、无阻拦，确保安全监视和起火时的逃生路线；飞机加油期间，燃油车的朝向必须能确保其快速撤离现场。

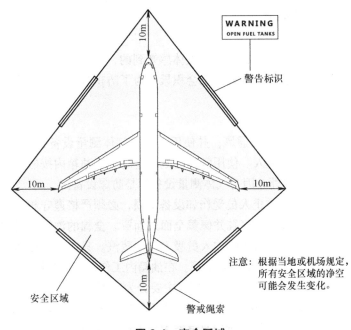

图 9-1 安全区域

机库内通常使用安全标识和警示带标记安全区域；机库内禁止吸烟；如果油箱打开，需要额外的警告标识和信号提示维护人员；另外，通常不在机库内进行加油工作，如果加油工作必须在机库完成，那么整个机库都是安全限定区域。

通过对安全区域的划定、标识及现场的警告等，人员可以更好地意识到现场状况，从而降低发生火情的可能性。

3. 燃油渗漏

燃油渗漏的发生主要有两种原因，加油时渗漏或飞机损伤引起渗漏。加油渗漏通常发生在通气油箱开口处，或失效的燃油加油口、加油管道及油车部件上；飞机油箱遭受外来物撞击也有可能导致燃油渗漏。

燃油发生渗漏后，必须立刻对溢出或渗漏的燃油进行处理。

1）首先停止加油或止住渗漏。

2）然后往渗出的燃油中加入黏合剂，使影响区域不再扩大。如果大量燃油溢出，还需立刻通知消防部门。

4. 火源

飞机附近不得出现暴露火源，不得吸烟，以减少起火风险。但是在飞机附近还有很多其他热源，可能点燃燃油蒸汽。

加油工作期间，飞机发动机必须关闭。通气油箱的开口处下部或者附近，汽车发动机也不能起动。

火花也可能点燃油气混合物，以下情形均可能产生火花：

1）电路切换。

2）甚高频传输。

3）气象雷达工作。

4）金属物（如工具）的碰撞。

5）静电释放。

其中静电积累的过程是看不见也无法被人体感知到的，只有在静电释放产生火花时，人才能感受到高能电击。在加油过程中，静电也会积累，为了防止静电释放产生火花，加油车和飞机都必须有效接地。

5. 油箱进入

进入油箱前，必须对油箱彻底通风，并使用专用的气体测量设备检查油箱内的油气浓度。如果油气浓度过高，禁止人员进入。使用气体测量设备时，在油箱内按照说明安装气体测量探头，设备本体必须在危险区之外，因为气体测量设备不是防爆设备。

在进入油箱工作时，为了防止人员受伤和设备受损，必须严格遵守相关的安全规定。人员需穿着油箱防护服、不带金属的软底鞋并佩戴全面式面罩。全棉的油箱接近防护服和软底鞋可以防止产生火花，全面式面罩可防止维护人员吸入燃油蒸汽。只有在确保油箱是对人体健康无危害的情况下，才能不戴全面式面罩进入油箱。在油箱内工作需使用防爆工具和防爆对讲机。

对于不同区域的油箱，进入方式存在差别，主要分为以下三种类型：

1）1类油箱，这种油箱有直接接近门，但是人不能完全进去，只能把头和肩膀伸进去。

2）2类油箱，这种油箱的直接接近门足够宽大，人员可以完全进入。

3）3类油箱，没有直接的外部接近门，但是有内部开口，人员可以从内部开口进入，这些开口足够宽大，可以用于营救油箱内人员。

为了确保进入油箱工作人员（图9-2）的人身安全，应向油箱内输送新鲜空气，并设置专门的安全观察员。

9.1.3　燃油系统的介绍

燃油系统分为两大部分，即飞机燃油系统和发动机燃油系统，通常以发动机供油关断活门作为分界，活门上游为飞机燃油系统。飞机燃油系统的主要功能如下：

1）储存燃油。飞机油箱中储存着飞机完成飞行任务所需的全部燃油，包括紧急复飞和着陆后的备用燃油。

2）可靠供油。飞机燃油系统需在各种规定的飞行状态和工作条件下保证安全可靠地将燃油供向发动机和辅助动力装置（Auxiliary Power Unit，APU）。

3）调节重心。通过燃油系统可以调整飞机横向和纵向重心位置。横向重心调整可保持飞机平衡，减小机翼机构受力；纵向重心调整可减小飞机平尾配平角度，减小配平阻力，降低燃油消耗，增加经济性。

4）冷却介质。燃油可作为冷却介质，用来冷却滑油、液压油和其他附件。

飞机燃油系统包括燃油储存、供油、加油／抽油和指示四个主要的分系统。

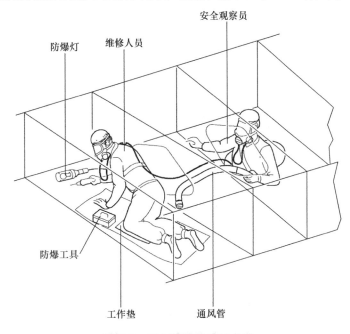

图9-2　进入油箱的工作人员

9.2.1　燃油箱类型及布局

1. 油箱类型

飞机油箱的作用是储存飞行所需的燃油。飞机油箱有三种类型，即软油箱、硬油箱和结构油箱。

（1）软油箱　软油箱是用耐油橡胶、胶层和专用布等胶合而成的，一般应用在小型军用飞机和某些单翼飞机的中央油箱上。在大型运输机上很少采用软油箱。

（2）硬油箱　硬油箱是由防腐能力较强的铝锰合金制成箱体，箱内有防止油液波动的带孔隔板，隔板可以提高油箱的强度和刚度。有的大型飞机的附加中央油箱采用硬油箱（Additional Center Tank，ACT）。

（3）结构油箱　大型运输飞机的油箱大多采用结构油箱，是利用机身、机翼或尾翼的结构元件直接构成的油箱。结构油箱又被称为整体型油箱。结构油箱是飞机结构的一部分，因此在接缝、结构紧固件和接近口盖等处应妥善密封。结构油箱的特点是充分利用机体内的容积，增大储油量，大大减轻飞机的重量。

2. 油箱布局

民航飞机上会布置多个油箱，即中央油箱、机翼油箱，在机翼油箱外侧设有通气油箱。有些飞机还配有配平油箱和附加中央油箱，如图 9-3 ~ 图 9-5 所示。

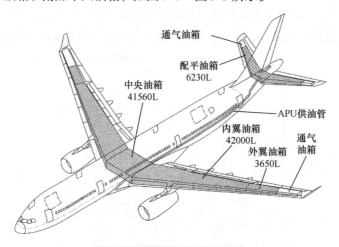

图 9-3　A330 飞机油箱布局

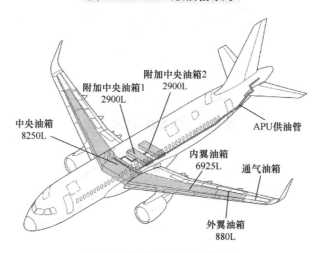

图 9-4　A320 飞机油箱布局

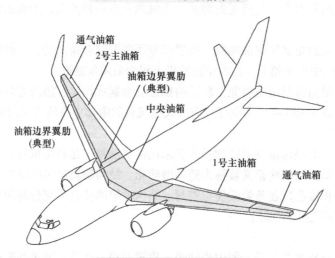

图 9-5　B737 飞机油箱布局

（1）中央油箱　中央油箱位于中央翼盒内，油箱内的隔板可防止飞机在机动飞行时燃油发生晃动。飞行中，为减小机翼根部所受的弯矩，首先使用中央油箱的油液。当油箱中油液耗空时，油箱内充满燃油蒸汽。当燃油蒸汽浓度在一定浓度范围内时，遇到高温或火花（静电或通过油箱的电缆故障）会导致油箱起火爆炸。为消除油箱起火爆炸的危险，一般都为中央油箱加装惰性气体抑爆系统或设置无油干舱。

某些飞机采用了另类解决办法：取消独立的中央油箱，沿飞机纵剖线将中央油箱分开，分别与左右主油箱相间，构成双油箱布局。此种设计虽然省略了中央油箱惰性气体抑爆系统，但飞行中机翼受力情况不如三油箱布局。

（2）机翼油箱　机翼上的结构油箱按照布局可以分成几段，B737 飞机将左侧主油箱称为 1 号主油箱，右侧主油箱称为 2 号主油箱。图 9-6 所示为 B747 飞机油箱布置。空客飞机分成内翼油箱和外翼油箱。

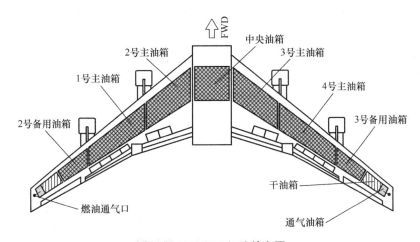

图 9-6　B747 飞机油箱布置

为了减小翼吊发动机对主油箱的影响，某些飞机在其主油箱的发动机上方的高温区域设置了干舱。干舱内不储存燃油，因此干舱内不会存在燃油蒸汽，从而达到防火的目的。图 9-7 所示为 B777 飞机机翼干舱。

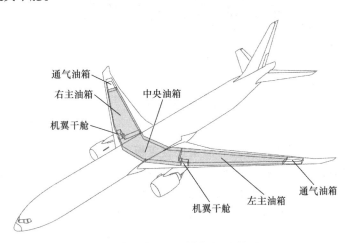

图 9-7　B777 飞机机翼干舱示意图

（3）通气油箱　通气油箱位于主油箱外侧、靠近翼尖的区域内。通气油箱内不装燃油，仅用于油箱的通气。

（4）配平油箱　某些大型飞机有配平油箱（图9-3）。配平油箱装在飞机尾部，一般安装在水平安定面内。在飞行中，燃油管理系统可根据需要将燃油送入（或排出）配平油箱，调整飞机重心的位置，减小飞机平尾配平角度，降低配平阻力，达到提高飞机燃油经济性的目的。

（5）附加中央油箱（ACT）　附加中央油箱作为飞机正常油箱系统的补充，用于提高飞机的航程。附加中央油箱外形和标准货运集装箱类似，安装在飞机的前后货舱内，通过专用的供油管路和通气管路与飞机燃油系统相连。在配置飞机附加中央油箱时，应注意它对飞机重心的影响。

9.2.2　油箱的构造

大型飞机多采用结构油箱，下面以B737飞机油箱为例介绍飞机油箱的结构，如图9-8所示。

1. 机翼油箱

机翼油箱位于机翼翼盒内，由前梁、后梁、上壁板、下壁板和翼肋组成。翼肋将油箱分成若干个隔舱，对机翼结构起到加强作用，同时防止燃油振荡，翼肋都有切口和长桁缺口，燃油可以自由流通。在油箱两端的翼肋完全密封，与前、后梁，上、下壁板组成一个密闭的空间以装载燃油。在8号翼肋和11号翼肋上装有挡板单向活门（图9-9），燃油只能从翼尖流向翼根方向，在飞机姿态发生变化时，能够保证发动机供油。

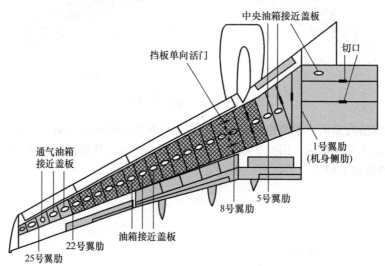

图9-8　油箱结构

在机翼下壁板上，翼肋之间都装有油箱接近盖板，如图9-10所示。油箱接近盖板在维护油箱和油箱内设备时方便人员进入油箱，由盖板、垫圈、压紧圈、螺钉与密封圈组成。铝合金垫圈导通盖板和下壁板，有利于防静电。

在机翼上表面还装有重力加油口盖，如图9-11所示。

图9-9　挡板单向活门

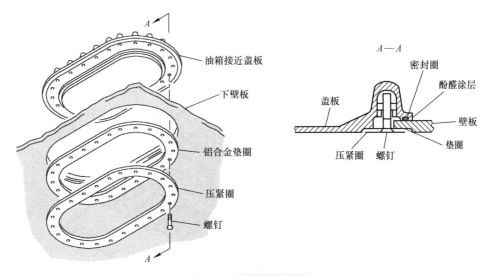

图 9-10 油箱接近盖板

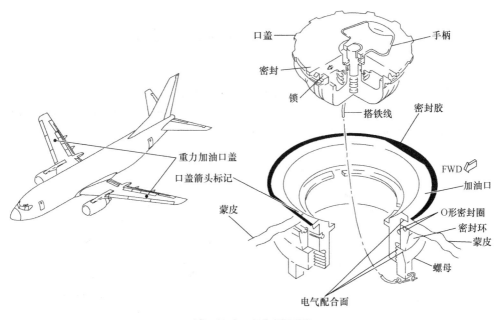

图 9-11 重力加油口盖

2. 中央油箱

中央油箱位于机身内中央翼梁，从左 5 号翼肋到右 5 号翼肋之间，横梁将中央油箱分为三个隔舱，从前到后编号为 1、2 和 3。翼展方向的横梁上切口允许燃料在横梁之间流动。1 号隔舱左下表面有一个为中央油箱提供检修通道的油箱接近盖板。横梁的切口提供了隔舱之间的通道。中央油箱的上壁板和前梁上有一层二次涂层（图 9-12），用于防止燃油蒸汽进入机身加压部分。

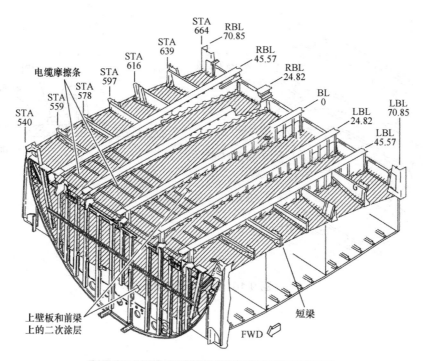

图 9-12　中央油箱上壁板和前梁上的二次涂层

3. 集油槽排放活门

在飞机油箱下面（包括通气油箱）有五个集油槽排放活门，如图 9-13 所示。燃油箱排放阀安装在燃油箱和通气油箱的最低点，清除燃油后，用于排放积聚的水分或排出残留的燃油。每个阀门入口处都装有滤网，防止装置受到堵塞和损坏。

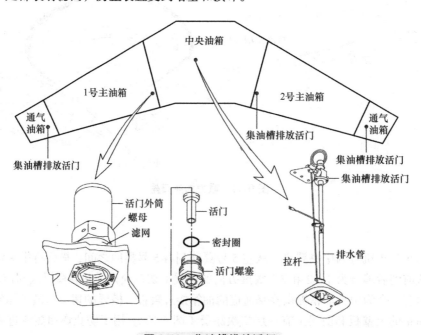

图 9-13　集油槽排放活门

主油箱的集油槽排放活门位于 5 号翼肋外侧的下翼面，向上顶活门中心即可打开活门；松开，内部弹簧关闭活门。通气油箱的集油槽排放活门位于 22 号翼肋外侧下翼面，活门的构造与主油箱的集油槽排放活门相同。中央油箱的集油槽排放活门位于机腹，靠近油箱的中央，可从机身下部的接近门接近集油槽排放活门，次接近门位于两空调舱门之间，打开接近门就可以看到一个带钩的拉杆，向下拉此杆，即可打开活门；松手，内部弹簧关闭活门。

4. 燃油加热器

飞机在高空飞行时，燃油温度很低。随着燃油箱中的燃油冷却，燃料中的水凝结，使燃油/水溶液黏度变大。在通过过滤器时，滤芯上结冰阻止燃油流过过滤器，使燃油经过旁通活门而绕过滤网。

燃油加热器是一个热交换器，利用来自压气机的高温气体对燃油加热，以免结冰。燃油加热器通过座舱的燃油加热开关控制，机组人员使用过滤器旁通指示灯和燃油温度表了解何时加热燃料，打开/关断热空气或燃油通过装置对燃油进行加热。燃油加热器也可以是自动控制的，内置恒温装置打开/关闭阀门允许热空气或燃油进入装置冷却燃油，如图 9-14 所示。

另外，燃油箱里还装有飞机发动机的润滑油散热器和液压系统的液压油散热器，利用燃油对润滑油和液压油进行冷却，同时对燃油也具有一定的加热作用。

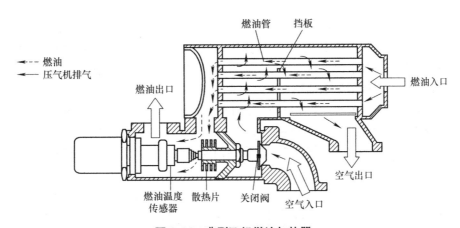

图 9-14 典型飞机燃油加热器

9.2.3 油箱通气系统

1. 通气系统的功用

（1）平衡油箱内外的压差 油箱通气系统保持油箱中的压力接近环境压力，保证加油/抽油/供油的正常进行，同时避免出现过大的压差对机翼结构造成损坏。

（2）增压作用 在飞机飞行时，由于冲压空气的作用，还能提供一定的正压力作用在油面上，以减少燃油的蒸发和确保供油泵在高空的吸油能力，提高供油可靠性。

（3）防火、防溢作用 油箱通气系统还必须能够防止飞行姿态变化而引起燃油溢出，防止过热空气进入通气系统而引起火灾。

2. 通气系统的组成

通气系统由通气油箱、通气斗、通气桁条、通气管、通气浮子活门、通气单向活门等组成，如图 9-15 所示。

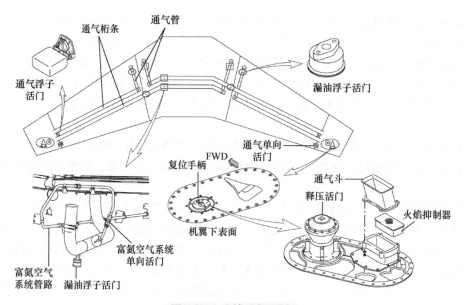

图 9-15　油箱通气系统

通气油箱不装燃油，其内部装有通气装置，通过通气桁条和通气管与主油箱和中央油箱连通，每个油箱的通气管（"U"形管），一端连接通气桁条，另一端安装在上翼面附近，保证在各种飞行姿态下都能可靠通气。每个通气桁条和通气管都装有漏油浮子活门，允许溢出到通气桁条和通气管的少量燃油返回到油箱。当油面高于浮子时，活门关闭，防止燃油进入通气桁条或通气管；当油面低于浮子时，活门打开，通气桁条和通气管的燃油可返回到油箱。

通气油箱还装有通气浮子活门和单向活门，正常情况下浮子活门打开通气，在飞机姿态发生变化时，可以防止燃油进入通气油箱。单向活门允许溢出的少量燃油返回到主油箱，反向流动则会截断。

火焰抑制器可以防止过多热量进入通气系统。火焰抑制器为致密的金属网状结构，容易因堵塞而造成通气系统失效。因此，通气油箱还设置了释压活门，防止油箱内正压或负压过大而损坏机翼结构。通常释压活门是关闭的，此时与机翼底部平齐。当正压或负压过大时，释压活门打开，并保持在打开位，为通气油箱提供额外通气。系统维护后，应拔出复位手柄，将释压活门关闭。

9.2.4　燃油惰化系统

飞行中，为减小机翼根部所受的弯矩，首先使用中央油箱的燃油。在执行短程任务时，中央油箱通常不加满燃油甚至不加燃油。当油箱中燃油耗空时，油箱内充满燃油蒸汽。当燃油蒸汽浓度达到一定浓度时，遇到高温或火花（静电或通过油箱的电缆故障）会导致油箱起火爆炸。为消除油箱起火爆炸的危险因素，通常采用油箱惰化技术，即利用氮气和富含氮气的空气（Nitrogen Enriched Air，NEA）来替换燃油箱内的空气。

空气分离模块（图 9-16）铝合金壳体内的渗透纤维膜用于分离空气，壳体外部包裹绝缘隔热海绵橡胶，避免组件过热。在系统工作时，组件内部上千层聚合物纤维膜将热交换器降温后的引气进行分离，分离出的氧气、二氧化碳和水组成富氧空气，通过氧气排放口排出组件，剩余的富氮空气供向中央油箱。

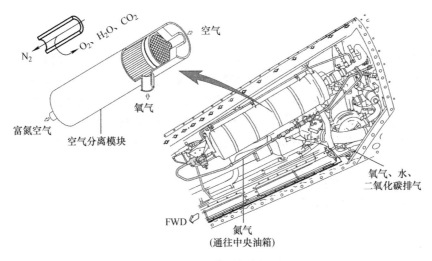

图 9-16 空气分离模块

如图 9-17 所示，在实际使用中，可改变空气流动速度、空气的温度和压力对出口富氮空气的纯度进行调节。另外，气源中的臭氧、水蒸气、油气和微粒对空气分离模块的使用寿命和可靠性存在不利影响。因此在燃油惰化系统中都有臭氧转换器和过滤器。

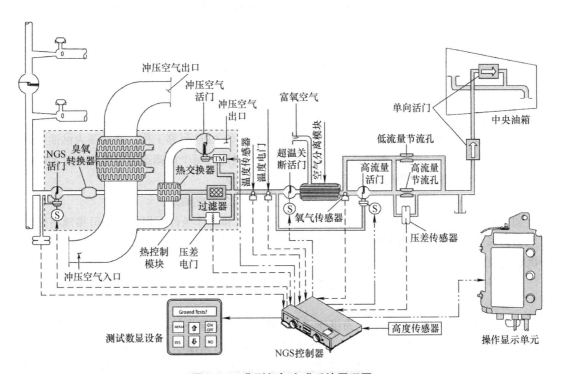

图 9-17 典型氮气生成系统原理图

9.3 供输油系统

9.3.1 重力供油

重力供油适用于油箱比发动机位置高的小型飞机，如油箱装在机翼内的上单翼飞机。重力供油系统原理如图 9-18 所示。油箱顶部的加油通气口将大气引入油箱，确保供油通畅。供油活门安装在供油管路上，燃油过滤器安装在供油系统的最低处，用于过滤油液中的杂质并收集燃油中的部分水分。当打开燃油系统供油活门时，燃油便会在自身重力作用下流经过滤器向发动机供油。多油箱飞机采用重力供油系统时，应在各油箱之间加装燃油平衡管，以保证各油箱的油量平衡。

重力供油方法简单，但其供油可靠性较低，尤其是飞机飞行速度变化和机动飞行时。所以现代喷气式运输机广泛采用供油可靠性更高的动力供油系统。

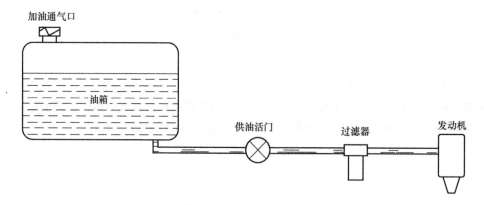

图 9-18　重力供油系统原理

9.3.2 动力供油

现代民航飞机通常采用动力供油方式，保障发动机和 APU 可靠工作，燃油泵为供油系统提供动力。在发动机或 APU 火警时，应立即切断相应的供油。每个油箱通常有两个或更多的燃油泵，保证在一个燃油泵失效的情况下，依然可以稳定供油。

图 9-19 所示为典型的动力供油系统，每个油箱内有 2 个燃油泵。

动力供油系统具有以下主要功能：在各种飞行状态和工作条件下保证安全可靠地将燃油供向发动机和 APU；在飞行中能够实现平衡用油，保证飞机平衡；防止油箱低位区域的燃油水分和沉淀物长时间聚集。

动力供油系统可按功能分为主供油系统、辅助供油系统和交输供油系统三个分系统。

1. 主供油系统

主供油系统采用电动离心泵作为供油动力，将燃油从油箱中抽出并增压，向发动机和 APU 提供一定压力和流量的燃油。主供油系统可控制各油箱的供油顺序。另外，主油箱燃油供油总管设置旁通单向活门，在所有燃油泵均失效时，仍然可以依靠虹吸作用供油，增加供油可靠性。

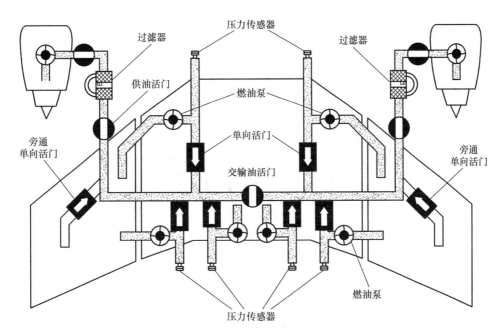

图 9-19 典型的动力供油系统

为了增加航程，现代飞机的燃油系统油箱数量较多，而且容量较大，这样就难以将它们都安装在飞机重心附近。为了在燃油消耗过程中减小飞机重心的变化量，以及考虑机翼结构受力的影响，各类飞机都制订了油箱供油顺序。目前普遍采用的供油顺序是：先消耗机身中央油箱内的燃油，再消耗两翼油箱内的燃油。因为中央油箱靠近飞机重心，对飞机重心变化影响不大，同时可充分利用大翼油箱内燃油对机翼的卸载作用，减小机翼根部所受的弯矩，减少机翼振颤。常见的供油顺序控制方法有以下三种：

（1）不同油箱燃油泵的输出压力不同　在中央油箱内安装输出压力较高的燃油泵，1、2号主油箱内安装输出压力较低的燃油泵，所有燃油泵同时运转时，由于中央燃油泵首先打开，同时给1、2号主油箱燃油泵出口单向活门反压，所以中央油箱内的燃油首先供油。当中央油箱内燃油排空后，中央油箱燃油泵出口压力消失，此时1、2号主油箱燃油泵压力顶开单向活门继续供油。

（2）燃油泵出口处单向活门打开压力不同　如图9-20所示，各油箱安装相同的燃油泵，但在燃油泵出口处安装打开压力不同的单向活门，中央油箱燃油泵出口的单向活门打开压力低，1、2号主油箱燃油泵出口的单向活门打开压力高。所有燃油泵同时运转时，中央油箱燃油泵出口的单向活门首先打开，此时由中央油箱供油。当中央油箱内的燃油接近排空时，燃油泵出口压力消失，此时1、2号主油箱燃油泵的供油压力打开其出口单向活门，继续向发动机供油。

（3）程序控制　上述供油顺序控制相应简单，在供油过程中对飞机会造成一定的影响，可能会增加飞机配平阻力，造成一定飞行效率损失，适用于航程短的飞机。对于大型飞机燃油供油顺序更加复杂。

图9-3所示为A330飞机燃油配置，飞行中发动机始终使用内翼油箱的燃油，其他油箱（包括配平油箱）的燃油泵只向内翼油箱供油。燃油系统由两台燃油控制和监控计算机（Fuel Control and Monitoring Computer，FCMC）控制。

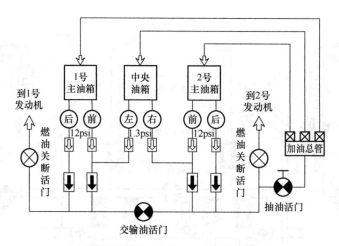

图 9-20　典型飞机供油系统示意图

A330 飞机燃油总是从内翼油箱供给发动机。燃料传输顺序如下：

1）中央油箱燃油传输至内翼油箱。内翼油箱由满油状态下降 2000kg，触发中央油箱传输泵向内翼油箱传输，当内翼油箱注满停止传输。随着内翼油箱不断向发动机供油，中央油箱反复向内翼油箱传输燃油，直到中央油箱排空，中央油箱的燃油泵关闭。

2）每个内翼油箱排空至 4000kg。当中央油箱排空后，开始持续消耗内翼油箱的燃油。

3）配平油箱传输泵将燃油传输至内翼油箱。当内翼油箱燃油剩余 4000kg，配平油箱传输泵将燃油传输到内翼油箱，直到配平油箱中的燃油耗尽。

4）每个内翼油箱排空至 3500kg。配平油箱的燃油排空后，继续消耗内翼油箱的燃油。

5）外翼油箱燃油传输至内翼油箱。当内翼油箱剩余燃油为 3500kg 时，外翼油箱向内翼油箱重力传输燃油，直到外翼油箱排空。

2. 辅助供油系统

如图 9-21 所示，燃油泵工作时将燃油增压后，一部分液压油通过管路送到引射泵内，通过引射泵内的引射喷嘴喷出，在引射泵内形成一定的真空度，将油箱底部的余油或者含水分杂质的燃油吸上来，送到燃油泵的吸油口。这样，油箱底部的含水燃油便不断被供油系统送入发动机烧掉，从而避免水分杂质在油箱底部的积累。因此，辅助供油系统又被称为燃油除水系统。

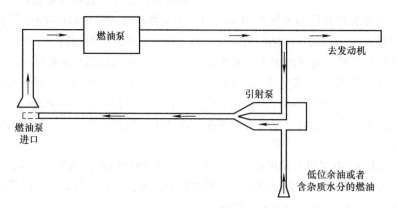

图 9-21　飞机辅助供油系统

3. 交输供油系统

如图 9-19、图 9-20 所示，交输油活门位于左右供油总管之间，正常情况下处于关闭状态，左右两翼的主油箱供油泵分别向两边的发动机供油。当飞机两边出现耗油不一致导致飞机失去横向平衡时，打开交输油活门，关闭油量较少一边的油箱燃油泵，由油量多一边的燃油泵同时给两边的发动机供油；当两侧油箱油量恢复均衡时，起动关闭的燃油泵，当燃油泵低压指示灯灭时，可以将交输油活门关闭。

9.3.3 动力供油主要附件

1. 燃油增压泵

飞机上的燃油泵多采用电动离心泵，如图 9-22 所示。它不但重量轻、尺寸小，而且工作可靠、寿命长，特点是低压大流量。

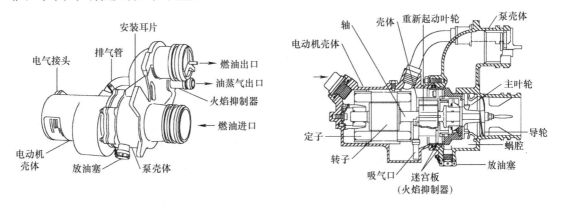

图 9-22 典型燃油泵构造

燃油泵由交流电动机和泵组成。泵包括：导轮、重新起动叶轮、油气抑制叶轮、火焰抑制器、传动轴。

泵壳上有燃油进口、出口和排气口。导轮位于进口处，主叶轮靠近导轮，转子和定子组件位于导轮的另一端。传动轴将组件连接在一起。这一组件支承在两个由燃油润滑的石墨轴承上。导流扇轮安装在主叶轮的端面上，而主叶轮通过键连接到蜗形管内的转子轴上，桨状的重新起动叶轮被安装在转子轴承上。在重新起动叶轮与轴承组件之间有一个由一组迷宫式通油盘排列而成的火焰抑制器。蒸汽排放管通过火焰抑制器组件连接在泵的壳体上。火焰抑制器组件由一个带凹槽衬套和一个蒸汽返回导管通过压配组成。

当电动机通电时，泵旋转，燃油经导轮进入主叶轮，油液在压力作用下通过蜗形管流向飞机输油管，同时在泵和电动机的壳体内循环，这样就实现了电动机冷却和轴承润滑，并且使重新起动叶轮能在主叶轮的油槽内吸油。为了防止通电的泵空转，再起动主叶轮将来自主叶轮油槽处积聚的燃油蒸汽和混入的空气吸走，燃油蒸汽从蒸汽排放管道回到飞机油箱。电动机起动后，如果入口吸不到油液，重新起动叶轮将从电动机壳体的油池中不断地吸油来延迟时间，使得泵能重新起动。在壳体下部有一排油塞，在拆卸泵时可拧下塞子将泵内燃油排尽。

燃油泵一般安装在油箱前后隔板上，选择在油箱最低的位置，保证燃油泵有足够的吸油空间。泵壳一般安装在油箱内部，电动机可以从油箱外部安装，如图 9-23 所示，方便燃油泵主要部件的维护和拆换。

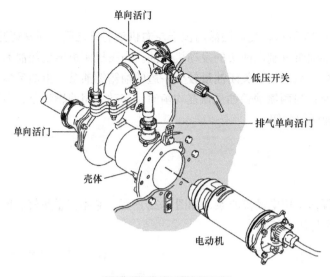

单向活门

低压开关

单向活门

排气单向活门

壳体

电动机

图 9-23　燃油泵的安装

2. 引射泵

如图 9-24 所示，引射泵尺寸小、重量轻，无活动部件，结构简单，一般安装在燃油泵附近，方便连接。引射泵利用增压泵的高压燃油作为引射动力，压力油管将增压泵增压的燃油引入引射泵的喷嘴，经收缩喷嘴以较高的速度射出，燃油的速度增加，其压力相应降低，在喷射流周围形成低压区，吸油管口的燃油在压差的推动下，流入引射腔，跟随喷射流流向出口混合管。

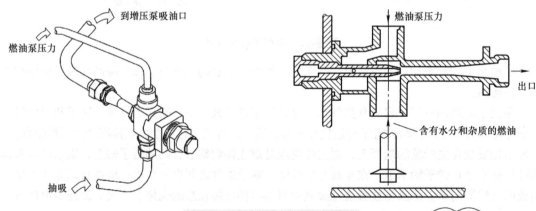

到增压泵吸油口

燃油泵压力

燃油泵压力

出口

含有水分和杂质的燃油

抽吸

图 9-24　引射泵构造与工作原理

3. 单向活门

燃油泵出口单向活门是为了防止燃油泵关断时，燃油经燃油泵反向流动。有的单向活门装有弹簧，控制其打开压力，在多个泵前面安装不同打开压力的单向活门，可以实现供油顺序控制，如图 9-25 所示。

4. 控制活门

燃油系统中有很多控制活门，如图 9-19、图 9-20 中的抽油活门和交输油活门，它们的作用就是打开和关断燃油的通路以

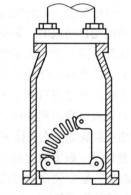

图 9-25　燃油泵出口单向活门

实现发动机供油、加油 / 抽油控制。控制活门由活门和控制活门的作动器组成，如图 9-26 所示。

活门作动器一般安装在油箱外部，通过传动杆驱动活门转动，作动器一般是电动机。活门是球形活门。此种设计有利于防火安全性和维护便利性。

控制活门一般接收燃油控制信号的控制。也有手动操控机构。比如交输油活门和抽油活门都有手工超控手柄，在加油 / 抽油时，方便地面人员操作。

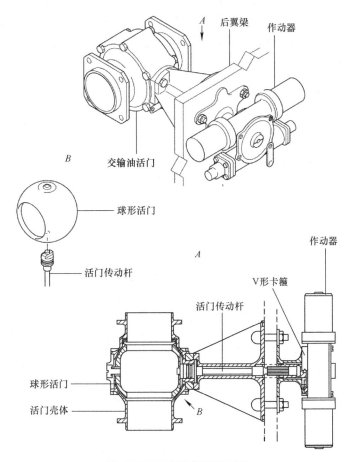

图 9-26　典型控制活门结构

5. 过滤器

过滤器可过滤燃油杂质，有粗过滤器与细过滤器。粗过滤器仅能防止那些较大的微粒进入燃油系统，在燃油进入喷嘴之前多用细过滤器。过滤器的主要元件是滤芯，滤芯由金属骨架支承的滤网构成。滤网有金属滤网与纸质滤网，网眼的大小决定了滤芯的过滤度，即通过的最大微粒大小。燃油的通路多是从滤芯外面进入滤芯内部，然后流出。这样油的压力使滤芯紧紧贴在滤芯的骨架上，使滤芯不易受损。

过滤器堵塞会导致发动机供油量下降，严重时会导致发动机空中停车。为了提高供油可靠度，过滤器设置了旁通活门。当过滤器进口、出口压差达到旁通活门开启压力时，旁通活门便打开，燃油绕过滤芯，直接供向发动机。同时，驾驶舱燃油控制面板上的过滤器旁通活门指示灯会点亮。

9.3.4 配平传输系统和飞机重心控制

大型运输机一般重心位于升力中心之前的一定范围内，具有纵向静稳定性。当飞机在巡航状态时，水平安定面前缘向下，产生配平气动力（负升力），使飞机达到纵向平衡，在飞行过程中，根据重心的变化不断改变水平安定面的角度，维持飞机纵向平衡。同时配平气动力也产生了水平方向的阻力，增大飞机的油耗。为了减小飞机配平阻力，大型运输机都配备了配平油箱，通过配平传输系统对飞机重心进行主动控制，如图 9-27 所示。由于配平油箱距离重心比较远，配平油箱油量多少对重心的影响比较大，可以通过把燃油在中央油箱和配平油箱之间传输，有效控制重心处在最佳位置。

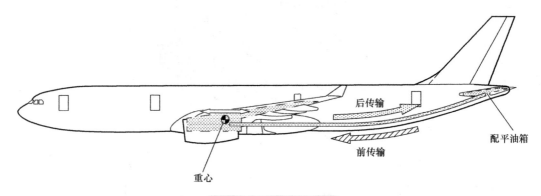

图 9-27　飞机重心控制

下面以 A330 飞机的配平传输系统为例说明重心控制原理。

当飞机巡航时，系统优化重心位置，以减小阻力，提高燃油经济性。正常操作是自动的，但机组可以手动选择向前输送燃油。

燃油控制和监控计算机（FCMC）计算飞机的重心并与后重心目标进行比较，根据计算，FCMC 确定燃油向后或向前传输量。飞机配平后重心目标如图 9-28 所示。

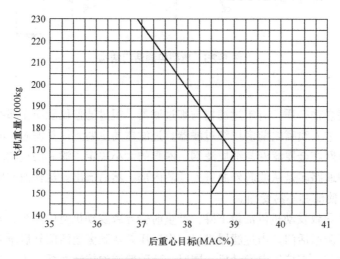

图 9-28　A330 飞机配平后重心目标

在飞行过程中，配平传输如图 9-29 所示。

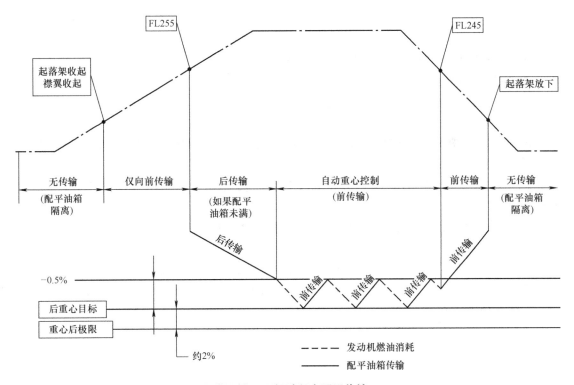

图 9-29　飞行过程中配平传输

1. 起飞阶段

飞机在起飞阶段，飞机的燃油配置使得飞机重心与重心后限有足够的距离，确保飞机在起飞和爬升过程中有足够的操纵稳定性。这个阶段无须配平传输。

2. 爬升阶段

在起落架和襟翼都收起后，配平油箱向前传输燃油。当爬升到 255000ft（1ft = 0.304m）高度后，向后传输，直到飞机重心移到后重心目标前 0.5%，减小水平尾翼的配平阻力。

3. 巡航阶段

从爬升到 255000ft 开始，到再次下降到 245000ft 结束。发动机燃油消耗，使重心后移到后重心目标，触发燃油泵向前传输燃油，重心重新前移到后重心目标前 0.5%，终止传输，飞机继续消耗燃油，直到再一次重心后移到后重心目标，触发燃油泵向前传输。在巡航过程中，根据重心的变化，不断地把配平油箱的燃油输送到内翼油箱，让重心始终维持在后重心目标和（后重心目标 −0.5%）之间。

4. 下降阶段

当飞机飞行高度下降到 245000ft 高度，配平油箱的燃油向前传输，飞机重心前移，恢复飞机的纵向静稳定性，提高飞机在下降阶段的操纵稳定性。直到起落架放下，停止传输。

5. 着陆阶段

在起落架放下后，停止配平油箱的燃油传输。

9.4 加油／抽油系统

9.4.1 加油

现代飞机的加油方式有两种：重力加油和压力加油。

为了保证安全，执行加油工作时应注意以下事项：

1）飞机加油工作在开阔的场地执行，便于紧急情况下加油车撤离和消防车接近，并且按要求设置警示标志。

2）加油过程避免高能热辐射，确认周围飞机没有打开气象雷达；加油车需配有过滤装置，控制燃油中杂质的含量。

3）加油过程中油车与飞机均有效接地，严格控制加油压力和流速，防止静电积累，发生危险。

4）加油现场配备可用的灭火设施，维护人员应知晓燃油溢出后的紧急处理方式。

1. 重力加油

重力加油操作简单，一般被小型飞机采用。大型飞机一般优先采用压力加油系统，重力加油仅在机场没有专用加油车时，作为辅助加油手段采用。飞机的重力加油口一般位于主油箱顶部，如图 9-30 所示。

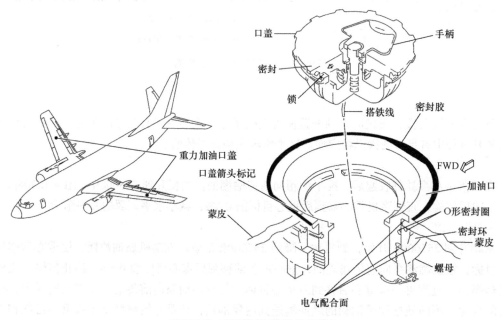

图 9-30 大型飞机重力加油口

重力加油时，加油员登上机翼，打开重力加油口盖。不同飞机的加油口结构都不相同，但作用都是一样的。加油口周围设有密封腔，制成可收集和放出溢出的燃油的漏斗形。为了防止异物掉进油箱，加油口有滤网保护。口盖盖好后因有密封，阻止了燃油从加油口外溢。加油时，应将加油枪与机翼表面的放静电搭铁线搭接，如图 9-31 所示。加油完成后，应将加油口盖密封、盖好。

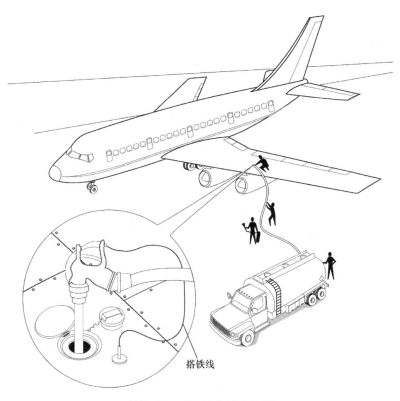

搭铁线

图9-31　大型飞机重力加油

重力加油存在以下缺点：

1）加油操作速度慢。重力加油从开始准备和结束收场的时间很长，如加油车开动、搬梯子和加油管、打开和关闭加油口盖、加油枪的接地和定位、加油车油泵的起动和流量调节、供油量的监测等，这些工作都是在速度很慢的状况下进行的。

2）重力加油操作容易导致机翼表面损伤。因为重力加油口总是配置在机翼的上表面，加油人员在上面走动和搬动加油管等，不可避免地会引起表面油漆层的损坏。

3）重力加油存在一定的危险。在冬天机翼表面结冰的情况下，加油人员在上面操作极易发生危险。更值得注意的是，加油时难免会冒出燃油和油蒸气，一遇到火星就有发生火灾的危险，同时敞口式加油也容易导致燃油污染。

因此，现代大中型飞机只将重力加油作为一种辅助应急手段而保留。

2. 压力加油

压力加油相对于重力加油，加油方便，速度快，抗污染性好，安全性好，现代大型飞机都采用了压力加油。各机场也配备与压力加油配套的设施，安全管理规范，在各机场被广泛应用。

下面以波音737飞机为例介绍典型飞机压力加油系统。

波音737的压力加油系统（图9-32）由加油站、加油管、浮子开关组成。加油站位于右机翼前缘下面，包括压力加油接头、加油总管和压力加油控制面板。

（1）压力加油控制面板　压力加油控制面板包括加油活门打开指示灯、测试开关、加油控制开关、油量指示器、加油电源控制开关等组成。

3个加油活门打开指示灯分别与加油站3个电磁活门相连，当电磁活门有电时，相对应的加油活门打开指示灯亮。

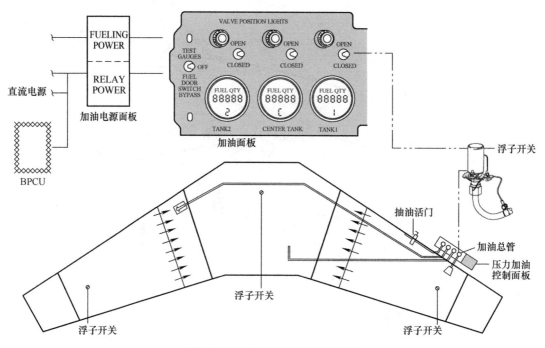

图 9-32　波音 737 压力加油系统

加油控制开关是一个两位置开关。当将开关置于"OPEN"位，且电源有电时，加油活门电磁线圈通电。如果加油总管中的燃油压力合适，活门打开；在"CLOSED"位，加油活门电磁线圈断电且活门关闭。

测试开关是一个三位置开关，并由弹簧加载保持在中央（中立）位置，加油门开关旁通位置和测试仪表位置都是瞬时位置。当开关位于加油门开关旁通位置时，电源控制继电器接地。该开关正常接地是通过加油电源控制开关进行的，该继电器控制加油电源。当开关在测试仪表位置时，燃油指示器进行显示测试。在测试期间，驾驶舱中的燃油量没有变化。

油量指示器以数字形式显示燃油量，单位为磅。指示器有油箱过量指示。如果燃油超过了额定的油箱容量，指示器将以 1s 的间隔闪亮。驾驶舱燃油指示器不闪亮。

加油电源控制开关闭合，给加油电源控制继电器提供电接地。当加油站门打开，且磁铁靠近开关时，控制开关闭合。当门关闭，且磁铁远离开关时，开关断开。

（2）压力加油接头　如图 9-33 所示，压力加油接头是与地面加油枪相连接的。在压力加油接头活门附件上有接地点和压力加油操作注意事项标牌，执行压力加油操作时，应严格按照操作程序进行。

（3）加油总管　图 9-34 所示为加油总管原理示意图。加油总管连接压力加油接头和通往三个油箱的油管，也和抽油管路相连，是加油抽油枢纽中心。

加油总管有 4 个管接口，其中 1 个管接头连接抽油活门，另外 3 个管接头分别连接 3 个油箱的加油管路，每个接头都有电磁阀控制的膜片式加油活门。

当加油软管和加油接头相接时，加油枪的顶针顶开菌型活门，燃油进入总管的通道，同时经节流孔进入加油活门的内隔膜的上腔，隔膜上下腔压力相等，活门仍然关闭。当线圈通电时，电磁阀打开，燃油经节流口和电磁阀进入油箱，燃油流经节流口会使隔膜上下腔产生压差，在压差的推动下，克服弹簧力将活门向上打开，燃油就通过打开的加油活门进入相应的油箱。

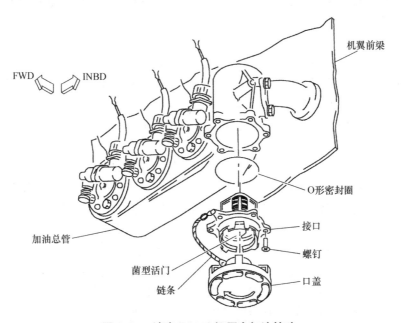

图 9-33　波音 737 飞机压力加油接头

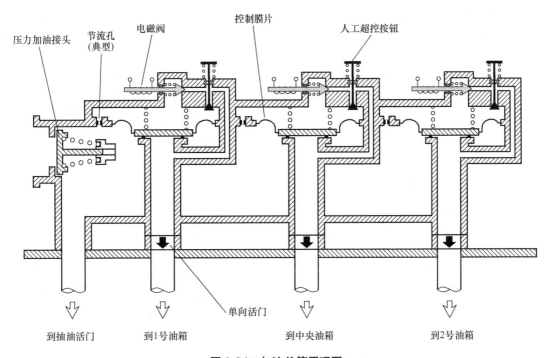

图 9-34　加油总管原理图

（4）浮子开关 如图 9-32 所示，每个油箱都设有浮子开关，燃油浮子开关可防止油箱燃油过满。

加油浮子开关有一个浮子位于圆柱形容器内。当油和油量不满时，浮子开关给加油活门电磁线圈通电。当油箱加满时，浮子开关断开加油活门电磁线圈的电源，电磁阀关闭，相应的油箱加油停止，防止燃油溢出。

3. 压力加油模式

（1）人工加油 将加油车油管连接到飞机压力加油接头后，通过控制开关打开相应油箱的加油活门，通过加油活门打开指示灯或油箱内油量变化可确认加油活门正常打开，外部输油管的燃油通过加油管路和加油活门进入相应油箱。

在人工加油过程中，加油人员需要密切关注油箱的油量指示器，当油量达到需求时，通过操作控制开关关闭相应的加油活门。

（2）自动加油 为了减少人员的工作量，可以使用自动加油模式。在自动加油前，通过加油面板上的油量预选器输入每个油箱所需油量，预选器可以是拨杆开关、旋钮开关或者拇指转轮。设置完成后，将预选值发送给计算机，计算机控制需要加油油箱的活门打开，并监视传感器反馈的油量信号，当油箱达到所需的加油量时，自动控制相应的加油活门关闭。

（3）超控加油 加油活门通常为电磁阀控制，即通过开关或计算机使活门电磁线圈通电，接通内部油路后，依靠油车供油压力克服弹簧力，作动活塞，将活门打开。如果加油活门电磁线圈失效导致活门无法打开，可以在加油时按压人工超控按钮，加油活门依然可以打开，此时加油人员需实时监视油箱油量，达到需求油量后松开超控按钮，完成加油。

应注意的是，执行超控加油时，系统无法完成加油安全关断功能。

4. 程序控制加油

大型运输飞机由于载油量大，加油过程中为了控制飞机重心和平衡，需要精确控制各个油箱的加油量。大型运输飞机多采用程序控制各油箱的油量变化，如图 9-35 所示为空客 A330 飞机压力加油控制顺序。

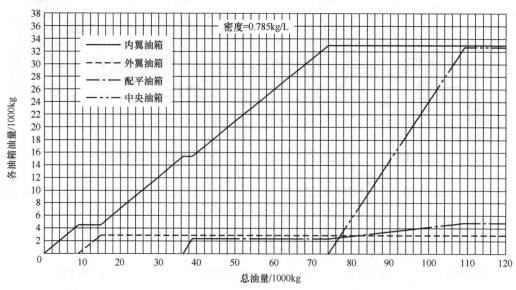

图 9-35 空客 A330 飞机压力加油控制顺序

加油时，根据加油总量控制各个油箱的加油量，见表9-1。

表 9-1　加油控制顺序　　　　　　　　　　　　　　　　　（单位：t）

总油量	内翼油箱	外翼油箱	配平油箱	中央油箱
0	0	0	0	0
9	4.5	0	0	0
14.73	4.5	2.865	0	0
36.5	15.385	2.865	0	0
38.9	15.385	2.865	2.4	0
74.07	32.97	2.865	2.4	0
109.185	32.97	2.865	4.89	32.625

9.4.2　抽油

抽油是飞机在地面时，为了维护燃油箱或油箱内的附件，将燃油箱内剩余燃油排放到地面油车上，或者为了保持飞机的横向平衡，将一个油箱中的燃油传输到另一个油箱中。

抽油时，可采用燃油系统本身的增压泵作为动力，即压力放油，也可采用油罐车内油泵进行抽吸，即抽吸放油（简称抽油）。

图9-20所示为某型飞机的供油系统示意图。抽油操作时，将抽油管接在加油总管的压力接头上，打开抽油活门，起动燃油箱的增压泵，燃油通过供油总管经抽油活门进入加油总管，并由抽油管进入油罐车油箱。

如果需要油箱之间的油液传输，例如需要将左油箱内的一部分油液输送到右油箱内，应打开抽油活门、右翼油箱的加油活门和交输油活门，然后起动左翼油箱的燃油泵，油液从左翼油箱经供油管路、抽油管路和加油管路进入右翼油箱，完成油液的传输。

当进行地面抽油操作时，不但要注意防火，还要注意飞机重心变化问题，尤其是大后掠角的飞机，一般应先抽出两翼主油箱的油液，再抽中央油箱的油液，防止抽油过程中飞机后倾。

9.5　应急放油

1.应急放油的提出

飞机的最大起飞重量和最大着陆重量通常是不同的，最大起飞重量大于最大着陆重量。根据适航规章要求，当运输机或通用飞机的最大起飞重量相比其最大着陆重量超出很多（一般为105%）时，必须考虑为飞机装备空中应急放油系统，如图9-36所示。设置应急放油系统的主要目的是使飞机在空中迅速减重，以满足紧急迫降的条件。

当飞机以较大的起飞重量（超过最大着陆重量）起飞时，若起飞不久即遇到需要紧急着陆的情况，驾驶员可通过应急放油系统将燃油迅速放出，从而将飞机自身重量降低到最大着陆重量以内，避免在紧急着陆时对起落架和机身结构造成严重损坏。另外，应急放油系统可使飞机以较少的燃油量着陆，减少飞机着陆后起火爆炸的危险。

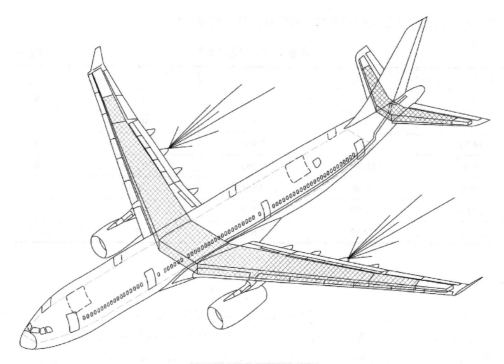

图 9-36　飞机应急放油

为了确保安全，CCAR-25 部中对应急放油系统有以下要求：

1）应急放油系统及其使用无着火危险。

2）放出的燃油应避开飞机的各个部分。

3）燃油和油气不会进入飞机的任何部位。

4）应急放油对飞行操纵性没有不利影响。

5）对于涡轮发动机飞机，应急放油的最少余量能够满足飞机从海平面复飞爬升到 3000m（10000ft），再以最大航程速度巡航 45min 的需用油量。

6）应急放油活门的设计，必须允许飞行人员在应急放油过程中的任何时刻都能关闭放油活门。

2. 应急放油系统的组成

下面以 B747 飞机为例分析现代飞机应急放油系统。图 9-37 所示为 B747 飞机燃油系统，带阴影线管路为加油 / 应急放油总管，飞机应急放油系统的主要附件包括：2 个应急放油喷嘴（翼尖处）、2 个应急放油活门、2 个超控 / 应急放油泵、4 个应急放油泵（每个内主油箱）、4 个应急放油转换活门、应急放油控制开关。

应急放油控制面板（图 9-38）包括应急放油转换活门选择开关、剩余油量选择开关和应急放油活门控制电门，以上开关均位于应急放油控制面板上。

应急放油系统工作时，油泵将油箱内的燃油输送到应急放油总管。在应急放油总管两端有应急放油活门及放油口，打开应急放油活门即可开始放油。实际上应急放油总管本身就是加油总管，因而也称为加油 / 应急放油总管。

准备应急放油时，首先操纵应急放油转换活门选择开关，然后通过剩余油量选择开关选择每个油箱的剩余燃油量。

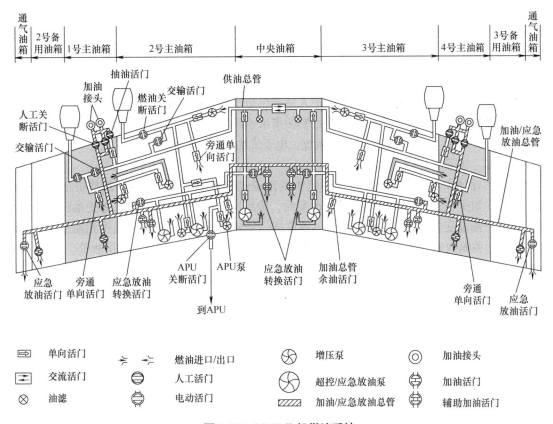

图 9-37　B747 飞机燃油系统

当打开任何一个应急放油活门控制开关时，应急放油系统即开始工作。其后系统就可以自动控制转换活门及应急放油泵的工作。超控 / 应急放油泵在正常情况下可作为增压泵工作，在应急放油过程中，该油泵可以通过打开的转换活门，输送各油箱内的燃油到应急放油总管，通过翼尖的应急放油喷口喷出。

当油箱内的油量达到先前设定的剩余油量时，应急放油系统自动停止工作。在应急放油过程中的任何时刻，都可以人工关断应急放油系统。

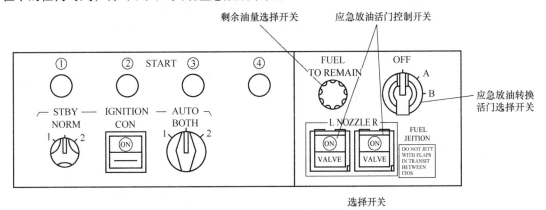

图 9-38　飞机应急放油控制面板

9.6 燃油指示系统

9.6.1 油量指示

油量指示系统可为驾驶员和机务维护人员提供每个油箱的燃油量指示，也可为飞机其他系统提供油箱内燃油量信息。燃油传感器是燃油指示系统的关键元件，根据传感器不同，油量指示系统可分为机械（浮子）式油量指示系统、电子式油量指示系统和油尺。

1. 机械（浮子）式油量指示系统

机械（浮子）式油量指示系统由油箱中的浮子式传感器和驾驶舱内的油量指示器（油量表）组成，如图 9-39 所示。当燃油液面改变时，传感器的浮子随油面移动，感受油面高度的变化，从而把油量变化转换成位移信号，再将位移信号转换成电信号通过导线送到油量表，油量表便显示出油箱内燃油量。由于浮子感受油面的变化，因此显示的油量为容积油量。

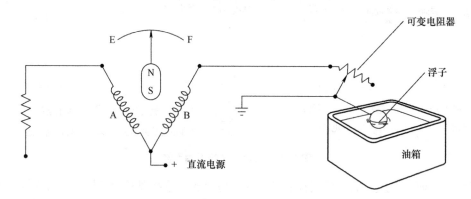

图 9-39　机械（浮子）式油量指示系统

机械（浮子）式油量指示系统会因浮子连杆的摩擦、卡滞，运动部件间的间隙和温度波动等原因造成指示不准确，精度较低。

2. 电子式油量指示系统

电子式（或称电容式）油量指示系统利用电容式传感器把油面高度的变化转换成电容量的变化。其主要组成部件是电容式探头、桥式电路、放大器和指示器，如图 9-40 所示。

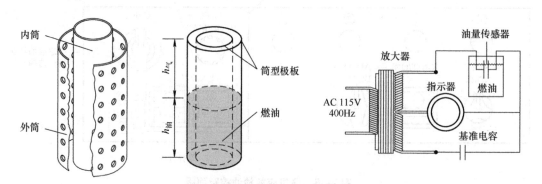

图 9-40　电子式油量指示系统工作原理

油量传感器实际上是一个由同轴的筒型极板组成的电容器，该电容器的电介质是燃油和燃油之上的空气。电容值的大小取决于油箱中现存燃油与空气的比例，即电容值与油面高度之间具有对应关系。当油箱内燃油增加时，油面增高，电容值增大；燃油减少时，油面降低，电容值相应减小。

电容器式传感器两极板间的介质不同会导致电容器的电容改变，燃油的密度和燃油温度均会导致介电系数的变化。为了消除介电系数变化的影响，传感器的电容再与平衡电桥中的基准电容相比较，其不平衡信号由电压放大器放大后传送到指示器。

电容式传感器既可以感受燃油容积，又可以测量燃油的密度。因此，电子式油量指示系统可直接测量油箱内燃油的重量容量，常采用"磅（lb）"或"千克（kg）"作为计量单位。

由于现代民航飞机油箱较大且形状不规则，为了探测准确，每个油箱通常安装多个油量传感器用于探测油面位置。例如波音 B737 每个大翼主油箱有 12 个油量传感器、中央油箱内有 8 个，每个油箱还装有补偿器。油量处理器使用油量传感器和补偿器的信号计算每个油箱的油量，给主发动机显示、加油控制面板和飞行管理计算机系统提供油量信息，如图 9-41 所示。

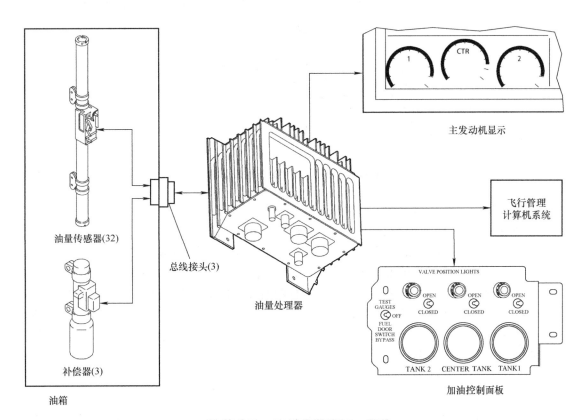

图 9-41　B737 飞机油量指示系统

3. 油尺

当油量指示系统不通电或者失效时，油尺作为油量探测的机械备份。大翼油箱由于形状不规则往往需要两个或者更多的油尺，中央油箱形状较为规则，通常只需要一个油尺，如图 9-42 所示。

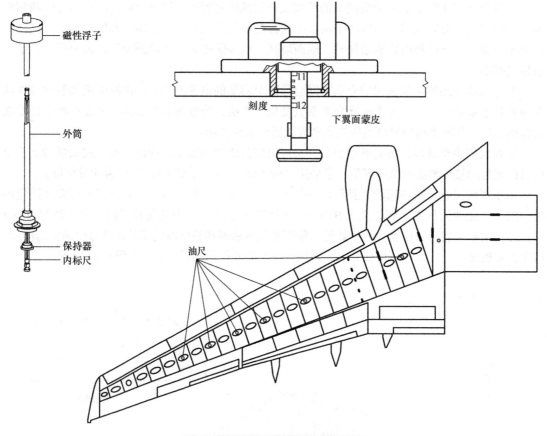

图 9-42　B737 飞机油箱油尺分布

目前较为常见的油尺有两种：滴油油尺和磁性浮子油尺。

滴油油尺有一个伸进油箱内的刻度杆，通过锁定销锁定在大翼下表面。当内管开口到达油面之后，燃油进入内管，从滴油孔流出，此时进行油量读取。通常在较老式的飞机上使用，由于每次测量油量时都有油液流出，造成污染和火灾隐患，现代飞机基本都采用磁性浮子油尺。

磁性浮子油尺的构造如图 9-43 所示。浮子内和油尺的端头都带有磁铁。浮子可随油平面高度变化而上下运动，从而探测油面的高度。油尺可从油箱下部拉出。测量时用工具将油尺解锁，并将其从油箱内拉出。当油尺的端头靠近浮子时，可明显感觉到有磁吸力的作用，此时观察油尺的伸出刻度即可得知油量。

9.6.2　温度指示

现代民航飞机的巡航高度很高，由于外界低温，油箱内的燃油也有可能降至极低的温度。燃油温度过低时会析出冰晶和石蜡，堵塞供油管路和过滤器，同时燃油黏度的增大导致供油阻力增大。由于燃油还具有冷却其他油液或部件的功能（例如发动机润滑油和飞机液压油可以通过燃油冷却），在发生某些故障时，油箱内燃油温度会异常升高，产生爆炸的风险。除此之外，为得到更准确的油箱油量值，也需要燃油温度数据进行补偿计算。

综上所述，燃油系统需要设置温度指示装置，便于监控燃油温度。通常在飞机的主油箱内安装燃油温度传感器，将温度传输给计算机用于驾驶舱显示和系统控制，如图 9-44 所示。

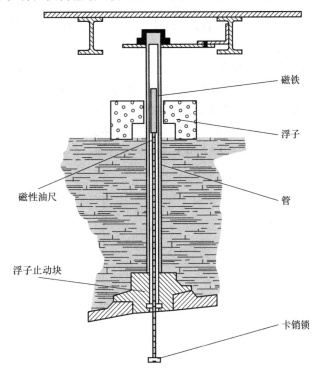

图 9-43 磁性浮子油尺的构造

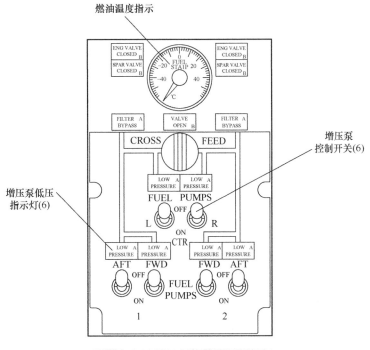

图 9-44 B737 飞机燃油控制面板

9.6.3 压力指示

燃油系统燃油泵的具体输出压力值通常不需要在驾驶舱进行显示，但是由于油箱中燃油用完或燃油泵故障等原因导致燃油泵出口压力降低的情况需要被监控。

通常在燃油泵的出口油路上安装压力开关，用于燃油泵出口出现低压时在驾驶舱发出警告，如图 9-45 所示。对于配置有中央油箱的飞机，最常见的情况是中央油箱内的燃油排空后，中央燃油泵出口压力降低，此时如果缺少燃油润滑的中央燃油泵依然在运转，就有可能产生火花引起油箱爆炸。这种情况下，某些机型的供油逻辑电路会自动关断中央燃油泵，还有些机型会在驾驶舱发出警告，提示机组或维护人员关断中央燃油泵。

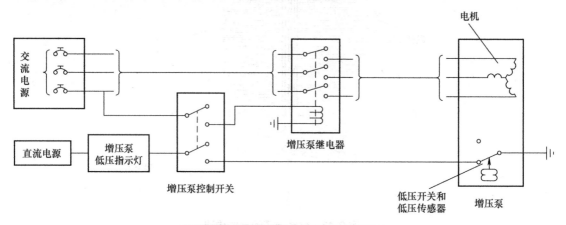

图 9-45 典型飞机压力开关工作原理

第 10 章

飞机空调系统

高空大气的压力、温度和氧气分压力等参数均不能满足人体生理的正常要求。而现代飞机的飞行高度不断增加，为了解决乘员的人体生理与大气变化不相适应的矛盾，飞机设置了环境控制系统，以保证驾驶员和乘客的正常工作条件和生活环境、设备的正常运转及货物的安全。

飞机座舱空调系统的基本功用就是在各种不同的飞行状态和外界条件下，使飞机座舱、设备舱及货舱的温度、压力和压力变化率，甚至包括空气的流速、湿度、清洁度和环境噪声等能够维持在规定范围，同时在保证飞机安全和成员舒适的前提下对这些参数能够进行有效控制。

10.1 空调系统概述

10.1.1 高空环境对人体生理的影响

大气是指在地球周围聚集的一层很厚的空气，称为大气圈。大气的压力、温度、湿度随着高度变化而变化，这些参数对人的生理机能正常发挥都有很大影响。

1. 大气压力和温度

根据大气的气象物理特性，国际上按高度（从海平面 $H = 0$ 算起）依次将大气层分为对流层、平流层（同温层）、中间层、电离层和散逸层，其中对流层和平流层是飞机经常飞行的范围。

对流层的上界平均值为 11 ~ 11.5km，该值随季节、纬度及昼夜而不同，该层的特点是：空气温度随高度增加而均匀下降，平均梯度为 6.5℃ /km；空气湿度随高度增加而迅速下降，$H = 6km$ 时，水蒸气含量仅为地面的 1/10，高于 9km 后，可以认为大气中不含水蒸气，空气具有强烈的水平和垂直对流运动，主要的气候现象（云、雨、雾、风、雷和雹等）全都出现在这一层中；大气中固体杂质（如灰尘、细小盐粒等）随高度增加而迅速减少。

平流层在对流层的上面，上限到 80km。它的特点是：空气水平运动强度远大于垂直方向，气流平稳；在平流层低层（高度为 30km 以下），空气温度平均值保持为 −56.5℃；没有云和雾；空气干燥；灰尘和杂质极少，空气透明度很好。

空气有重量，故会产生压力，称为大气压力。地球引力的作用使空气的分布很不均匀，越接近地面，大气压力越大。即使在同一高度上，大气压力还与地理位置和气候变化等许多因素有关。

国际航空界根据对北纬 40° ~ 50° 区域的地球大气多年观测的结果，加以模型化，给出了一种假想的大气模型。国际性组织颁布的称为国际标准大气，国家颁布的称为国家标准大气。标准大气是作为校准飞机航行仪表和比较飞机性能的依据。

标准大气规定大气高度的起点 $H = 0$ 处为海平面，其对应的标准大气参数为

空气温度 $t_0 = 15℃$（288.15K），空气压力 $P_0 = 101325N/m^2$

空气密度 $\rho_0 = 1.225kg/m^3$，音速 $\alpha_0 = 340.294m/s$

表 10-1 为国家标准大气简表。

表 10-1　国家标准大气简表

高度	温度		压力			密度	
H/m	T/K	$t/℃$	p/kPa	$p/mmHg$	p/P_0	$\rho/(kg/m^3)$	ρ/ρ_0
−1000	294.65	21.50	113.93	854.55	1.1244	1.3470	1.0996
−500	291.40	18.25	107.47	806.15	1.0607	1.2849	1.0489
0	288.15	15.00	101.325	760.00	1.0000	1.2250	1.0000
1000	281.65	8.50	89.876	674.12	0.8870	1.1117	0.9075
2000	275.15	2.00	79.501	596.30	0.7846	1.0066	0.8217
3000	268.66	−4.49	70.121	525.95	0.6920	0.9093	0.7423
4000	262.17	−10.98	61.660	462.49	0.6085	0.8194	0.6689
5000	255.28	−17.47	54.048	405.39	0.5334	0.7364	0.6012
6000	249.19	−23.96	47.217	354.16	0.4660	0.6601	0.5389
7000	242.70	−30.45	41.105	308.31	0.4057	0.5900	0.4817
8000	236.22	−36.93	35.651	267.40	0.3519	0.5258	0.4292
9000	229.73	−43.42	30.800	231.02	0.3040	0.4671	0.3813
10000	223.25	−49.90	26.499	198.76	0.2615	0.4135	0.3376
11000	216.77	−56.38	22.699	170.26	0.2240	0.3648	0.2978
12000	216.65	−56.50	19.399	145.50	0.1915	0.3119	0.2546
13000	216.65	−56.50	16.579	124.35	0.1636	0.2666	0.2176
14000	216.65	−56.50	14.170	106.28	0.1400	0.2279	0.1860
15000	216.65	−56.50	12.111	90.85	0.1195	0.1948	0.1590

标准大气压力和温度随高度的变化规律如图 10-1 所示。

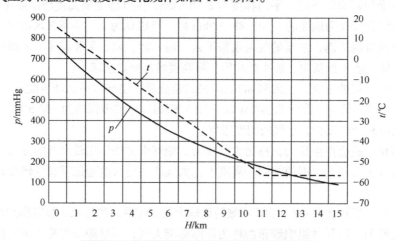

图 10-1　标准大气压力和温度随高度的变化

2.高空大气环境对人体的影响

（1）大气压力对人体生理的影响 大气压力随高度增加而降低，它带来的主要困难是缺氧和低压。此外，压力变化率太大也会给人的生理造成严重危害。

1）缺氧。氧气是维持人体生命不可缺少的成分。人体吸入的氧气量与空气中氧气分压的大小有关。随着飞行高度的增加，大气压力下降，在大气中氧分压和肺泡空气中的氧分压也会相应降低，血液中的氧气饱和度就减小，机体组织细胞得不到正常的氧气供应，会导致人体缺氧。这种由于吸入空气中氧分压降低而引起的缺氧称为高空缺氧。

人体在不同高度上对缺氧的反应比较复杂，取决于许多因素，包括人体差异及锻炼程度，但从大多数情况考虑，根据生理试验确定的缺氧与高度的关系，习惯上采用表10-2所列的数据。

表 10-2 人体缺氧症状对应高度划分

高度范围/km	0～3	3～5	5～7	>7
血氧饱和度	90% 以上	90%～80%	80%～60%	60%
症状	无明显反应	头疼，疲劳	昏昏欲睡，头疼，视觉模糊，指甲发紫，呼吸加快	意识丧失
影响程度	无症状区	代偿区	障碍区	危险区

大约从 3km 高度开始，动脉血氧饱和度维持在 90% 以下，属于不显性缺氧范围；代偿区是在 3～5km 这一高度上，对氧分压变化人体是通过加强呼吸和血液循环来补偿氧气不足的，因而称为完全代偿；障碍区高度是在 5km 以上，有少数人会发生代偿障碍，6km 以上高度属于严重缺氧高度，血氧饱和度只能维持在 77% 以下，会发生生理代偿功能的严重障碍；危险区高度从 7km 开始，人体的代偿性活动已不足以保证大脑皮层对氧的最低需要量，这时动脉血氧饱和度降到 60% 左右，大脑会迅速出现意识丧失，产生突然虚脱的现象。

2）高空减压症。除了高空缺氧，低气压本身对人体也有危害。随着大气压力的降低，人体会出现高空减压症。高空减压症发生的高度，多数病例是在 8km 左右。高空减压症分为高空胃肠气胀、高空栓塞和皮肤组织气肿。

3）压力变化率。正常情况下，人体内外压力处于一种平衡状态。如果外界压力快速下降，内外压力来不及平衡而在瞬间产生很大的压差，尤其是在人体外压力增加过大时，可能会造成肺部破裂、耳膜破裂等损伤。当飞机上升和下降时，座舱压力变化率保持在一定范围，人体内外压差逐渐达到一个新的平衡，人体才能适应压力的变化。

压力变化过速最为严重的情况是爆炸性减压。所谓爆炸性减压就是飞机增压座舱突然失去气密的一种事故。比如，座舱窗户玻璃破碎，舱门突然打开，或者机舱区机身破裂等造成座舱压力短时间下降，产生高空低压、低温、缺氧等现象，严重威胁人员和飞机的安全。爆炸性减压的危害程度与座舱内外压差和气密舱破损面积有关。当座舱内外压差越大，破损面积越大时，则减压速度越大，造成危害也就越严重。

（2）大气温度对人体的影响 人体内部的温度称为体温，保持恒定的体温，是保证新陈代谢和生命活动正常进行的必要条件。在正常生理状态下，体温升高时，通过减少产热和增加散热来维持体温相对恒定；反之，当体温下降时，则产热增加而散热减少，使体温维持在正常水

飞机原理与构造

平。但人体自身调节体温有一定的局限性，当外界的温度过高或过低时，人就会出现一系列的不适反应。

若环境温度升高超过人体所能调节的范围，人体会处于难以耐受的状态；当超过生理极限值时，体温调节机制将失去作用，如果不采取措施，体温会迅速上升，直至死亡。相反，当人体处于低温环境，若散热量超过发热量，人体就会感到不舒适，工作效率降低，严重时会发生冻伤。

人们通常认为温度在16~26℃是适宜的，如图10-2所示。

（3）大气湿度对人体的影响　大气湿度是指大气所含水汽的多少，一般用相对湿度来表示大气湿度。水分的蒸发速度与大气湿度息息相关，直接影响人体健康。

高湿度对人体的影响：在温度高时影响人体汗液的蒸发，引起"闷热感"；低温时，使身体与周围空气的传热量加大，会产生"潮冷感"。

低湿度使水分增加过快，长时间在低湿度环境中，容易引起皮肤干燥，导致呼吸道疾病等。

另外在飞机上，影响人体健康的因素还有臭氧、噪声和座舱的污染等，必须采取必要技术措施，为乘客和司乘人员提供更加舒适的座舱环境。

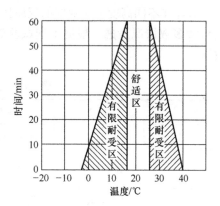

图 10-2　环境温度对人体的影响

10.1.2　空调系统的提出

1. 应对高空环境的措施

由于高空存在缺氧、低压和低温等不利情况，为保证在高空中人员的安全和舒适，须采取一定的技术措施。

（1）供氧装置　一般在4km左右的高度开始供氧，通过提高氧气浓度的方法补偿氧分压的下降。此种措施一般适用于低空低速的螺旋桨飞机。另外，供氧方式可作为喷气式飞机气密座舱的一种补充方式，如给机组人员或病员补充供氧，或者当座舱失去气密时用氧气面罩作为应急供氧。

（2）高空飞行衣　高空飞行衣也称加压服装。它使人体全身均匀加压或部分加压。高空代偿服与加压面罩配合使用，可适用的飞行高度达到17~18km，当它与密闭头盔配合使用时，适用的飞行高度可达40km，而采用密闭飞行衣则使飞行高度不受限制。

（3）气密座舱（又称增压座舱）　将飞机座舱密封，然后给它供气增压，使舱内压力大于外界大气压力，并对座舱空气参数进行调节，创造舒适的座舱环境，以满足人体生理和工作的需要，特别是当座舱高度保持在2400m或以下时，不需要用氧气设备。气密座舱是高空飞行时安全而有效的措施，可以同时解决增压、通风和温度调节等几个方面的问题，能较好地满足机上乘员的需要，是当代民用飞机普遍采用的一种方式。当座舱增压后，机身结构承受拉应力。

2. 气密座舱环境参数

（1）座舱温度　根据航空医学要求，最舒适的座舱温度为20~22℃，正常保持在16~26℃的舒适区。另外，座舱内温度场应均匀，各方向上座舱温度差值一般不得超过±3℃。座舱地板和内壁温度基本上应保持与舱内温度一致，内壁的温度应高于露点，使其不致蒙上水汽。

（2）座舱高度 座舱高度用来表示座舱压力。座舱高度是指座舱内空气的绝对压力值所对应的标准气压高度。CCAR-25-R4 的 25.841 规定，飞机在最大设计巡航高度上，必须能保持座舱高度不超过 2438m（8000ft）。如果申请在 7620m(25000ft) 以上运行的合格审定，则飞机必须设计为在增压系统任何可能的失效情况发生后乘员不会经受到座舱压力高度超出 4572m(15000ft)。这样，在气密舱内可以不必使用氧气设备飞行。现代一些大中型飞机上，当座舱高度达到 3050m（10000ft）时，通常设有座舱高度告警信号，向机组成员发出告警，它表示座舱压力不能再低，此时必须采取措施增大座舱压力。

（3）座舱余压 座舱余压（简称余压）是指座舱内部空气的绝对压力与外部大气压力之差，如图 10-3 所示。正常情况下，余压值为正，但在某些特殊情况下，也可能会出现负余压。飞机所能承受的最大余压值取决于其座舱的结构强度，飞行中飞机所承受的余压值与飞行高度有关。随着客机使用升限的提高和对舒适性要求的提高，客机的余压值有增大的趋势。

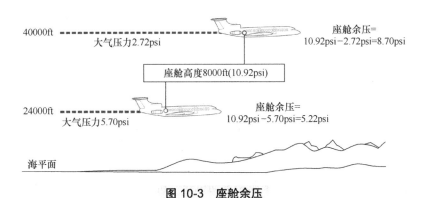

图 10-3 座舱余压

注：1psi = 1lbf/in^2 = 6.89476kPa，1ft = 0.3048m。

（4）座舱高度变化率 单位时间内座舱高度的变化速率称为飞机的座舱高度变化率，它反映的是座舱压力的变化速度。飞机在爬升或下降过程中，由于飞行高度的变化，会导致座舱高度产生变化。飞机升降速度较大，即外界压力变化速率较大时，舱内压力变化的幅度应当较小，并具有比较缓和的变化率。现代大中型民航客机通常限制座舱高度爬升率不超过 500ft/min，座舱高度下降率不超过 350ft/min。

3. 现代民航飞机空调系统组成

图 10-4 所示为现代民航飞机空调系统基本组成。该系统分为气源系统、温度控制系统、压力控制系统和座舱空气分配系统四大部分。

空调系统的供气来自于发动机（或专门的增压器），从流量控制活门（组件活门）进入空调系统后，由两套（或三套）完全相同的制冷组件进行冷却，在这里对空气进行基本的温度和湿度调节，冷空气与热空气混合后，以保证空调舱的确定温度。另外，空调系统还对仪表板、电瓶和设备架进行冷却，最后，调节好的空气分配到座舱内的各个区域。由排气活门对驾驶舱和客舱按飞行高度进行增压控制。同时，系统具有 3050m（10000ft）座舱高度告警、释压活门、负释压活门等安全措施。

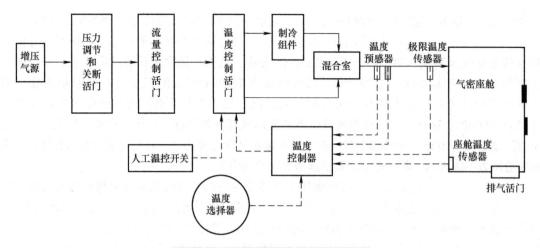

图 10-4　现代民航飞机空调系统组成

10.2.1　气源系统概述

气源系统由增压供气源和供气参数控制两部分组成。增压供气源向座舱供入清洁度符合要求的空气,而供气参数控制则对所供的空气的压力、温度和流量等参数进行调节。

1. 典型喷气式飞机气源系统

现代喷气式客机增压空气的主要来源是发动机压气机引气、APU 引气和地面气源。可用于座舱的空调与增压,机翼前缘及发动机进气道前缘的热气防冰,发动机起动用气、饮用水、燃油及液压油箱等系统的增压以及飞机的气动液压泵、前缘襟翼气动马达和大型飞机的货舱加热。

图 10-5 所示为典型双发民航飞机的气源系统布置。

（1）发动机压气机引气　飞机正常飞行时的气源是由发动机压气机提供的,左右发动机引气分别形成两套独立的子系统,中间由隔离活门隔断,并可在需要时连通。当隔离活门关闭时,左右发动机引气分别为左右空调系统提供气源;当隔离活门打开时,可使左右发动机的引气为任一侧空调系统提供引气。

另外,当一台发动机起动后,可将隔离活门打开,利用已经起动的发动机的气源起动另一台发动机。

为了降低从压气机引气对发动机功率造成的损耗,并使燃油消耗最小,许多现代客机都采用两级引气,即从压气机的低压级和高压级分别引气,在两引气管路间装有引气单向活门,防止在高压级引气时气体向低压级倒流。正常情况下（较高发动机功率时）,空气从低压级引气口引出,此时高压级关闭;当发动机在低功率下工作时,低压引气压力不足,则高压级引气活门自动打开,由高压级引气口供气。

发动机引气由压力调节和关断活门（PRSOV）控制。当 PRSOV 活门打开,增压空气经过风扇预冷器的初步降温,然后供向下游各用压系统。

（2）APU 引气　辅助动力装置（APU）的引气通过 APU 引气活门引出,为避免发动机供气时增压空气倒流到 APU 内，在 APU 供气管路上装有单向活门。

APU 引气可以用于地面空调、起动发动机。另外，在飞机起飞或复飞时，为了减少发动机功率的损耗，常常用 APU 引气代替发动机压气机引气。

除用 APU 供气起动发动机外，在 APU 引气活门打开时是不允许再打开主发动机引气活门的，所以在某些飞机上设有双引气告警灯或其他形式的告警电路。当双引气告警灯亮时，应将 APU 引气活门关闭，以防止发动机引气损坏辅助动力装置。当用 APU 供气起动发动机时，双引气告警灯亮，这是一个告警信号，属于正常情况，提醒操作人员，在起动发动机后，应将 APU 引气开关关断。

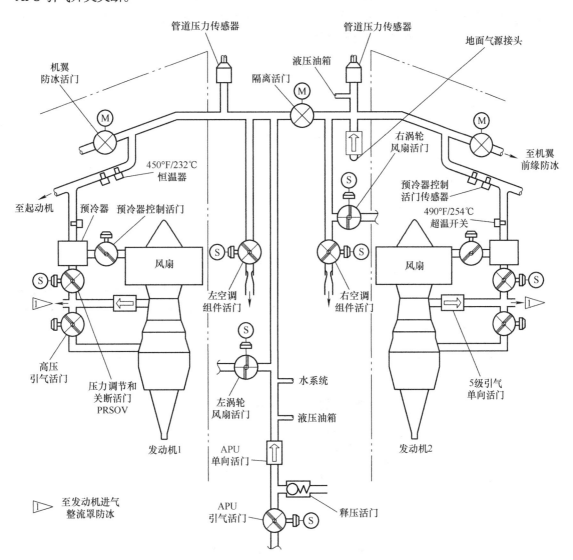

图 10-5　典型双发民航飞机的气源系统布置

（3）地面气源　飞机在地面进行维护工作时，可通过地面气源接头，由地面气源车为空调系统提供气源。

2. 其他类型的气源

从涡轮发动机的压缩机引气相对比较方便，然而大量的引气会降低发动机功率，引气量越大，用于产生功率的用气量越少。现代大型民航飞机空调系统多采用再循环系统，在机舱内，可重复使用高达 50% 的空气，引气的空气量相对于发动机总排放量还是比较小的，保证了发动机的高功率输出。

小型涡轮飞机和少部分大型飞机也采取了其他类型的气源系统，下面做一下简单介绍。

（1）引射泵增压　图 10-6 所示为引射泵增压装置，这种增压方式比较简单，没有运动部件，可以用来给座舱加压。发动机引气通过该装置，经引射泵高速喷到冲压空气的进气道的收缩部分，形成低压，空气从外界被吸入，引气与冲压空气混合被输送到气密舱加压。其缺点是，只有相对较小的空间可以通过这种方式加压。

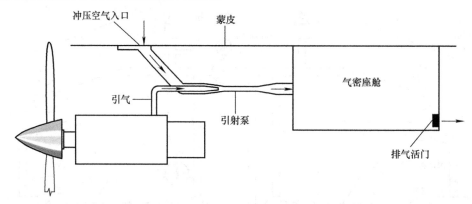

图 10-6　引射泵增压装置

（2）涡轮压气机增压　图 10-7 所示为涡轮压气机增压装置，发动机压缩机引气通过涡轮做功驱动在冲压空气通道的压缩机。外部空气被吸入并压缩，与涡轮排出的引气混合，并被送往气密座舱，达到增压效果。涡轮螺旋桨飞机经常使用这种装置。

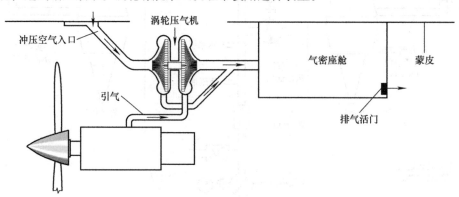

图 10-7　涡轮压气机增压装置

10.2.2　气源系统的调节与控制

由于发动机压气机的出口参数随飞行高度、飞行速度和发动机工况等有较大的变化，在发动机压气机的引气管路上设置了相应的控制和调节装置（图 10-8），以减少气源系统供气参数的波动，从而使得在飞机飞行的各阶段和地面工作时，气源系统的供气压力、温度及流量在规定的范围之内。

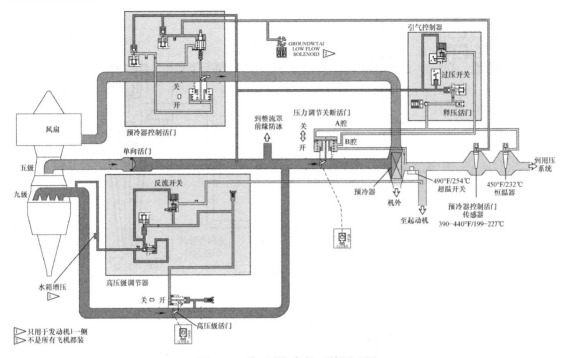

图 10-8 典型飞机气源系统原理图

1. 引气调节器

引气系统的压力调节由压力调节和关断活门实施，压力调节和关断活门是由压力调节器控制的电控气动活门，下面以 B737 的压力调节与关断活门（图 10-9）为例，说明压力调节和关断活门实施引气压力调节的原理。

从图 10-9 中可以看出，该活门由蝶形关断活门、气动作动器、引气调节器等几部分组成。关断活门是一个蝶形活门，由气动式作动器驱动，作动筒由筒体、活塞、复位弹簧和传动杆等部件组成，通过活塞上腔（B 腔）压力、下腔（C 腔）压力与弹簧作用力相比较，控制活塞的移动，当活塞下移时通过传动杆可将活门打开，反之，使活门关闭。

引气调节器内有基准压力调节器、锁定电磁活门以及反流开关、过压开关、释压活门。

（1）引气压力调节　引气调节器通过控制活门作动器控制腔（B 腔）内的压力来控制活门的开度。当引气开关处于"OFF"位时，锁定电磁活门的关闭线圈通电，活门钢珠上移并由保持簧片保持在上位，控制器 B 腔接外界空气，蝶形关断活门在复位弹簧的作用下处于关闭状态。

当引气开关处于"ON"位时，锁定电磁活门的打开线圈通电，活门钢珠下移并被保持簧片保持在下位，将关断活门上游的增压空气经基准压力调节器、锁定电磁活门引入活门作动器的 C 腔。基准压力调节器将上游来的增压空气调压（24psi）后，作用在作动器活塞的上部，克服弹簧力而使活塞向下移动，将活门打开，增压空气经活门向下游流去。

随着气流的流动，活门下游压力增大，使得作动器活塞下腔（C 腔）的压力随之增大，活塞在上、下腔压力与弹簧力作用下平衡于某一位置，从而使调节活门处于某一开度，将活门下游压力保持在一定值（45psi）。

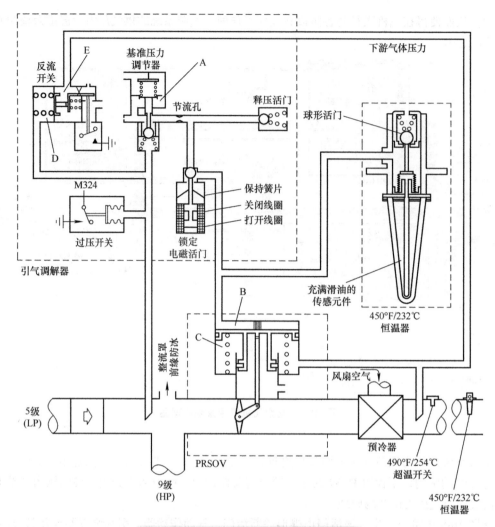

图 10-9　典型压力调节和关断活门原理图

（2）关断保护　过压开关起超压保护作用，当关断活门上游压力超过极限值 (180psi) 时，过压开关触点换位，使锁定电磁活门的关闭线圈通电，活门钢珠由下向上移动，关断控制气路，使作动器的 B 腔通外界大气，关断活门在复位弹簧的作用下关闭，此过程称为引气超压自动关断。

反流开关则起反流保护作用，当关断活门下游管道压力比上游管道压力高时（一般为 0.18psi），反流开关触点转换，使锁定电磁活门的关闭线圈通电，球阀钢珠由下向上移动，关断控制气路，使作动器的 B 腔通外界大气，关断活门在返回弹簧的作用下关闭，此过程称为引气反压关断。

（3）温度限制　引气气流从压力调节和关断活门送入下游的风扇预冷器，风扇预冷器的冷源为发动机风扇引气。来自发动机压气机的高温空气通过预冷器后，可将其温度控制或限制其温度在一定范围之内。压力调节和关断活门接受下游引气管道恒温器和超温开关的控制，完成对引气的温度限制。

恒温器对关断活门下游的引气起限温作用。当风扇预冷器出口的温度达到调定值时，恒温器内充填的滑油受热膨胀，操纵恒温器内的一个球形活门打开，使活门作动器的 B 腔放气，减小活门开度，减小引气流量，限制预冷器下游引气温度不超过调定值（450°F）。

当风扇预冷器出口的气流温度达到最高设定值（490°F）时，超温开关闭合，使锁定电磁活门的关闭线圈通电，钢珠由下向上移动，关断控制气路，使作动器的 B 腔通外界大气，关断活门在复位弹簧的作用下关闭，此过程称为引气超温关断。

2. 高压级引气调节器

如图 10-10 所示，高压级调节器控制高压级活门，控制 9 级发动机引气的输出。高压级引气调节的工作是自动的，不需要外部控制。

高压级调节器得到从 9 级引气总管上的一个节气门来的未调压的空气。未调压空气通过气压关断机械装置流到基准压力调节器。基准压力调节器将压力降到恒定的控制压力，如果基准压力调节器失效，释压活门可防止高压级活门的损坏。控制压力从高压级调节器 A 腔流到高压级活门的 C 腔，活塞克服弹簧力和 B 腔的压力将活门打开，作用在活塞上的压力使得活门调节下游方向的压力到 32psi（正常压力）。

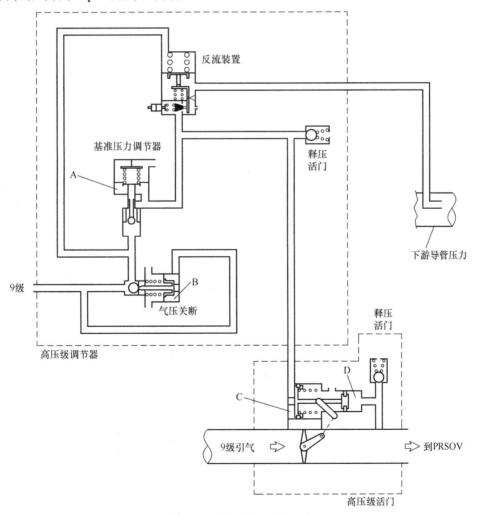

图 10-10　高压级引气调节原理

在正常工作期间，高压级活门关闭有以下原因：

当下游气流压力大于9级压力时，高压级调节器上的反流装置打开，引气关断控制压力到达高压级活门C腔，然后将高压级活门关闭。

当9级压力大于110psi时，高压级调节器上的气压关断机械装置工作，当气压关断机械装置工作时，会产生以下结果：

1）9级到基准压力调节器的气压关闭。

2）到高压级活门的引气控制气压关闭。

3）高压活门关闭。

当压力调节和关断活门（PRSOV）关闭时，高压级活门上的释压活门将管路下游的压力降低。

3.预冷控制

当压力调节和关断活门（PRSOV）打开时，高压高温引气通过预冷器初步降温（一般控制在390°F）流到引气总管。预冷控制系统包括预冷器、预冷器控制活门、预冷器控制活门传感器等，如图10-11所示。

（1）预冷器 预冷器安装在发动机高压压气机顶部，风扇后面，预冷器壁由薄板和散热片制成，为引气与风扇空气提供一个较大的接触面进行有效热传递的热交换器。引气将热传给预冷器的壁，发动机风扇气流流过预冷器另一侧壁时，将热量带走，然后风扇气流流过发动机匣并通过机匣排气口排出。

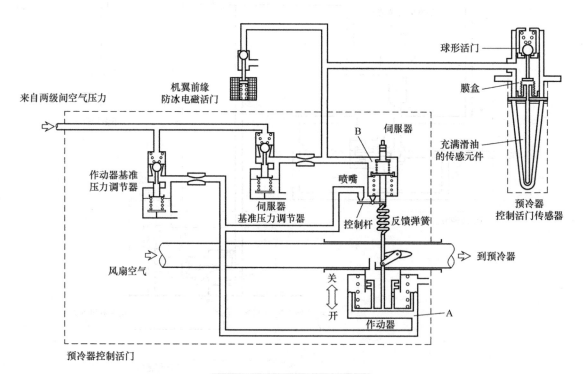

图 10-11 预冷控制工作原理

（2）预冷器控制活门　　预冷器控制活门由作动器基准压力调节器、伺服器基准压力调节器、伺服器、作动器和活门组成。来自 5 级或 9 级的引气的压力经过作动器基准压力调节器降压后流向作动器 A 腔和喷嘴，另一路经过伺服器基准压力调节器降压后进入伺服器 B 腔，A、B 腔压力和弹簧作用力比较后控制活门在一定开度，控制风扇空气流量使引气降温后达到一定温度。

（3）预冷器控制活门传感器　　传感器下部位于预冷器下游。传感器包含充满滑油的胶囊。当油受热膨胀，由它顶升使钢珠活门打开。管道温度越高，油膨胀得越厉害，钢珠活门打开得也越大。钢珠活门从 390°F 开始打开，到 440°F 时达到全开位。

钢珠活门打开释压，操作预冷器控制活门作动器。这使得预冷器控制活门靠弹簧力向开位移动。

预冷器控制活门传感器与机翼前缘防冰电磁活门分别控制预冷器控制活门。

（4）预冷系统工作原理　　A 腔的气压控制预冷器控制活门的开度。当压力增大时，预冷器控制活门开度减小；当压力减小时，预冷器控制活门开度增大。B 腔的气压移动伺服器的控制杆。当压力增大时，控制杆关闭喷嘴；当压力减小时，控制杆打开喷嘴。当预冷器控制活门传感器打开或机翼前缘防冰电磁活门打开时，B 腔的气压减小。

当引气经过预冷器后温度过高，到 390°F 时预冷器控制活门传感器开始打开，440°F 时全开。B 腔压力减小，控制杆打开喷嘴，使得 A 腔压力减小，预冷器控制活门作动器将活门开度增大，进而加大风扇冷空气的流量，使预冷器降温能力增强。预冷器控制活门打开，反馈弹簧开始移动控制杆关闭喷嘴，防止预冷器控制活门的快速运动。

当飞机在地面接通机翼前缘防冰时，打开机翼前缘防冰电磁活门。B 腔压力完全释放，移动控制杆打开喷嘴。随即 A 腔压力完全释放，作动器的弹簧将预冷器控制活门全开。

4. 流量控制

现代客机空调系统的组件活门可以控制流入空调系统的引气流量。组件活门利用文氏管作为一种气体流量的测量元件或敏感元件。

（1）流量控制原理　　当空气流过如图 10-12 所示的文氏管时，由于气流的收缩，喉部流速增大，压力会下降，在文氏管喉部设有静压管，可得到喉部静压 p_1，在出口处设置总压管，可得流过文氏管气流的总压 p^*。根据伯努利方程：

$$p^* = p_1 + \frac{1}{2}\rho v^2$$

可得

$$p^* - p_1 = \frac{1}{2}\rho v^2$$

式中　p^*——总压；

　　　p_1——喉部静压；

　　　ρ——空气密度；

　　　v——喉部气流速度。

从上述公式可以看出，喉部气流速度越大，流量也就越大，总压与喉部静压的压差（$p^* - p_1$）就越大，就可以通过总压和喉部静压来控制管路的空气流量。

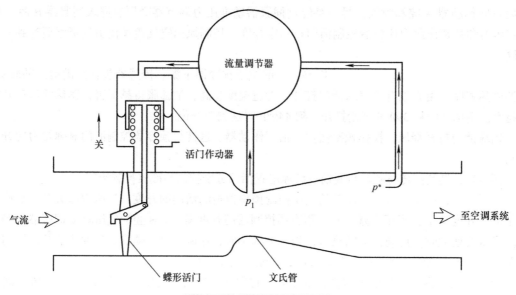

图 10-12 文氏管控制原理

（2）空调组件活门的工作原理 组件活门用于控制通往空调组件的空气流量，还可以在需要时关断空调组件，因此组件活门又称作流量控制和关断活门。图 10-13 所示为典型组件活门原理图，其控制原理基于文氏管喉部静压与总压比较法。

流量控制和关断活门是由电控和气压驱动，弹簧力使活门在关位。当组件开关在"OFF"位时，28V 直流电作动电磁活门到关闭位。移动钢珠活门使作动器 A 腔的气压经过节流孔通向外界。作动器活塞上移，活门关闭。

当组件开关在"AUTO"或"HIGH"位时，电磁活门打开线圈供电。增压空气流到作动器 A 腔，它推动作动筒里的弹簧打开蝶形活门。当活门打开时，气流流到静压口和下游气流总压口。

静压和总压打开自动流量伺服机构和高流量伺服机构的针型活门。压差（$p^* - p_1$）与空气流量比率有一一对应关系。

自动流量电磁活门可改变正常流量和高流量之间的模式。当组件开关在"AUTO"位时，该电磁活门作动。这使气流流到自动流量伺服机构（正常流量模式），自动流量伺服机构通过一个充有客舱空气的内部膜盒来控制流量比率。正常流量模式的气流流量比率约为 25kg/min。

当组件开关在"HIGH"位时，自动流量电磁活门断电（高流量模式），作动器 A 腔空气流到 APU／高流量伺服机构。高流量伺服机构有了较大的压差而关闭，这就使更多的气压进入活门作动筒，使气流流量增加。高流量模式的气流流量比率接近 36kg/min。

在巡航中，如果组件过热或（左或右）组件开关在"OFF"位而使组件关闭时，自动流量电磁活门不工作。这就使组件进入高流量模式工作状态。

APU/ 高流量模式接通 APU/ 高流量电磁活门。APU/ 高流量伺服机构比高流量模式多一个作动活塞，这就使得更多的气压进入活门作动器 A 腔。APU/ 高流量模式的气流流量比率约为 45kg/min。

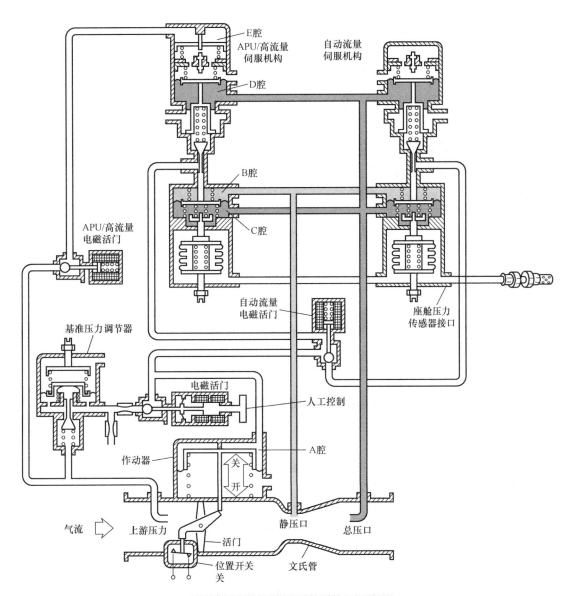

图 10-13 流量控制和关断活门原理图

座舱空气分配的目的是使调节好的空调空气均匀地输入和分布于座舱内，使座舱内产生一个均匀的温度场和合适的空气流动，以保证座舱内的环境舒适。在保证座舱空气新鲜度的条件下，合理使用再循环系统，尽量重复使用冷却的空气，减少飞机发动机引气产生的动力下降。

这里以 B737 飞机为例来说明座舱空气分配系统，如图 10-14 所示。

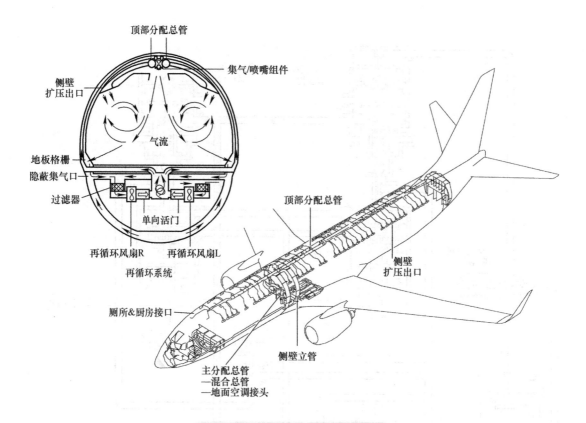

图 10-14　座舱空气分配系统组成

座舱空气分配系统由主空气分配、驾驶舱调节空气分配、客舱调节空气分配、再循环系统、通风系统、设备冷却系统组成。

1. 主空气分配（图 10-15）

主空气分配系统与以下子系统有接口：再循环系统、地面空调接头、空调组件、分配总管和管道。

主空气分配部件安装在前货舱后面的分配舱内，沿着客舱的侧壁和顶板上方的区域安装有总管和管道。两个空调组件或地面空调给主分配总管输送调节空气，主分配总管将空气通过立管和顶部分配总管输送到客舱。

混合总管是一个带有内套的圆柱形管组件，外壳有法兰盘用于空气流进和流出接口，内套上钻有孔，用于冷热气流的混合。

2. 驾驶舱调节空气分配（图 10-16）

左空调组件为驾驶舱提供空调空气，气流向前通过专门的管道通向驾驶舱，驾驶舱空气分配系统可使驾驶舱选择与飞机其他区域不同的温度。驾驶舱空气分配系统有正、副驾驶位的气流喷口、顶部气流喷口、脚蹬气流喷口、风挡气流喷口、侧壁气流喷口、座椅气流喷口、机长独立气流喷口等。

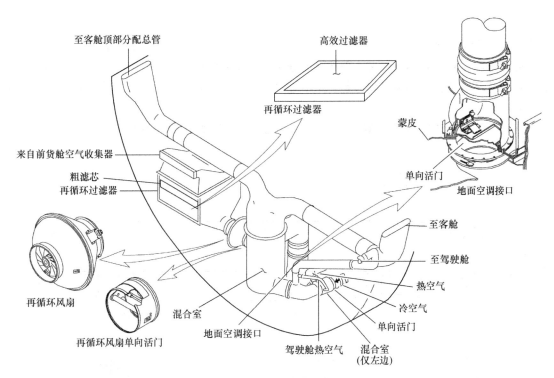

图 10-15 主空气分配系统

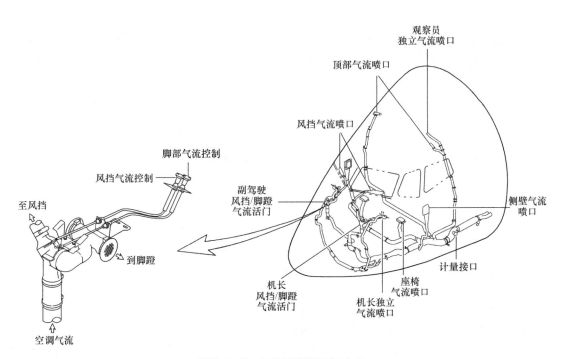

图 10-16 驾驶舱调节空气分配

3.客舱调节空气分配

从主分配总管来的空调空气流过立管，立管气流沿着左、右机身两部分流到舱顶分配总管，舱顶分配总管沿着客舱中央的顶部纵向分布。舱顶分配总管来的空调空气通过扩压器／管和消声器流到侧壁扩压和集气／喷嘴组件。同时主管将空调空气输送到前、后客舱区的厨房和厕所。

客舱空气通过地板格栅流到再循环系统或流出机外，如图 10-17 所示。

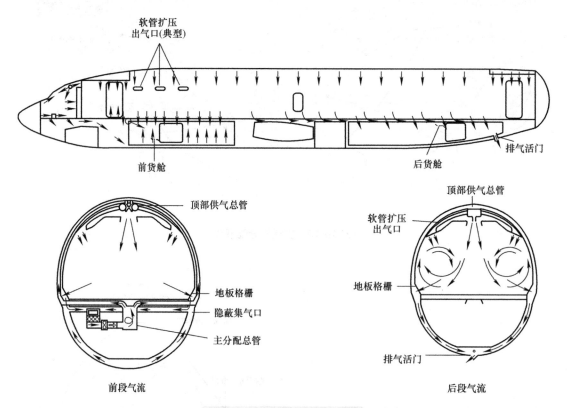

图 10-17　客舱调节空气分配

4.再循环系统

如图 10-14、图 10-15 所示，再循环系统收集座舱的空气，将座舱的部分空气过滤后，重新输送到混合总管，在保证座舱空气新鲜度的条件下，尽量减少发动机引气。

再循环系统由集气管套、空气过滤器、风扇、单向活门组成。

5.设备冷却系统

如图 10-18 所示，现代飞机使用了大量的电子设备，在运转过程产生更多的热量，为保证电子设备的正常工作，必须对电子设备和仪表进行冷却。

电子设备冷却是指对电子设备舱的设备架上的电子设备的冷却，另外还包括对驾驶舱的CB 面板及主仪表板的冷却。设备冷却的介质为客舱排气。设备冷却系统包括冷却供气管路、冷却排气管路、供气风扇、低流量传感器、排气风扇和排气活门，如图 10-19 所示。

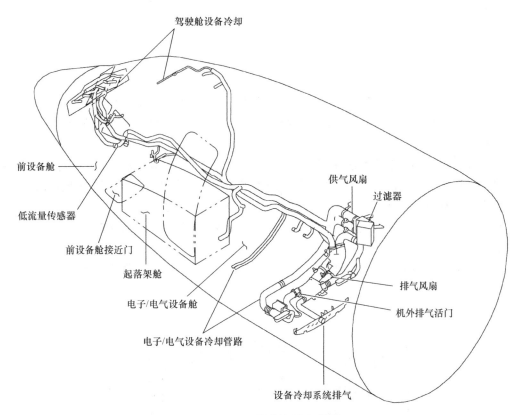

图 10-18　电子设备冷却系统

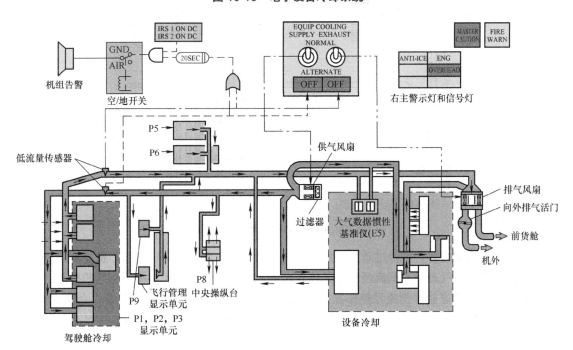

图 10-19　设备冷却系统原理图

飞机原理与构造

10.4　制冷与温度控制

10.4.1　蒸发循环制冷系统

蒸发循环制冷系统多用于非涡轮发动机的飞机，通过制冷剂的循环相变不断地把座舱内空气的热量带到座舱外面。蒸发循环制冷系统是一个封闭系统，只能使座舱温度显著下降，并不能使座舱增压。

多年来，蒸发循环制冷系统使用二氯二氟甲烷（R12）作为制冷剂。其中一些系统仍处于运行状态。后来人们发现 R12 对健康和环境破坏作用较大，特别是会破坏保护地球的臭氧层。现在大多数蒸发循环制冷系统采用四氟乙烷（R134a），对环境更安全。

R12 和 R134a 不应混合使用，也不应该代替系统规定的制冷剂，防止对软管和密封件等部件造成损害。

蒸发循环制冷系统的主要部件有压缩机、冷凝器、制冷剂容器、热膨胀阀和蒸发器等，如图 10-20 所示。

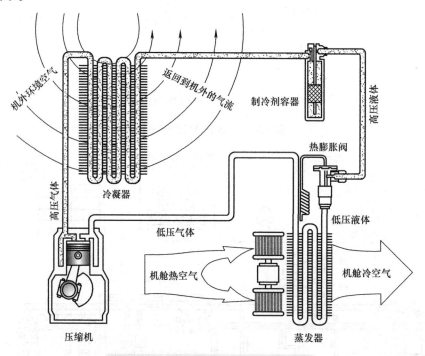

图 10-20　蒸发循环制冷系统工作原理

经压缩机压缩之后，再经过蒸发器的低压气态高温制冷剂变为高压气态，温度得到进一步提升；高压高温的气态制冷剂流经位于机体外面的冷凝器，经过机外环境的空气的冷却，变为高压液态；高压液态制冷剂流经热膨胀阀，变为低压液态制冷剂，流入蒸发器；在蒸发器内，低压制冷剂蒸发吸热，将流经蒸发器的热空气降温，供向座舱。制冷剂变为低压气态，再进入压缩机。

制冷剂如此循环往复，连续不断地从蒸发器吸热，然后将热量输送到座舱外面，使座舱的温度得到降低。

热膨胀阀通过控制喷入蒸发器内制冷剂的流量来调节蒸发器的制冷效率。为充分发挥蒸发器的效能，使蒸发器获得最佳的工作状态，蒸发器出口处安装有感温包，根据蒸发器出口温度调节膨胀阀的制冷剂流量，使全部液体制冷剂在蒸发器出口处刚好变成气态。

图 10-21 所示为一种常见的内平衡式热膨胀阀原理。内平衡式热膨胀阀是一个由感温包内制冷剂压力和预定弹簧力来控制的可变节流阀。当感温包感受到蒸发器出口处温度变化时，管内制冷剂压力也随之变化，通过膜片作用在节流阀的阀芯上部，与阀芯下部的热力弹簧力相比较，改变节流阀的开度，控制流入蒸发器的制冷剂流量。

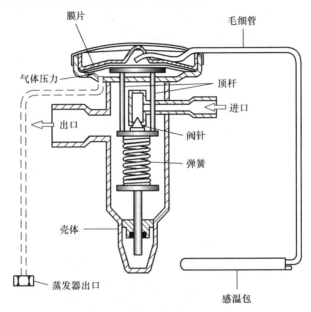

图 10-21 内平衡式热膨胀阀原理

外平衡式热膨胀阀比内平衡式热膨胀阀多了一个感受蒸发器出口压力的管路，将蒸发器出口压力信号传输到膜片下腔，与膜片上腔的压力和弹簧力共同调节阀门开度，实现对制冷剂流量的控制。

蒸发循环制冷系统的冷却效率高，而且在地面停机条件下有良好的制冷能力，在高空高速飞行时也有良好的经济性，节省燃油。故该系统在某些飞机上获得了应用，而且在高性能飞机的电子设备舱冷却方面有着广泛的应用前途。

10.4.2 空气循环制冷系统

空气循环制冷系统主要是采用由发动机带动的座舱增压器或者直接由发动机引出的高温高压空气经过热交换器初步冷却后再经过涡轮进行膨胀，对外做功，空气本身的温度和压力大大降低，由此获得满足温度和压力要求的冷空气；涡轮带动同轴的压气机、风扇或其他装置，这样，高压空气中的热能就转变为机械功，从而达到降温制冷的目的。

空气循环制冷系统的主要优点是：设备的重量轻、成本低、调节和控制方便、可靠性较高、检查和维护的工作量小、附件在飞机上的安排没有特殊要求，特别是其制冷介质（空气）也可以输入座舱作为增压之用，使座舱通风、增压和冷却可由同一系统来完成。其不足之处是其性能系数、温度调节精度以及地面停机时系统工作的可靠性等方面不如蒸发循环制冷系统。同时又由于其冷空气引入的是外界冲压空气，如无其他附加措施，使用的高度和速度受一定的限制。

空气循环制冷系统由热交换器、空气循环机、控制元件组成。

1. 热交换器

热交换器是把热量从一种介质传递给另一种介质的设备，若以加热流体为主要目的，则称为加热器，若以冷却流体为主要目的，则称为散热器或冷却器，如图10-22所示。

按照热交换器中流体的流动方向不同，可将其分为顺流式、逆流式和叉流式三种。

（1）顺流式热交换器　顺流式热交换器中热流体和冷流体的流动方向相同，即两者朝同一方向平行地流动，并通过传热界面进行热交换。在流动过程中，冷、热流体的温度差越来越小，如果路径过长，几乎没有热交换，所以此类热交换器效率不高。

（2）逆流式热交换器　逆流式热交换器中冷、热流体平行地朝相反的方向流动，并通过传热面进行热交换，冷、热流体的始终有比较大的温度差，流体之间热交换比较充分，其热交换效果要比顺流式热交换高。

（3）叉流式热交换器　叉流式热交换器中冷、热流体按相互垂直的方向交叉流动。

从冷却效果来看，逆流式热交换器的冷却效果最好，顺流式热交换器最差，而叉流式热交换器则介于两者之间。

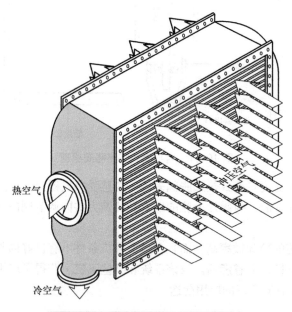

图 10-22　初级散热器（二级散热器）

2. 空气循环机制冷原理

空气循环机是空气循环制冷系统的核心部件，其原理是高温高压的引气通过涡轮膨胀做功，气体温度下降，如图10-23所示。

空气循环机由涡轮、负载和壳体组成，如图10-24所示。高压空气推动涡轮做功，如果没有负载或者负载很小，涡轮转速很高，气体温度得不到充分做功冷却，因此负载的大小在一定程度上决定了制冷的效率。现代飞机空气循环制冷系统一般采用涡轮带动风扇和压气机，压气机把高温气体的压力和温度进一步提高，便于冷却降低内能，风扇可以用来推动热交换器的冷却空气，增加热交换器的热交换效率。

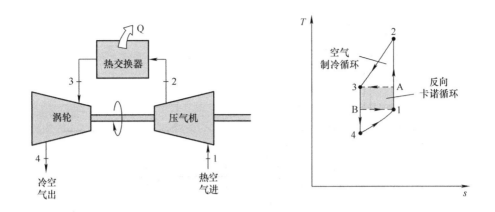

图 10-23 空气循环机制冷原理

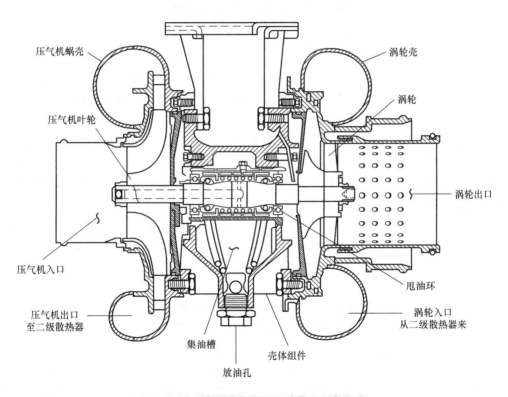

图 10-24 典型空气循环机（带有压气机）

3. 空气循环制冷系统类型

（1）简单式空气循环制冷系统 图 10-25 所示为简单式空气循环制冷系统。由发动机压气机或其他座舱增压器引出的高压高温气体首先经过位于冲压空气通道的散热器充分散热降温，然后经涡轮再膨胀做功，温度进一步下降，最后供向空调的混合室。

这种制冷系统是目前最简单、最轻便的空气循环制冷系统。该系统具有以下优点：涡轮输出功主要用来通过风扇驱动冲压通道的空气，因此显著地改善了热交换器的性能；在地面停机及低速飞行时，系统同样可以获得相应的制冷量。

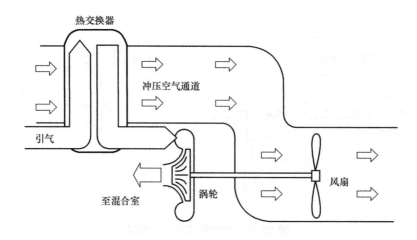

热交换器

冲压空气通道

引气

至混合室 涡轮 风扇

图 10-25　简单式空气循环制冷系统

当飞行高度增加时，风扇端负载减小，使冷却涡轮转速增加，到达一定高度时会发生超转，影响制冷效果并缩短涡轮的寿命，所以这种系统使用高度受到一定限制。

（2）升压式空气循环制冷系统　升压式空气循环制冷系统的负载是压气机。图 10-26 所示为 B737-300 空调系统，是一个典型的升压式空气循环制冷系统，阴影部分标出了空气循环路径。

高温高压的引气调节后，首先进入初级散热器散热，初步冷却后，然后经过压气机，空气的压力和温度都提高。高温高压的气体再进入二级散热器散热，再次冷却降低内能，最后通到涡轮膨胀做功，压力降到座舱增压所需压力，空气的温度进一步下降。同时将热能转化为轴功驱动用于升压的压气机。

在高速飞行条件下，由于其涡轮膨胀比要比简单式空气循环制冷系统的大，故其制冷能力也大；在相同制冷能力下，升压式制冷系统的供气压力或引气量可以较小，发动机耗油少，经济性好；升压式制冷系统的涡轮运转平稳，不像简单式空气循环制冷系统的涡轮转速变化大，因此，其涡轮寿命长。

升压式空气循环制冷系统的缺点是：飞机在地面停机状态下或起飞滑跑时，由于两个热交换器缺乏冲压空气而使系统制冷能力很小。采用专用的通风风扇、电动机驱动或空气涡轮驱动，当飞机在地面停机状态或起飞滑跑时，驱动冷却空气通过散热器。

（3）三轮式空气循环制冷系统　三轮式空气循环机由固定于同一传动轴上的涡轮、压气机和风扇组成。当热空气流过空气循环机的涡轮时，发生绝热膨胀的热力过程，气体对涡轮做功，带动涡轮转动；而且气体的内能降低，使流过涡轮的气体的温度进一步降低，以降低引气的温度。涡轮转动可带动风扇转动，风扇位于冲压空气管道，它使飞机在地面及低速飞行状态下，仍可保证热交换器有足够的冷却空气。

三轮式制冷系统是升压式系统和简单式系统的自然发展，它既吸收了升压式系统供气小、节省功率的优点，又吸收了简单式系统固有冷却能力的优点。另外，由于升压式压气机吸收了涡轮功率的主要部分（85% 左右），故也可防止冷却装置的超转。三轮式制冷系统在现代民航客机上获得了广泛的应用。

图 10-27 所示为 B737-600/700 飞机的空调系统。从发动机压气机供来的空气经过供气调节

装置供向制冷系统。热空气先经过初级散热器，获得初步冷却，而后经过压气机，温度和压力得到提高，再经过二级散热器冷却，最后通过涡轮膨胀降温而供向座舱。其中三轮式空气循环机的风扇抽取冷却空气经过热交换器，从而使整个系统获得优良的性能。

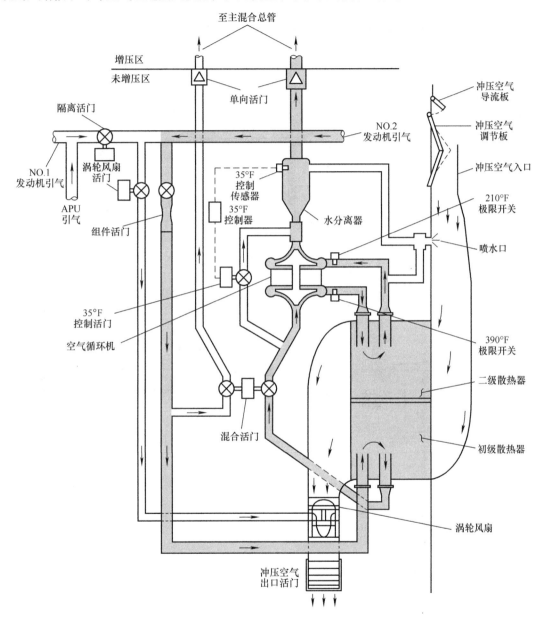

图 10-26 典型升压式空气循环制冷系统

图 10-28 所示为典型飞机空调系统。发动机的高温高压空气→初级散热器降温→压气机升压，温度得以提升→二级散热器散热降温→除水→回热器（热通路）降温→冷却器（热通路）降温→除水→回热器（冷通路）升温→涡轮膨胀做功，压力下降到座舱增压所需压力，温度大幅度下降→冷却器（冷通路）升温，达到组件所需温度→混合室。

图 10-29 展示了带有高压除水的空气循环制冷系统的压力 - 温度变化过程。

飞机原理与构造

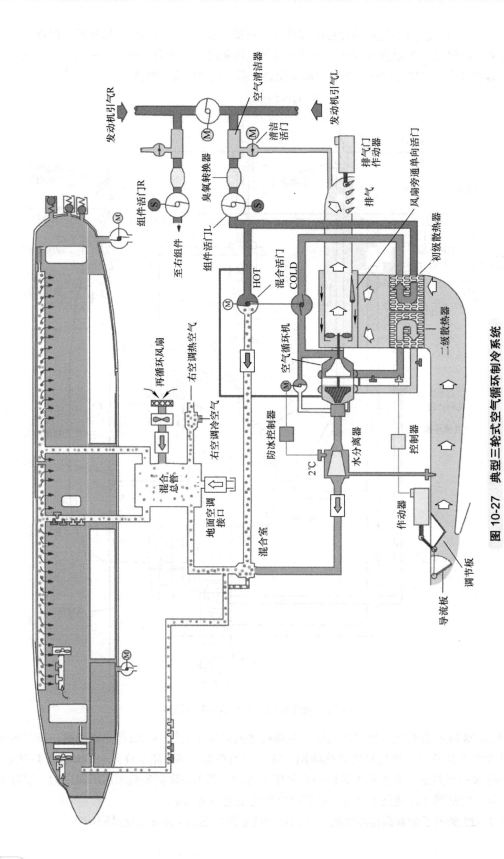

图 10-27 典型三轮式空气循环制冷系统

发动机引气R 空气清洁器 发动机引气L 清洁活门 排气门作动器 风扇旁通单向活门 组件活门R 臭氧转换器 至右组件 组件活门L 排气 初级散热器 HOT 混合活门 COLD 二级散热器 空气循环机 右空调热空气 再循环风扇 防冰控制器 2℃ 水分离器 控制器 混合总管 地面空调接口 右空调冷空气 混合室 作动器 调节板 导流板

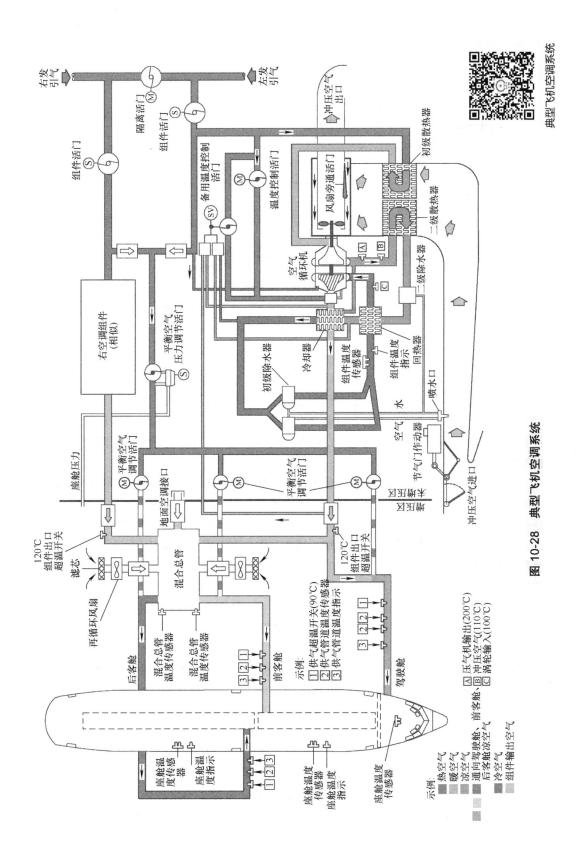

图 10-28 典型飞机空调系统

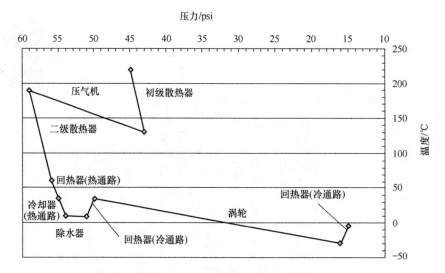

图 10-29 典型空气循环制冷系统压力 - 温度变化

注：1psi = 1lbf/in² = 6.89476kPa，后文同。

4. 空气循环制冷系统的除水

为了避免座舱出现过大的水汽，导致机件腐蚀，管道结冰，而影响电子设备、空调组件的正常工作，应使进入座舱的空气为比较干燥的空气。在空调组件里面都设有水分离器或除水器，当空气流过水分离器或者除水器后，一般可将大部分水分除去。从水分离器排出的水分，通过导管引出，然后喷洒到冲压空气通道，这样可以使组件空气在散热器中更容易降温，提高了空调组件的制冷效率。

（1）低压除水　低压水分离器一般位于涡轮下游。在涡轮前空气虽然经历了较大的压力和温度的变化，但只要空气温度不低于露点，其含湿量是不变的，变化的只是相对湿度，空气始终在干工况下工作。经过涡轮后，若空气的温度降至低于其露点，则空气进入了过饱和的雾化区，这时空气中多余的水蒸气会立即凝结，从空气中分离出来，形成细小的小水滴。低压水分离器利用凝聚套（俗称"水布袋"）将空气中悬浮着的细小水滴凝结成大水滴，并通过凝聚套支架开口对气流的旋转作用将水与空气分离。从而使得进入座舱的空气的含湿量降低。

图 10-30 所示为飞机所采用的低压水分离器。它包括进口和出口壳体组件，进口壳体组件又包括一个安装在锥形金属支架上的纤维织物凝聚套、旁通活门组件和一个凝聚套状态指示器。出口壳体组件由集水腔、导流板和排水口组成。

凝聚套状态指示器由一个指示器活塞、一个置于密闭壳体内的指示器盘和一个观察窗组成。当凝聚套收集的油污杂质过多或结冰造成堵塞时，通过凝聚套的气流受阻并引起凝聚套上游压力上升，从而迫使活塞轴上的圆盘向指示器盖的红色窗口运动。当圆盘处于红色区域内时，表明需要更换凝聚套。当压力超过旁通活门弹簧的预紧力时，活门打开，空气流过旁通活门而不流过凝聚套。

若涡轮出口温度低于 0℃，凝聚套容易出现结冰而堵塞。凝聚套堵塞后，旁通活门打开，未经除水的空气会直接进入下游管道，因此低压水分离器必须设置防冰措施。如图 10-26、图 10-27 所示，都装有 35°F（2℃）控制系统，当涡轮出口的温度低于这个温度时，防冰控制器向防冰活门发出打开信号，打开防冰活门或者 35°F 控制活门，将压气机进口的热空气通到涡轮出口，使水分离器的温度上升，当水分离器温度高于此温度时，防冰控制器发出关闭信号，此活门关闭，将热空气切断。35°F 控制系统始终保持水分离器的温度不低于 35°F，防止结冰。

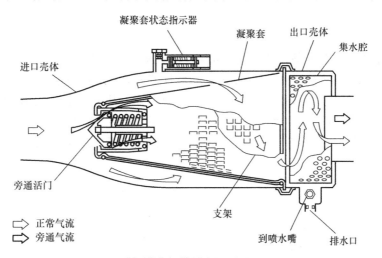

图 10-30 低压水分离器

（2）高压除水 图 10-28 所示空调系统的除水器安装在涡轮进口的管路上，由于此处的空气压力较高，因此称为高压除水系统。在同样温度下，高压空气所含的水蒸气量少，因此，压力越高，凝结的水分就越多，分离出来的水分就越多，经过除水的高压空气在涡轮中膨胀做功，温度下降也越多。

如图 10-31 所示，高压水分离器主要由旋流器、带孔内筒和壳体组成。旋流器是多个固定的螺旋曲面的导向叶片。

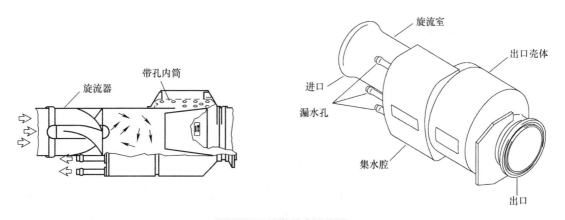

图 10-31 高压水分离器

当含有水滴的空气通过旋流器后，在壳体中高速旋转，由于离心作用，质量较大的水滴被甩向带孔内筒上，大量水滴聚合后流向位置较低的集水腔，最后被喷洒到冲压空气通道。高压水分离器安装在涡轮进口之前，在冷却器之后，也就是说，湿空气通过冷却器（热通道）降温后，冷却器（冷通道是涡轮出口冷空气）传热面的温度低于空气的露点，所以湿空气的绝大部分水分可以被分离出去。

与低压水分离器相比，高压除水不需要凝聚套，高压水分离器的流阻大为减小，也不会出现结冰现象，因此结构简单，维修工作量大大减少。

大部分民航飞机采用带有高压除水的空气循环制冷系统。

10.4.3　座舱温度控制原理

座舱温度控制就是使座舱内的空气温度保持在要求的预定温度范围内。现代飞机的座舱温度控制系统采用微型计算机控制，可在各种飞行条件下为机上人员提供适宜的座舱环境温度。

B737-600/700 座舱温度控制系统原理如图 10-32 所示。从流量控制活门出来的一定流量的空气，通过温度控制活门分成两路：一路到制冷系统使其降温，称为"冷路"，另一路称为"热路"。经过制冷的冷空气和热空气进入混合室混合。可通过温度控制活门调节两路的流量控制混合室空气的温度。

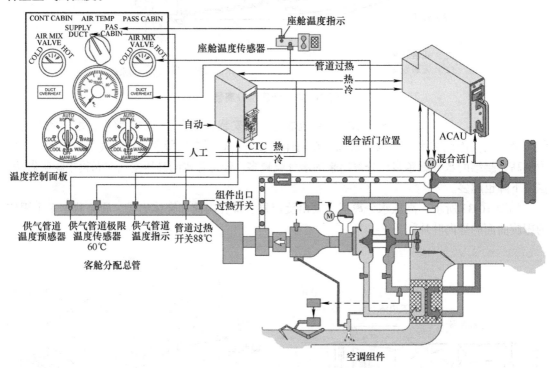

图 10-32　典型座舱温度控制系统原理图

注：仅示出客舱温度控制系统，驾驶舱温度控制系统相似。

温度控制器（Cabin Temperature Controller，CTC）接收预定的温度和座舱反馈的实际温度信号，进行比较后输出与温度偏差成正比的电流，控制温度控制活门，调节冷热路流量，从而进行温度控制。为减小温度调节过程的超调量，在控制系统中加入温度变化速率反馈，由管路上的温度预感器提供输入信号。温度控制系统是个闭环的电子式温度伺服系统。当供气管道温度过高时，供气管道极限温度传感器向温度控制器发出信号，驱动温度控制活门向"冷路"全开方向转动。

当温度控制器出现故障时，可进行人工温度控制，即驾驶员直接通过人工温控开关向温度控制活门发送控制信号，控制座舱温度的变化。在进行人工控制时，驾驶员应不断监控座舱温度、供气管道温度（座舱温度和供气管道温度采用一个温度显示，由选择开关切换）以及温度控制活门的位置，以减小座舱温度的波动，如图 10-33 所示。

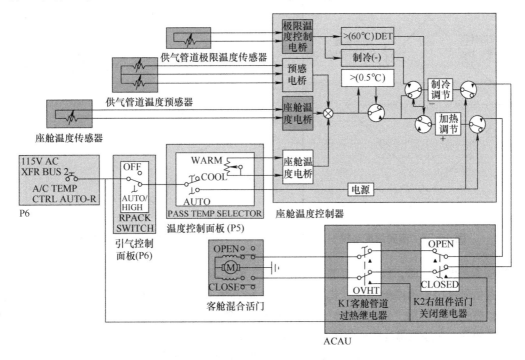

图 10-33 温度控制人工模式

1. 温度传感器

温度传感器是热敏电阻，随着温度的升高，电阻值在减小。温度传感器将所控制对象的温度转变为电信号，为座舱温度控制和驾驶舱温度显示提供控制信号。

温度控制系统主要有座舱温度传感器、供气管道极限温度传感器和供气管道温度预感器。

2. 温度控制器

座舱温度控制器是座舱温度控制的核心部件。它接收来自座舱温度预感器、座舱供气管道温度预感器、座舱供气管道极限温度传感器及温度选择信号，经过合成放大后向温度控制活门发出指令，控制温度控制活门的开度。电子式座舱温度控制器的基本工作原理是电桥原理，一般在控制器内有三个电桥，即温度电桥、预感电桥和极限温度控制电桥。

（1）温度电桥 图 10-34 所示为座舱温度电桥原理。电桥利用座舱温度传感器电阻作为电桥的一个桥臂，座舱温度选择器电阻作为另一个桥臂。座舱温度选择器用于选择座舱的温度。电桥的另外两个电阻为固定电阻。电源电压为 V_0，输出电压为 V_e。当座舱实际温度与选定温度相等时，电桥平衡，电桥输出信号 $V_e = 0$；当座舱温度变化时，座舱温度传感器电阻值变化，电桥失去平衡，有输出信号，所输出的信号与温度的偏差成正比，将此温差信号经过放大和处理后，用于控制温度控制活门的开度，改变冷、热路空气的混合比例，使座舱温度保持在选定值。

（2）预感电桥 如图 10-35 所示，预感电桥的作用是进行超前校正，改善温度过渡过程的快速性能并减少温度波动。预感电桥两个桥臂分别是供气管道温度预感器的快、慢件。快件预感器只是电阻本身，而慢件则是把与快件完全相同的电阻绕在铜质的金属芯上（或将电阻放于热阻套内）。由于金属芯的热惯性，使其电阻值的变化落后于快件。电桥的另外两个桥臂为固定电阻。

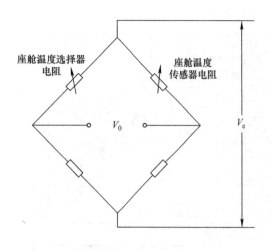

图 10-34 座舱温度电桥

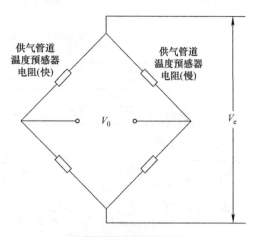

图 10-35 预感电桥

当座舱温度稳定时，供气管道的温度也稳定，管道温度预感器快、慢件电阻相等，电桥平衡，没有信号输出；当座舱温度变化及管道温度变化时，快、慢件电阻值不相等，电桥便有信号输出。将这些信号用于温度控制，可感受座舱供气管道内的空气温度变化率，并将信号传送到温度控制器，对座舱温度的变化提前做出反应，减小超调量。

（3）极限温度控制电桥　如图 10-36 所示，当管道空气温度超过某一极限值，说明座舱温度很高，需要快速制冷，将冷路的活门开度放到最大，热路活门放到最小（关闭）。三个桥臂的电阻都是固定电阻，一个桥臂是管道极限温度传感器电阻。

3. 温度控制活门（混合活门）

温度控制活门用于控制空调系统冷、热路的空气混合比例。常用的温度控制活门有双活门和单活门两种类型。

（1）双活门式温度控制活门　如图 10-37 所示，伺服电动机通过连杆机构驱动两个蝶形活门，改变冷路和热路的空气流量分配。

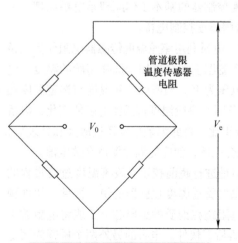

图 10-36 管道极限温度控制电桥

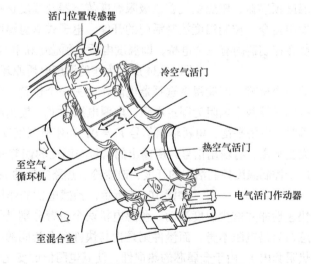

图 10-37 双活门式温度控制活门

两个活门的运动关系是：当冷路活门开大时，热路活门关小，反之亦然。这种控制方式有利于提高温度调节的速度。活门位于极限位置时，一个活门全开，另一个活门全关。活门上设置了活门位置传感器，将活门的位置显示在驾驶舱内的温度控制面板上。

（2）单活门式温度控制活门　图 10-38 所示为 B737-800/900 温度控制系统。

单活门式温度控制活门用于控制某一路的空气流量。左右组件的冷空气通过混合总管或者直接进入座舱三个区域制冷。组件／区域控制器通过三个支路的热空气流量来控制座舱各个区域的温度。

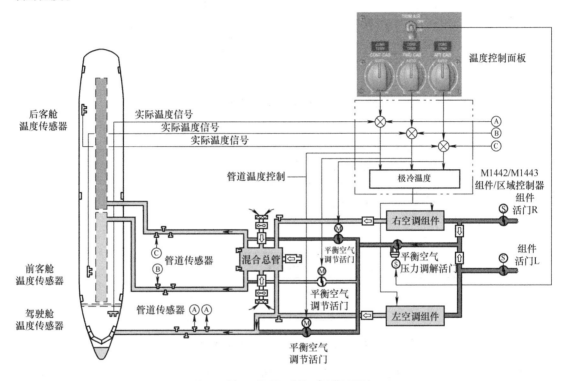

图 10-38　典型飞机温度控制系统

10.5　座舱压力控制

10.5.1　座舱增压原理及座舱压力制度

座舱压力控制系统的基本任务是保证在预定的飞行高度范围内，座舱的压力及其压力变化速率满足人体生理要求，并保证飞机结构的安全。

1. 座舱增压原理

飞机的气密舱并不是完全与外界环境隔绝，空调气源系统经座舱空气分配系统，将恒定流量的气体送入气密座舱，为座舱调温后，经排气活门排出机外，如图 10-39、图 10-40 所示。如果增压空气排气活门的流量等于进入座舱的气体流量，座舱的压力保持不变；如果排气活门排气量小于进入座舱的气体流量，座舱的压力会不断提高；反之，如果排气活门的流量大于进入座舱的气体流量，则座舱压力会不断下降。

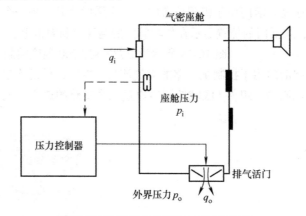

图 10-39　增压舱与外界的气体交换

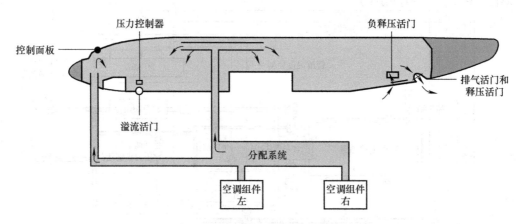

图 10-40　典型飞机座舱增压系统

　　因此，座舱的增压可通过控制座舱的排气实现：希望座舱内压力下降时，排气量应增大，需要座舱内压力升高时，排气量应减小。而根据气体节流原理，排气活门的排气量取决于活门的开度和座舱内外的压差。因此，为控制座舱压力，应根据座舱内外压差的大小，相应控制排气活门的开度。整个飞行过程中，座舱内绝对压力大小取决于排气活门的开启程度，座舱压力变化率取决于活门的开启（或关闭）速率。

　　根据适航法规的要求，飞机在最大设计巡航高度上，座舱高度不能大于2438m（大约8000ft），而巡航时飞行高度一般在30000～40000ft，飞机结构承受较大的余压，排气活门同时承受较大的压差。因此，巡航过程中，排气活门开度最小。飞机在地面时，座舱内外压差较小，排气活门开度较大。

　　飞机在爬升或下降过程中，由于其飞行高度的变化，可能导致座舱高度产生突变。为了限制座舱内压力变化速率，可控制排气活门开关的速率：在飞机爬升过程中，如果座舱高度上升过快，即座舱内压力下降速率过大，可将排气活门关闭速度加快，减少排气量，抑制压力下降速率；在飞机下降过程中，如果座舱高度下降过快，即座舱压力上升速率过大，应加快排气活门开启的速率，抑制压力上升的速率。现代大中型民航客机通常限制座舱高度爬升率不超过500ft/min，座舱高度下降速率不超过350ft/min。

2. 座舱压力制度

座舱压力制度是指飞机座舱内压力（即座舱高度）随飞机飞行高度的变化关系，又称为座舱调压规律。座舱压力制度表示座舱压力控制系统处于平衡状态时的静态调节特性。目前民航飞机常用的压力制度有两种：适用于低速飞机的三段式座舱压力制度和现代客机采用的直线式（或近似直线式）座舱压力制度。

（1）三段式座舱压力制度　三段式座舱压力制度如图 10-41 所示，a-c-b 为标准大气压力曲线，a-c-d-e 为飞机座舱压力随爬升高度的变化规律。座舱压力随高度的变化情况分成以下三段变化：

a-c 段，从起飞到飞行高度 500m（初始增压高度），为自由通风段，座舱内外压力相同。

c-d 段，从初始增压高度 500m 到飞行高度 3500m，为等压控制段，座舱压力不随飞行高度变化，保持恒定，也称为恒压段。

d-e 段，为等余压控制段，它保持座舱内外压差为使用的限制值，直到飞机进入巡航高度（一般为 6000m)，e 点为飞机设计巡航高度时的座舱压力最低值，对应的座舱高度为 2438m（8000ft）。

三段式座舱压力制度可采用气动式压力控制器实现，设备简单，也可以采用电子式压力控制器。但在等余压控制段（即 d-e 段），飞机座舱高度变化率与飞机爬升率（飞行高度变化率）相等。为了保证座舱高度变化率不超过人体承受的限制值（500ft/min），飞机本身的爬升率不能过高。所以三段式座舱压力制度只适合于爬升率低的小型飞机采用，飞机从地面爬升到 6000m（20000ft）左右的巡航高度耗时至少 40min。

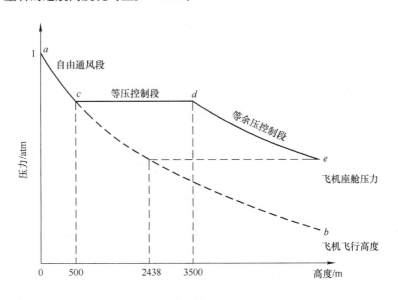

图 10-41　三段式座舱压力制度

注：1atm = 101325Pa。

（2）直线式座舱压力制度　直线式座舱压力制度如图 10-42 所示。飞机从地面起飞一直到巡航高度，座舱压力随飞机飞行高度的增加呈直线关系均匀变化：飞机在爬升过程中，座舱余压缓慢增加，当飞机进入巡航高度时，座舱余压达到座舱余压限制值。

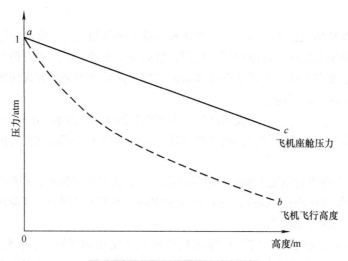

图 10-42　直线式座舱压力制度

直线式座舱压力制度可以使座舱增压系统在飞机整个爬升过程中控制座舱压力变化率，对于巡航时座舱高度不超过 8000m 的飞机，其理论爬升时间为 16min。直线式压力制度压力逐渐下降，使乘员的感觉更加舒适。所以，爬升率较大的现代飞机多采用直线式座舱压力制度。为实现直线式座舱压力制度，一般采用电子式压力控制器。

10.5.2　座舱压力控制系统

根据座舱增压原理，座舱压力变化就是通过对排气活门的开启程度来实现的。座舱压力控制系统一般包括压力控制器和排气活门。

1. 气动式座舱压力控制系统

（1）系统组成　图 10-43 所示为气动式座舱压力控制原理。

压力控制器有三个调节机构：余压调节机构、初始增压调节机构和压力变化率调节机构。

余压调节机构由余压控制活门、调节旋钮、膜盒 B（膜盒 B 为开口膜盒，与飞机的静压管相连）、弹簧组成，用来控制座舱的余压。初始增压调节机构由绝对压力控制活门、调节旋钮、膜盒 A（真空膜盒）、膜盒 C（带有节流孔的膜盒）、弹簧组成，用来控制初始增压的压力。压力变化率调节机构通过调节膜盒 C 的节流孔开度控制压力变化率，由膜盒 C、调节旋钮和弹簧组成。

另外，压力控制器还有连通座舱增压空气的节流孔，余压控制活门和绝对压力控制活门连通大气的管路，还有连通排气活门的导管。

排气活门由壳体、控制膜片、活门、活门弹簧组成。座舱空气经过压力控制器的节流孔进入座舱压力控制器，如果绝对压力控制活门或余压控制活门中的任一活门打开，则气体经过该活门排到座舱外，由于节流作用，控制器内压力始终低于座舱压力，排气活门控制膜片的上下表面的压差将克服活门弹簧力和活门自身重力，活门向上打开，座舱空气经排气活门排出机外。

排气活门还具有负释压作用，当外界大气压力超过座舱压力一定值时，活门底部的负释压膜片向上运动，压在控制膜片上，排气活门在大气压力作用下打开，外界大气空气反向流入座舱。

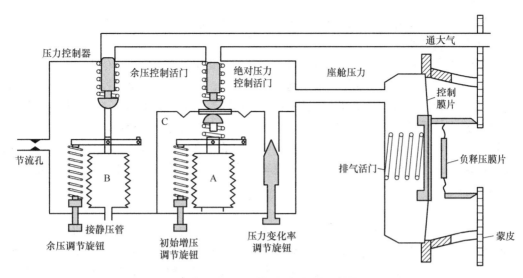

图 10-43 气动式座舱压力控制原理

（2）气动式压力控制原理 空调系统不工作时，压力控制器内压力与座舱压力相等，排气活门处于关闭状态。余压控制活门处于关闭状态，绝对压力控制活门处于打开状态。起飞前，利用三个调节旋钮输入三段式压力制度的预设值，余压调节旋钮输入巡航高度时的座舱余压限定值，初始增压调节旋钮选择起始增压高度，压力变化率调节旋钮选择座舱压力变化率限定值。

飞机在地面时，座舱门关闭，空调系统供气后，座舱增压空气从节流孔进入压力控制器，然后从绝对压力控制活门通向大气。由于节流孔的节流作用，压力控制器内的压力小于座舱压力，排气活门打开，座舱处于自由通风状态。在这种情况下，由于存在空气流动阻力，座舱压力比外界大气压力略高。

1）自由通风段。飞机起飞后爬升，在达到起始增压高度前，外界的大气压力随着高度的增加不断下降，压力控制器内部的压力也在下降，膜盒 A、C 随飞行高度逐渐膨胀，将绝对压力控制活门开度减小。排气活门开度变化取决于控制器压力和座舱压力的压差变化。

带节流孔膜盒 C 由于节流作用，使膜盒 C 内部压力变化滞后于压力控制器内压力变化。如果飞机爬升过快，座舱压力下降过快，膜盒 C 将膨胀，加大绝对压力控制活门关闭速度，使压力控制器内部压力有所回升，将排气活门开度关小，限制座舱压力降低，从而起到限制座舱压力变化率的作用。

膜盒 B 由于外界的气压降低，逐渐收缩，在整个自由通风段，余压控制活门处于关闭状态。

2）等压控制段。当飞机爬升到初始增压高度后，绝对压力控制活门的真空膜盒 A 由于压力调节器内压力的逐渐降低而慢慢膨胀，使绝对压力控制活门临近关闭，这时压力控制器内压力与起始增压高度上的压力一样。实际上，因为空调组件仍在不断地向座舱供气，所以绝对压力控制活门在一定时间内会保持一个小的开度以起节流作用，随着飞行高度增加而逐渐减小，节流作用逐渐加大，保持座舱压力不变。在等压控制段，排气活门开度逐渐关小，座舱内压力保持恒定，压力变化率很小。

膜盒 B 继续收缩，在飞机爬升到等余压控制高度前余压控制活门临近打开。

3）等余压控制段。当飞行高度继续增大时，座舱的余压逐步增大，压力控制器内压力下降，膜盒 B 不断收缩。当座舱余压达到预设值时，余压控制活门打开，同时绝对压力控制活门完全关闭。在以后的爬升过程中，余压控制活门控制排气活门打开，使座舱余压保持恒定，直到飞机爬升到巡航高度。

在等余压控制段中，膜盒C虽然能够在座舱压力变化率过大时膨胀，但由于此时绝对压力控制活门已经完全关闭，不能向排气活门施加控制信号，因此，在等余压控制段，不能进行座舱压力变化率的调节，这是气动式压力控制器本身的固有缺陷。为了确保飞机爬升时座舱压力变化率不超过人体承受的限制值（500ft/min），飞机本身的爬升率不能过高。

当飞机下降时，气动式压力控制器控制排气活门的开度，经历等余压控制段、等压控制段和自由通风段。由于同样的原因，飞机下降速率不能过大，尤其是在不能进行压力变化率调节的等余压控制段。

2. 电子式压力控制系统

电子式压力控制系统是通过控制伺服电机驱动排气活门的开启程度使座舱的压力变化符合压力制度。电子式压力控制器更加灵活，更加准确，实现起来也很方便，现代民航飞机多采用电子式压力控制系统控制座舱压力。接下来以典型飞机的座舱控制系统来说明电子式压力控制系统。

（1）系统组成　图10-44所示为某型飞机的电子式座舱压力控制系统，主要包括压力控制组件和座舱高度面板、座舱压力控制器（Cabin Pressure Controller，CPC）、排气活门、溢流活门。

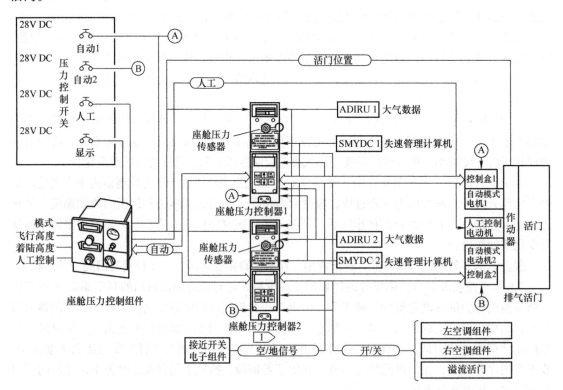

图10-44　典型电子式座舱压力控制系统

1）压力控制组件和座舱高度面板。压力控制组件和座舱高度面板的作用是让机组能监视和控制增压系统，如图10-45所示。

座舱压力控制组件有模式选择旋钮、带有显示的着陆高度选择器、带有显示的飞行高度选择器、人工控制开关、排气活门位置指示器以及控制面板上方的四个系统状态指示灯。

座舱高度面板有座舱高度／压差表、座舱升降速度表、告警音频切断开关。

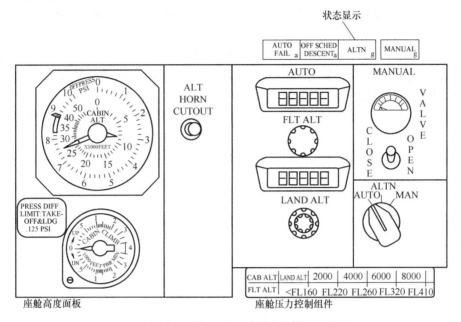

图 10-45　座舱压力控制组件和座舱高度面板

2）座舱压力控制器。B737 飞机压力控制系统有两个座舱压力控制器。座舱压力控制器由增压程序发生器、压力变化率限制器和最大余压限制器组成。当系统在自动控制模式（AUTO 或者 ALT）时，座舱压力控制器控制座舱压力。两个座舱压力控制器互为备份，在任何时候只有一个座舱压力控制器工作，另一个为备份。

3）排气活门。排气活门（图 10-46）接收来自压力控制器的控制信号，经常处于调节状态，用以调节座舱内的空气压力。气体经排气活门高速向后喷出，可以产生一部分推力，因此又称为推力回收活门。

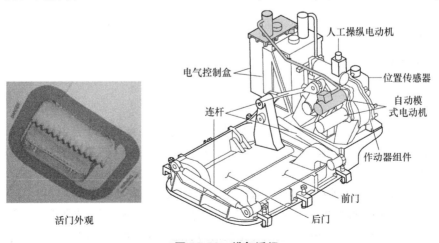

图 10-46　排气活门

　　活门有两个 28V 直流电动机和一个 48V 直流电动机。前者受座舱压力控制器控制，后者由人工控制。

　　排气活门有两个电气控制盒，分别控制着两个 28V 直流电动机。两个电气控制盒都有一个故障保护膜盒开关。如果客舱高度达到 14500ft，该开关将使排气活门完全关闭。此功能只有在自动控制模式时才会起作用。

　　活门上的位置传感器在所有工作模式工作期间给驾驶舱顶部 P5 面板的活门位置指示器提供一个位置信号，也给自动控制模式下的座舱压力控制器提供反馈信号。使排气活门全部关闭。这种功能只超控正常自动控制。它不超控活门的人工操作。

　　活门组件上的位置传感器在所有工作模式工作期间给驾驶舱顶部 P5 面板的活门位置指示器提供一个位置信号。

　　活门位置传感器也给两个座舱压力控制器提供信号，为控制器活门位置提供反馈，用于自动和备用方式操纵。

　　（2）典型民航飞机压力控制系统的工作过程　图 10-47 所示是典型飞机在整个飞行过程中的座舱静态压力曲线。在选择自动模式和备用模式时，座舱压力控制系统分阶段控制飞机座舱压力变化。

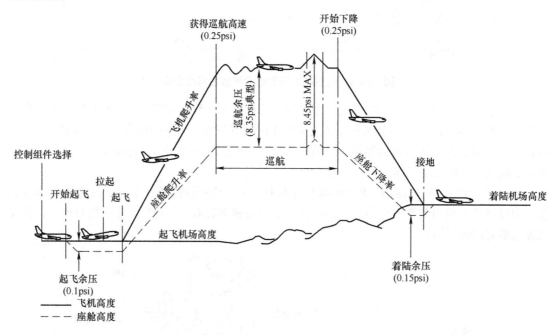

图 10-47　典型飞机飞行剖面

　　1）地面。飞机在地面时，满足下面情况，排气活门全开，座舱处于自由通风状态。

　　① 空/地系统指示左右主起落架在地面状态，两台发动机的 N1 转速小于 50% 状态至少 1.5s（或两台发动机停车）。

　　② 两台发动机的 N2 转速小于 80% 状态至少 1.5s（或两台发动机停车）。

　　2）起飞。当下面情况发生时，飞机座舱增压使余压增加到 0.1psi，以防止飞机拉起时，在飞机后段接近地面情况下造成外界气流反冲排气活门引起的座舱压力波动发生。

　　① 两台发动机的 N1 转速至少在 1.5s 内增加到 60% 以上。

②两台发动机的 N2 转速至少在 1.5s 内增加到 89% 以上。

在起飞阶段，座舱高度变化率为 350ft/min。

3）爬升。当空／地系统指示左右起落架在空中状态时，压力控制系统开始进入爬升阶段。在爬升阶段，系统控制座舱减压率以使乘客保持舒适。最大的座舱高度变化率为每 600ft/min。

4）巡航。当飞机外部压力降低到与巡航高度选择的压力的压差小于 0.25psi 时，巡航阶段开始。压力控制系统进入等压控制，飞机继续爬升到预定的巡航高度。设置 0.25psi 转换压力的目的是防止在巡航过程中，因颠簸而掉高度时引起飞机座舱压力控制系统的频繁切换，影响座舱压力的波动。在高空，0.25psi 的压差相当于高度差 450m，这意味着巡航时，瞬时下降高度只要不超过 450m，座舱压力保持稳定。另外，设置 0.25psi 转换压力的目的还有，当飞机在巡航过程中再次出现比预定巡航高度低 450m 的情况时，飞机增压控制自动转为下降程序。

在巡航阶段，系统保持恒定的座舱高度。在飞行高度 18500ft 或以下时，座舱高度取决于飞行高度和着陆机场高度。飞机在飞行高度为 18500ft 以上时，座舱压力下降必须使座舱余压在安全极限之内。

最大座舱高度为 8000ft，当着陆机场高度大于 8000ft 和飞行少于 60min 时，起飞时应输入机场高度，巡航过程中，座舱高度为机场高度；当着陆机场高度大于 8000ft 和飞行大于 60min 时，起飞时，预先输入机场高度为 6000ft，在巡航阶段中，飞行高度为表 10-3 所列的值，在着陆前 20min，将机场高度改为着陆机场高度，让座舱高度爬升到着陆机场高度。

注意：当座舱高度增加到大于 10000ft 时，将触发高度告警音频。可通过按压座舱高度告警音频切断开关来消除告警音频。

表 10-3 座舱压力对照

飞行高度 /ft	对应座舱余压 /psi
海平面～18500	着陆机场高度
18500～28000	7.45
28000～37000	7.80
>37000	8.35

注：飞行高度的剧烈变化会引起最大座舱余压超过最大座舱余压 8.45psi 限制，释压活门放气导致座舱高度超过最大限制。

5）下降。在下降阶段，系统控制座舱高度变化率不大于 350ft/min，确保乘客感觉舒适。此过程系统控制活门使座舱高度按照直线均匀变化，在着陆时，座舱压力要比着陆机场的气压高 0.15psi，以防止着陆过程中由于地面气流冲击排气活门造成座舱气压的波动。

6）着陆。当飞机达到着陆要求时，系统以 500ft/min 的速率给座舱减压。当座舱压力与着陆地外界大气压力一致时，排气活门全开。飞机再次处于自由通风状态，此时可以打开舱门。

（3）座舱压力控制模式

1）自动模式。当模式选择器放在自动位时，它设定增压控制系统为自动工作，座舱增压控制器的程序生成器按照预先输入的巡航高度和着陆机场高度生成飞行过程中座舱压力控制程序。

座舱压力控制器计算与飞行阶段相匹配的座舱压力目标值，并从客舱压力控制面板得到输入。座舱压力控制器比较目标压力与传感器的压力，如果不同，座舱压力控制器将打开和关闭信号输送给排气活门组件上的电子控制器，电子控制器操纵活门电动机。电动机通过机械传动齿轮移动排气活门。工作的控制器调节排气活门来控制座舱压力变化率。

2）人工模式。如图 10-48 所示，当模式选择器放置在人工位时，自动控制系统断开，机组人员可通过手工操纵开关控制活门开度。开关内有弹簧，不操作或者松手时开关保持或自动保持在中立位置，当把开关推到"关"位时，电动机将活门开度关小。当开关推到"开"位时，电动机将活门开度增大。排气活门上的位置传感器将活门位置反馈给座舱排气活门位置指示器。

在人工控制时，必须注意监控座舱高度变化表、爬升速率表、压差表，以保证座舱高度值符合要求。

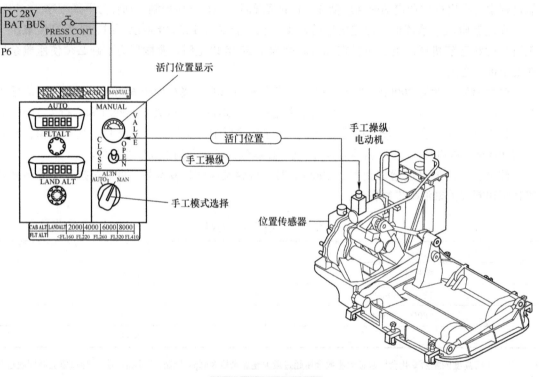

图 10-48　人工模式

（4）座舱应急增压控制　在正常增压控制失效的情况下，有可能导致座舱高度过高或座舱内外的压差过大。另外，在飞机急速下降时，有可能会使座舱内的压力跟不上外界空气压力的变化，导致座舱外的压力高于座舱内的压力，产生负压。

座舱高度过高时，会导致飞机上的乘员出现高空反应，甚至危及生命。而座舱内外压差过大，会影响飞机结构的安全，尤其是出现较大的负压时，可能导致飞机结构的损伤，因为飞机座舱结构属于薄壁结构，它只能承受拉应力而几乎不能承受压应力。

座舱应急增压控制系统包括：释压活门、负释压活门、座舱高度告警系统和压力均衡活门。

1）释压活门。如图 10-49 所示，释压活门又称为安全活门，在飞机座舱内外压差超过一定值时打开，以释放多余的座舱压力，防止座舱内外压差过大而影响飞机结构安全。

波音 737 飞机座舱的正常余压为 7.8psi，当余压达到 8.65psi 时，释压活门打开；波音 777

飞机在余压达到 8.95psi 时，释压活门打开。

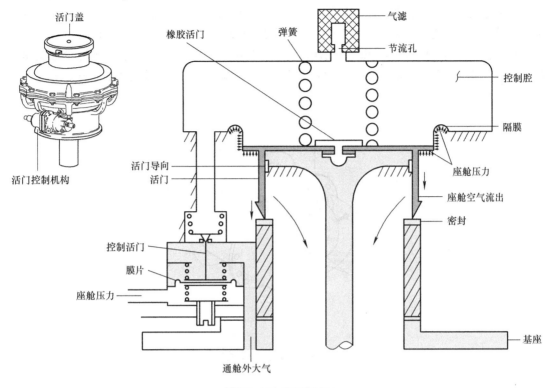

图 10-49　释压活门

2）负释压活门。如图 10-50 所示，负释压活门的主要作用是防止座舱外的压力高于座舱内的压力，即防止飞机座舱高度高于飞机飞行高度。当飞机座舱负压超过设定值后，负释压活门打开。波音 737 飞机当负压达到 1.0psi 时，负释压活门打开;波音 777 飞机当负压达到 0.2psi 时，负释压活门开始打开，负压达到 0.5psi 时完全打开。

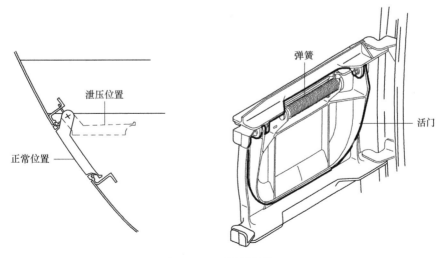

图 10-50　负释压活门

3）压力均衡活门。如图 10-51 所示，压力均衡活门是指安装在货舱隔板上的单向活门，允许空气快速流进或流出货舱，以保持货舱压力与客舱压力一致。一般安装两个活门，一个活门在飞机增压过程中使空气流进货舱，另一个活门在飞机减压过程中使空气流出货舱。

在货仓和客舱之间设有面积较大的泄压板，如果出现压力均衡活门流量有限，两舱之间压差较大时，泄压板会被压差吹掉，两舱间之间的空气可以迅速流通，避免客舱地板受损。

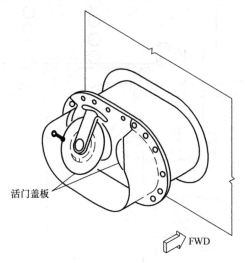

活门盖板

FWD

图 10-51　压力均衡活门

参 考 文 献

[1] 杨华保.飞机原理与构造 [M].2 版.西安：西北工业大学出版社，2011.

[2] 李幼兰.空气动力学和维护技术基础 [M].2 版.北京：清华大学出版社，2017.

[3] 张铁纯.涡轮发动机飞机结构与系统 [M].2 版.北京：清华大学出版社，2017.

[4]《飞机设计手册》总编委会.飞机设计手册 [M].北京：航空工业出版社，2002.

[5] 宋静波，李佳丽.波音 737NG 飞机系统 [M].北京：航空工业出版社，2016.